Michael Krapp | Johannes Nebel

Methoden der Statistik

Studienbücher Wirtschaftsmathematik

Herausgegeben von
Prof. Dr. Bernd Luderer, Chemnitz

Die Studienbücher Wirtschaftsmathematik behandeln anschaulich, systematisch und fachlich fundiert Themen aus der Wirtschafts-, Finanz- und Versicherungsmathematik entsprechend dem aktuellen Stand der Wissenschaft.

Die Bände der Reihe wenden sich sowohl an Studierende der Wirtschaftsmathematik, der Wirtschaftswissenschaften, der Wirtschaftsinformatik und des Wirtschaftsingenieurwesens an Universitäten, Fachhochschulen und Berufsakademien als auch an Lehrende und Praktiker in den Bereichen Wirtschaft, Finanz- und Versicherungswesen.

www.viewegteubner.de

Michael Krapp | Johannes Nebel

Methoden der Statistik

Lehr- und Arbeitsbuch

STUDIUM

Bibliografische Information der Deutschen Nationalbibliothek
Die Deutsche Nationalbibliothek verzeichnet diese Publikation in der
Deutschen Nationalbibliografie; detaillierte bibliografische Daten sind im Internet über
<http://dnb.d-nb.de> abrufbar.

Prof. Dr. Michael Krapp
Universität Augsburg
Extraordinariat für Quantitative Methoden
in den Wirtschaftswissenschaften
Universitätsstraße 16
86159 Augsburg

michael.krapp@wiwi.uni-augsburg.de

Dipl.-Kfm. Johannes Nebel
Universität Augsburg
Extraordinariat für Quantitative Methoden
in den Wirtschaftswissenschaften
Universitätsstraße 16
86159 Augsburg

johannes.nebel@wiwi.uni-augsburg.de

1. Auflage 2011

Alle Rechte vorbehalten
© Vieweg+Teubner Verlag | Springer Fachmedien Wiesbaden GmbH 2011

Lektorat: Ulrike Schmickler-Hirzebruch | Barbara Gerlach

Vieweg+Teubner Verlag ist eine Marke von Springer Fachmedien.
Springer Fachmedien ist Teil der Fachverlagsgruppe Springer Science+Business Media.
www.viewegteubner.de

Das Werk einschließlich aller seiner Teile ist urheberrechtlich geschützt. Jede Verwertung außerhalb der engen Grenzen des Urheberrechtsgesetzes ist ohne Zustimmung des Verlags unzulässig und strafbar. Das gilt insbesondere für Vervielfältigungen, Übersetzungen, Mikroverfilmungen und die Einspeicherung und Verarbeitung in elektronischen Systemen.

Die Wiedergabe von Gebrauchsnamen, Handelsnamen, Warenbezeichnungen usw. in diesem Werk berechtigt auch ohne besondere Kennzeichnung nicht zu der Annahme, dass solche Namen im Sinne der Warenzeichen- und Markenschutz-Gesetzgebung als frei zu betrachten wären und daher von jedermann benutzt werden dürften.

Umschlaggestaltung: KünkelLopka Medienentwicklung, Heidelberg
Druck und buchbinderische Verarbeitung: AZ Druck und Datentechnik, Berlin
Gedruckt auf säurefreiem und chlorfrei gebleichtem Papier
Printed in Germany

ISBN 978-3-8351-0154-8

Vorwort

Mit der Umstellung von Diplom- auf Bachelor- und Masterstudiengänge wurde an vielen Hochschulen auch die Statistik-Ausbildung neu strukturiert. Curricula, die im Bachelorstudium eine nur noch einsemestrige Statistik-Veranstaltung und dafür einen vertiefenden Kurs auf Master-Niveau vorsehen, sind keine Seltenheit mehr. Diesem Umstand versucht das vorliegende Lehrbuch Rechnung zu tragen. Es ist so konzipiert, dass auch in einem einsemestrigen Einführungskurs ein Überblick über die wesentlichen Teilgebiete der Statistik gewonnen werden kann.

Dieser Anspruch hat es erforderlich gemacht, in mancherlei Hinsicht von der Konzeption anderer – zumeist auf zweisemestrige Veranstaltungen ausgelegter – Lehrbücher abzuweichen. So haben wir bei der Stoffauswahl unseres Erachtens weniger zentrale Themen bewusst ausgespart. Dies betrifft beispielsweise Teilgebiete wie Indexzahlen oder Konzentrationsmessung. Methoden, die für ein späteres empirisches Arbeiten von grundlegender Bedeutung sind, insbesondere parametrische und nichtparametrische Signifikanztests, behandeln wir hingegen in entsprechender Ausführlichkeit. Dabei verfolgen wir das Ziel, den Stoff möglichst anschaulich und verständlich zu präsentieren. Dementsprechend verzichten wir weitgehend auf formale Herleitungen und zeigen stattdessen den Anwendungsbezug mit einer Vielzahl von Beispielen auf. Die meisten dieser Beispiele behandeln ökonomische Fragestellungen.

Das Buch gliedert sich in vier Kapitel. Nach dem einführenden Kapitel 1, in welchem wir uns kurz mit einigen Grundbegriffen und Methoden der Datengewinnung beschäftigen, wenden wir uns in Kapitel 2 einfachen univariaten und bivariaten Auswertungsverfahren der deskriptiven Statistik zu. Das Kapitel 3 beginnt mit einer kurzen Einführung in die Wahrscheinlichkeitsrechnung, welche die Basis für die im Anschluss daran ausführlich behandelten Testverfahren der induktiven Statistik bildet. Mit dem der Regressionsanalyse gewidmeten Kapitel 4 schließt der Lehrtext. Die Kapitel 1 bis 3 decken unseres Erachtens die wesentlichen statistischen Methoden ab, die in einem einführenden Statistik-Kurs auf Bachelor-Niveau vermittelt werden sollten. Kapitel 4 geht dagegen unserer Ansicht nach über das notwendige Programm eines Einführungskurses hinaus und hat insofern optionalen Charakter.

Am Ende jeden Kapitels haben wir zahlreiche Übungsaufgaben zusammengestellt. Diese sollen es dem Leser ermöglichen, das theoretisch Erlernte auch in der praktischen Anwendung einzuüben. Wir haben primär Aufgaben ausgewählt, die in Klausuren zu Statistik-Grundlagenvorlesungen für Wirtschaftswissenschaftler an der Universität Augsburg gestellt wurden. Zur Selbstkontrolle sind ab S. 125 Lösungsvorschläge zu sämtlichen Aufgaben zu finden. Diese haben wir bewusst sehr ausführlich gestaltet, damit der Lösungsweg nachvollzogen und ggf. eigene Fehler leicht identifiziert werden können.

Gemäß einem empirisch gut untermauerten Gesetz enthält jedes Buch Druckfehler. Unter http://www.wiwi.uni-augsburg.de/bwl/krapp, Rubrik „Druckfehler", werden wir die Liste der nach und nach entdeckten Fehler veröffentlichen. Dozenten stellen wir darüber hinaus sehr gerne einen Foliensatz sowie weitere Übungsaufgaben inklusive Musterlösungen für den Einsatz in Lehrveranstaltungen zur Verfügung. Bitte kontaktieren Sie uns in diesem Fall per E-Mail (michael.krapp@wiwi.uni-augsburg.de oder johannes.nebel@wiwi.uni-augsburg.de).

Zahlreiche Kollegen und Mitarbeiter haben durch ihre Mitwirkung an den Lehrveranstaltungen und Klausuren, aus denen das vorliegende Buch hervorgegangen ist, direkt oder indirekt auch an dessen Entstehung mitgewirkt. Ihnen allen gebührt unser Dank. Besonders herzlich möchten wir unserem Freund und Kollegen PD Dr. Dr. Franz Baur danken, der uns tatkräftig unterstützt hat und bei inhaltlichen Diskussionen stets als kompetenter Ansprechpartner zur Verfügung stand. Frau Doris Rochelle danken wir für die kritische Durchsicht des Manuskripts und dem Lektorat des Vieweg+Teubner-Verlages, insbesondere Frau Barbara Gerlach, für die professionelle verlagsseitige Betreuung. Unser besonderer Dank gilt Herrn Prof. Dr. Bernd Luderer, der das Buchprojekt als Herausgeber von Anfang an intensiv betreut sowie geduldig und verständnisvoll begleitet hat. Von seinen zahlreichen wertvollen Anregungen und konstruktiven Hinweisen hat das Lehrbuch sehr profitiert.

Michael Krapp, Johannes Nebel

Inhaltsverzeichnis

1 Grundlagen und Begriffe   **9**
    1.1 Einordnung 9
    1.2 Datengewinnung 10
    1.3 Aufgaben 17

2 Deskriptive Statistik   **19**
    2.1 Univariate Auswertungen 19
    2.2 Bivariate Auswertungen 27
    2.3 Aufgaben 34

3 Induktive Statistik   **47**
    3.1 Kombinatorische Grundlagen 47
    3.2 Wahrscheinlichkeitsrechnung 48
    3.3 Statistische Schlussweisen 62
    3.4 Konstruktion von Signifikanztests 67
    3.5 Parametrische Tests 70
    3.6 Nichtparametrische Tests 81
    3.7 Aufgaben 92

4 Regressionsanalyse   **107**
    4.1 Grundmodell 107
    4.2 Parameterschätzung 109
    4.3 Signifikanztests 114
    4.4 Überprüfung der Modellannahmen 115
    4.5 Erweiterungen 117
    4.6 Aufgaben 118

Anhang
    Lösungen zu den Aufgaben 125
    Verteilungstabellen 161

Literaturverzeichnis   **191**

Sachwortverzeichnis   **193**

1 Grundlagen und Begriffe

1.1 Einordnung

Schon vor einigen tausend Jahren wurde Statistik praktiziert, wenn auch in rudimentärer Art und Weise. So findet sich beispielsweise im Alten Testament folgender Vers:

> „Nehmet auf die Summe der ganzen Gemeinde der Kinder Israel nach ihren Geschlechtern, nach ihren Vaterhäusern, nach der Zahl der Namen, alle Männlichen nach ihren Köpfen..."
>
> (4. Buch Mose, Kapitel 1, Vers 2)

Bereits Aristoteles (384 v. Chr.–322 v. Chr.) befasste sich mit Statistik, indem er nach einer passenden Definition des Begriffes „Zufall" suchte. Wahrscheinlichkeitstheoretische Überlegungen dieser Art erlebten im 17. Jahrhundert – angeregt durch zu dieser Zeit verbreitete Glücksspiele – eine Renaissance. Auch wenn damit die Wurzeln der Statistik offensichtlich weit zurück reichen, so ist die Fundierung ihrer heute bedeutendsten Teilgebiete verhältnismäßig spät erfolgt. Erst durch die Arbeiten von Andrei Nikolajewitsch Kolmogorov (1903–1987) wurden die Grundlagen der heutigen Wahrscheinlichkeitsrechnung gelegt. Ähnlich verhält es sich mit den meisten multivariaten Analysemethoden, wie beispielsweise der Varianzanalyse, welche von Ronald Aylmer Fisher (1890–1962) ebenfalls erst im 20. Jahrhundert eingeführt wurde. Umso erstaunlicher ist daher die mittlerweile existierende kaum mehr überschaubare Fülle statistischer Methoden. Traditionell finden sie vor allem in Disziplinen wie der Medizin, der Psychologie und der Biologie ihre Anwendung. Doch auch in den Wirtschaftswissenschaften werden statistische Methoden häufig genutzt.

Fragestellungen, welche mithilfe statistischer Methoden innerhalb eines Betriebes bearbeitet werden, finden sich in nahezu allen organisatorischen Einheiten. Einige davon werden im nachfolgenden Beispiel kurz angesprochen.

Beispiel 1.1
- Der Vorstand eines Automobilkonzerns fordert vom Controlling eine Aufstellung der Absatzzahlen eines Fahrzeugtyps für die letzten 52 Wochen sowie eine Analyse und Prognose auf Basis der ermittelten Werte.
- Die Marketingabteilung eines Schokoladenherstellers möchte testen, ob die Änderung des Verpackungsdesigns eine Ausweitung ihres Marktanteils bei Schokoriegeln zur Folge hat.
- Die Produktionsabteilung eines Werkzeugmaschinenherstellers soll für die Produktionslinie einer neuen Fräsmaschine auf Basis der im Zeitablauf registrierten Fertigungstoleranzen einen optimalen Werkzeug- und Maschinenwartungsplan aufstellen.
- Der Wareneingang eines Computerherstellers will auf Stichprobenbasis entscheiden, ob die gelieferten Speicherchips ihres Hauptlieferanten den ausgehandelten Qualitätskriterien entsprechen.
- Die Großkundenabteilung einer Bank will bei der Bearbeitung des Kreditantrags eines exportorientierten Textilherstellers untersuchen, ob ein Zusammenhang zwischen der Entwicklung des Dollarkurses und den Absatzzahlen in der Textilbranche besteht.

Die aufgeführten Beispiele zeigen, dass die zu untersuchenden Fragen einem Entscheidungsproblem des Managements oder einer untergeordneten Abteilung mit Informationsbedarf entspringen.

Abhängig von der zu Grunde liegenden Fragestellung sind unterschiedliche statistische Methoden zur Verarbeitung der für den Untersuchungszweck beschafften Daten anzuwenden. In der deskriptiven Statistik (vgl. Kapitel 2) wird der vorliegende Datensatz als Ergebnis einer Vollerhebung aufgefasst und versucht, diesen beispielsweise durch Berechnung ausgewählter Kennzahlen zu *beschreiben*. Betrachtet man hingegen den Datensatz als Ergebnis einer Teilerhebung, so ist der Rückschluss von dieser Stichprobe auf die Grundgesamtheit von Interesse. Dazu bedient man sich der Methoden der induktiven bzw. *schließenden* Statistik, welche wir in Kapitel 3 behandeln. Häufig treten beide Zugänge gemeinsam auf, etwa wenn man einen Datensatz summarisch beschreiben und zugleich auch Rückschlüsse auf die Grundgesamtheit ziehen möchte. Eine in den Wirtschaftswissenschaften weit verbreitete Anwendung dieses Typus ist die Regressionsanalyse. Da sie sowohl deskriptive als auch induktive Fassetten umfasst, haben wir ihr mit Kapitel 4 einen eigenen Abschnitt gewidmet.

Den Abschluss eines jeden Kapitels bildet eine Reihe von Übungsaufgaben. Bei den meisten davon handelt es sich um Klausuraufgaben, die in Statistik-Grundlagenvorlesungen für Wirtschaftswissenschaftler an der Universität Augsburg gestellt wurden. Ausführliche Lösungsvorschläge zu diesen Aufgaben sind ab S. 125 zu finden.

1.2 Datengewinnung

1.2.1 Methoden der Datengewinnung

Bevor mit der eigentlichen Datenbeschaffung begonnen werden kann, ist das *Untersuchungsziel* genau zu spezifizieren. Auf diesem Weg wird festgelegt, welche Daten benötigt werden. Dieser Schritt ist von entscheidender Bedeutung, da Korrekturen zu einem späteren Zeitpunkt der Datenbeschaffung häufig nur unter außerordentlichem zusätzlichen finanziellen Aufwand und einer erheblichen Zeitverzögerung vorgenommen werden können. So ist bei einer umfassenden mündlichen Befragung durch Interviewer eine nochmalige nachträgliche Erfassung einer fälschlicherweise nicht erhobenen Größe in der Regel kaum zu vertreten. Darüber hinaus kann eine exakte Festlegung des Untersuchungsziels die unnötige Erhebung nicht relevanter oder gar redundanter Größen zu vermeiden helfen.

Aus Zeit- und Kostengründen ist vorab zu klären, ob der Informationsbedarf aus sekundärstatistischen Quellen befriedigt werden kann. Unter *Sekundärforschung* versteht man die Beschaffung solcher Daten, die urprünglich zu einem ähnlichen oder anderen Untersuchungszweck erhoben wurden. Dies gilt sowohl für innerbetriebliche Daten (Finanzbuchhaltung, Absatzstatistik, Qualitätskontrolle etc.) als auch für außerbetriebliche Informationssysteme (amtliche Statistiken, Verbandsstatistiken, Börseninformationsdienste etc.). Lässt sich die interessierende Frage auf diesem Weg nicht ausreichend genau beantworten oder sind die gefundenen Sekundärdaten veraltet, so ist zur Datenbeschaffung mithilfe von *Primärforschung* überzugehen. Typische Beschaffungsmethoden sind *Befragung* und *Beobachtung*. Während man unter Beobachtung die zielgerichtete und planmäßige Erfassung von wahrnehmbaren Sachverhalten durch Personen und/oder Geräte versteht, soll die Befragung die Auskunftsperson durch Stimuli zu Aussagen über den Erhebungsgegenstand veranlassen. Bei Befragungen unterscheidet man nach der Art der Frageformulierung (direkte oder indirekte Frage), der Möglichkeit der Antwortabgabe (offene oder geschlossene Frage) und der Kommunikationsform (mündliche, telefonische, schriftliche, computergestützte Befragung). Dabei ist es wichtig, dass die gewählte Form der Befragung zu möglichst unverzerrten und damit fehlerfreien Daten führt. Hohe Ausfallquoten bei schriftlichen Befragungen können zu erheblichen Verzerrungen in den Ergebnissen führen. Ebenso können ungeschickt gewählte Frageformulierungen oder bei mündlichen Befragungen der Einfluss des Interviewers auf den Befragten zu Antwortverweigerung einerseits oder der bewussten überhöhten Angabe von Werten zur eigenen Imagesteigerung des Befragten, dem so genannten Overreporting, andererseits führen.

Beispiel 1.2
Ein Unternehmen der Kosmetikindustrie plant die Entwicklung eines neuen Hautpflegeproduktes. Dazu möchte es die Vorstellungen der Verbraucher von einem „idealen" Hautpflegemittel erfahren. Es wird ein Fragenkatalog entwickelt, der unter anderem eine Frage nach der Produktbeschaffenheit enthält. Die Fragestellung lässt sich auf verschiedene Arten formulieren:

- *Offene direkte Fragestellung:* Beschreiben Sie im Folgenden, welche Eigenschaften und Beschaffenheiten Ihr ideales Hautpflegemittel haben müsste.

- *Offene indirekte Fragestellung:* Es gibt Hautpflegemittel mit den verschiedensten Eigenschaften und Beschaffenheiten. Glauben Sie, dass es besonders wichtige Eigenschaften und Produktbeschaffenheiten gibt, die jedes Hautpflegemittel besitzen sollte?

- *Geschlossene direkte Fragestellung:* Geben Sie für die folgenden Eigenschaften und Produktbeschaffenheiten an, ob diese für Sie eher unbedeutend oder bedeutend sind:

		unbedeutend				bedeutend
1.	cremig	☐	☐	☐	☐	☐
2.	leicht parfümiert	☐	☐	☐	☐	☐
3.	rückfettende Wirkung	☐	☐	☐	☐	☐
4.	automatischer Sonnenschutz	☐	☐	☐	☐	☐
5.	nicht wasserlöslich	☐	☐	☐	☐	☐
6.	sollte schnell einziehen	☐	☐	☐	☐	☐
7.	lange Haltbarkeit des Produktes	☐	☐	☐	☐	☐

- *Geschlossene indirekte Fragestellung:* Im Folgenden sind einige Aussagen aus der Kosmetikbranche aufgeführt. Geben Sie an, in welchem Maße Sie diesen Aussagen zustimmen würden:

		stimme nicht zu				stimme zu
1.	Nur Lotionen sind gute Hautpflegemittel.	☐	☐	☐	☐	☐
2.	Cremes verkleben die Hautporen und verhindern so die Hautatmung.	☐	☐	☐	☐	☐
3.	Ein wasserlösliches Pflegemittel ist im Hinblick auf die Selbstreinigung der Haut unerlässlich.	☐	☐	☐	☐	☐
4.	Bei der Menge der in anderen Kosmetikartikeln verwendeten Duftstoffe sollte ein reines Hautpflegemittel eher geruchsneutral ausfallen.	☐	☐	☐	☐	☐

Zur Durchführung von *Beobachtungen* können einerseits unmittelbare Verhaltensformen des Beobachteten aufgezeichnet werden oder mithilfe von Apparaten gezielt Informationen gewonnen werden. Darüber hinaus ist zu differenzieren, ob der Beobachtete über das Ziel der Untersuchung, den eigentlichen Beobachtungsgegenstand und seine Tätigkeit als Versuchsperson informiert ist. Bei vielen apparativen Verfahren ist nicht zu vermeiden, dass der Proband um seine

Tätigkeit als Versuchsperson weiß. Zur Registrierung der visuellen Aufnahme von Reizen wurden beispielsweise Blickregistrierungsverfahren entwickelt, bei denen dem Probanden eine Spezialbrille, die die Bewegungen des Auges aufnimmt, aufgesetzt wird. Solche Einflüsse können wiederum zur Veränderung seiner Handlungsweise und damit zur Verfälschung der Ergebnisse führen. Mit der Thematik der Befragung und Beobachtung befasst sich die empirische Sozialforschung. Insbesondere werden dort Verfahren zur Reduktion oder vollständigen Elimination von Erhebungsfehlern diskutiert. Der interessierte Leser sei beispielsweise auf Atteslander (2010) und Schnell et al. (2008) verwiesen.

1.2.2 Merkmalstypen und Skalierung

Sind das Untersuchungsziel und die Methode der Datengewinnung geklärt, so kann der eigentliche *Merkmalskatalog* festgelegt werden. Jede Antwort zu einer Frage eines Interviewers kann als beobachtete *Ausprägung* eines zu erhebenden Merkmales verstanden werden. D.h. die Befragung bzw. Beobachtung des i-ten *Objektes*, z.B. ein Proband oder ein gefertigtes Teil, bzgl. des *Merkmals* Nummer j liefert den Beobachtungswert x_{ij} (wobei $i = 1, \ldots, n$ und $j = 1, \ldots, m$ gelte). Wir werden später sehen, dass dieser Beobachtungswert auch häufig als Realisation einer Zufallsvariablen aufgefasst wird. Das so gewonnene Datenmaterial lässt sich in Form einer Matrix, der so genannten *Datenmatrix* $\mathbf{X}$ zusammenfassen, in welcher die Zeilen den Objekten und die Spalten den Merkmalen entsprechen:

$$\mathbf{X} = \begin{pmatrix} x_{11} & x_{12} & \cdots & x_{1m} \\ x_{21} & x_{22} & \cdots & x_{2m} \\ \vdots & \vdots & \ddots & \vdots \\ x_{n1} & x_{n2} & \cdots & x_{nm} \end{pmatrix}.$$

Nach dem Grad des Informationsgehaltes kann man grob zwischen *quantitativen* und *qualitativen Merkmalen* unterscheiden. Anders als bei qualitativen Merkmalen sind bei quantitativen Merkmalen die Ausprägungen reelle Zahlen. Sofern quantitative Merkmale eine *Kardinalskala* besitzen, unterscheidet man zudem zwischen Intervall-, Verhältnis- und Absolutskalen. Die *Intervallskala* zeichnet sich durch die Vergleichbarkeit der Ausprägungsabstände aus. Diese Eigenschaft wird bei der *Verhältnisskala* durch einen natürlichen Nullpunkt ergänzt. Die *Absolutskala* besitzt darüber hinaus auch noch eine natürlich festgelegte Einheit. Im Folgenden sind einige Beispiele für verschiedene Skalentypen quantitativer Merkmale angegeben.

Beispiel 1.3
- Mengenangaben sind typische Vertreter von Absolutskalen, da sie einen natürlichen Nullpunkt und auch eine natürliche, unveränderbare Einheit (z.B. Stück) besitzen.
- Das Lebensalter oder Größenmessungen stellen dagegen Verhältnisskalen dar. Sie besitzen ebenfalls einen natürlichen Nullpunkt (z.B. Geburt), können aber in verschiedenen Einheiten gemessen werden. Das Lebensalter eines Menschen wird beispielsweise am Anfang des Lebens in Tagen, Wochen, dann in Monaten und später schließlich in Jahren gemessen. Längenangaben gibt es in den verschiedensten Maßeinheiten.
- Der Zeitmessung oder Datumsgebung liegen dagegen Intervallskalen zu Grunde. Es gibt hier keine natürlichen Nullpunkte. Der Bezugs-„Nullpunkt" wird mehr oder weniger willkürlich gewählt, wie etwa unter religiösen (z.B. Christi Geburt, Geburt des Propheten Mohammed) oder unter praktischen Gesichtspunkten (z.B. Sonnenauf- und Sonnenuntergang).

1.2 Datengewinnung

Den niedrigsten Informationsgehalt besitzen *klassifikatorische* oder *nominal skalierte* Merkmale, bei denen die Ausprägungen nur unterschieden, aber nicht geordnet werden können. Falls ein nominal skaliertes Merkmal nur zwei unterschiedliche Ausprägungen annehmen kann, nennen wir es zweiwertig, *binär* oder *dichotom*, ansonsten *polytom*. Wie man sich leicht klar machen kann, lässt sich die Information eines polytomen Merkmals mit r Ausprägungen auch durch $r-1$ dichotome Merkmale wiedergeben.

Beispiel 1.4
„Geschlecht" und „Farbe" sind typische nominal skalierte Merkmale.
- Bei der Kodierung des Geschlechts durch Binärvariablen reicht genau eine Binärvariable zur Speicherung der Information aus. Kennzeichnet man mit 1 das Vorhandensein der Ausprägung „weiblich", so bedeutet 0 das Fehlen der Ausprägung „weiblich" und damit automatisch das Vorhandensein der Ausprägung „männlich".
- Besitzt ein polytomes Merkmal „Farbe" die Ausprägungen „grün", „rot" und „blau", so werden genau zwei dichotome Merkmale zur Speicherung der Information des polytomen Merkmals benötigt. Dabei bedeutet eine 1 im ersten dichotomen Merkmal die Beobachtung der Ausprägung „grün" und eine 1 im zweiten dichotomen Merkmal die Beobachtung der Ausprägung „rot". Sind beide dichotomen Merkmale gleich 0, so bedeutet dies, dass die Ausprägung „blau" beobachtet wurde.

Falls die Ausprägungen in eine Rangordung oder Reihung gebracht werden können, sprechen wir von einer *Rang-* oder *Ordinalskala*. Die Reihenfolge bzw. Rangordnung der Ausprägungen kann dabei interpretiert werden, während ihre Differenzbeträge ohne Bedeutung sind. Ordinalskalen werden insbesondere in sozialwissenschaftlichen Untersuchungen häufig eingesetzt, da sich viele Sachverhalte, wie etwa Aggressivität, Sympathie oder Produkteinschätzungen, mit kardinalen Skalen nicht messen lassen.

Beispiel 1.5
Die in den Medien regelmäßig durchgeführten Politikumfragen, bei denen Politiker auf einer Skala beispielsweise zwischen -5 und $+5$ (in diskreten Abständen von jeweils einem Punkt) bewertet werden, basieren auf Ordinalskalen. Notenskalen stellen in ihrer Struktur Ordinalskalen dar, werden jedoch häufig wie Verhältnisskalen verwendet.

Bei der Datengewinnung sollte zunächst immer angestrebt werden, ein möglichst hohes Skalenniveau durch die Wahl der Erhebungsmethode zu sichern. Dabei ist jedoch zwischen der Gefahr einer hohen Antwortverweigerung bei kardinalem Skalenniveau versus vollständiger Beantwortung auf einem niedrigeren Niveau abzuwägen. Auf die Frage „Wie viel verdienen Sie?" wird man von wenigen Befragten eine genaue Antwort erhalten. Beschränkt man sich auf ordinales Skalenniveau und gibt einige Einkommensklassen zur Selbsteinstufung vor, so erhöht sich die Antwortbereitschaft, während sich der Informationsverlust für den Untersuchungsgegenstand unter Umständen in Grenzen hält. Dies hat dazu geführt, dass kardinal skalierte Merkmale bei Befragungen häufig nicht als absolute Größen, sondern in Form von Einstufungen in disjunkte Bereiche erhoben werden. Man spricht in diesem Fall auch von *klassierten* Daten. Genau genommen wird das kardinal skalierte Merkmal auf diesem Weg in eine ordinal skalierte Größe überführt, was jedoch mit einem gewissen Informationsverlust verbunden ist.

Beispiel 1.6
Viele Fragebögen werden durch einen soziodemografischen Anhang ergänzt, in dem unter anderem häufig nach dem verfügbaren Haushaltseinkommen gefragt wird. Die Gestaltung dieser Frage hat dabei meist etwa den folgenden Aufbau:

Geben Sie die Höhe Ihres monatlichen Haushaltseinkommens (in Euro) an:	< 1 000 ☐	1 000–3 000 ☐	3 000–5 000 ☐	> 5 000 ☐

1.2.3 Stichprobenverfahren

Jede Primärerhebung basiert auf einer Menge interessierender Auswahleinheiten, die auch häufig als *Grundgesamtheit* oder *Population* bezeichnet wird. Eine *Totalerhebung* einer Grundgesamtheit ist selten angebracht und häufig auch gar nicht möglich. Beispielsweise könnte ein Porzellanhersteller vor der Neueinführung einer Serviceserie an der Menge seiner potenziellen Käufer interessiert sein. Da das Produkt vor der Einführung jedoch niemandem bekannt ist, ist es auch nicht möglich, die Menge der interessierenden Auswahleinheiten (die Grundgesamtheit) auszumachen. Bei sehr großen Grundgesamtheiten sprechen auch Zeit- und Kostengründe gegen ein solches Vorgehen. So ist man auf die Betrachtung eines Ausschnittes der Grundgesamtheit, einer Teilerhebung oder *Stichprobe*, angewiesen.

Unter *Stichprobenverfahren* versteht man Methoden, mit deren Hilfe die einzelnen Stichprobenelemente aus der Grundgesamtheit ausgewählt werden. Die Auswahlbasis stellt eine Abbildung der Grundgesamtheit dar, wie etwa eine Kundenadressdatei, eine Meldeliste der Einwohner einer Stadt oder ein Telefonbuch. Es existieren Auswahlverfahren, die nach dem Zufallsprinzip arbeiten und die Gegenstand der Stichprobentheorie sind, sowie nichtzufällige Auswahlverfahren. Zunächst sollen diejenigen Stichprobenverfahren diskutiert werden, die nicht auf dem Zufallsprinzip beruhen.

1.2.3.1 Nichtzufällige Stichproben

Allen diesen Verfahren ist gemeinsam, dass sie die Auswahl der Erhebungseinheiten einem (vermeintlichen) Experten und damit seiner subjektiven Einschätzung überlassen. Da die Wahrscheinlichkeiten, mit denen die Elemente in die Stichprobe geraten, unbekannt sind, können keine Aussagen über die stochastischen Eigenschaften der aus einer solchen Stichprobe gewonnenen Ergebnisse getroffen werden. Die vier bekanntesten nichtzufälligen Stichprobenverfahren sind:

- *Willkürliche Auswahl:* Es werden diejenigen Erhebungseinheiten ausgewählt, die besonders einfach zu erreichen sind.

- *Konzentrationsverfahren:* Bei dieser auch als Abschneideverfahren bekannten Methode werden bestimmte Teile der Grundgesamtheit ausgeklammert und nur diejenigen Elemente der Grundgesamtheit ausgewählt, die für den Untersuchungsgegenstand von besonderer Wichtigkeit sind.

- *Typische Auswahl:* Es werden einige wenige als besonders repräsentativ erachtete Elemente aus der Grundgesamtheit herangezogen. Meist legt ein Experte dabei fest, welche Elemente in die Stichprobe aufgenommen werden sollen.

- *Quotenauswahl:* Die Stichprobe wird so konstruiert, dass diese in ihrer Struktur mit der Verteilung einiger für die Grundgesamtheit besonders bedeutsamer Merkmale übereinstimmt. Meist handelt es sich bei den Merkmalen um nominal (z.B. Geschlecht, Religion), ordinal oder klassiert-kardinal skalierte Merkmale (z.B. Alter, Einkommensklasse, Haushaltsgröße). Eine Quotenstichprobe bzgl. solcher Merkmale liegt vor, wenn bei der Auswahl der Stichprobenelemente gezielt die Einhaltung der als bekannt vorausgesetzten Verteilung dieser Merkmale erreicht wird.

1.2 Datengewinnung

Von den nichtzufälligen Stichprobenverfahren hat sich das Quotenverfahren im Bereich der Marktforschung bis heute gehalten, obwohl es ebenfalls keinerlei Gütebewertung der gewonnenen Stichprobe zulässt. Diese würde neben der Möglichkeit der Bestimmung des so genannten Schätzfehlers voraussetzen, dass den Kosten der Stichprobenbildung die erzielte Genauigkeit gegenübergestellt wird. Die Angabe der Qualität ist damit nur bei Zufallsstichproben möglich. Ein weiterer häufig geäußerter Kritikpunkt an nichtzufälligen Stichproben lässt sich am Beispiel der typischen Auswahl besonders gut verdeutlichen. Bei diesem Verfahren geht der mit der Stichprobenbildung Beauftragte davon aus, dass er in der Lage ist, beurteilen zu können, welche Elemente der Grundgesamtheit für diese typisch und damit für die Stichprobe besonders wichtig sind. Dies bedeutet, dass er für sich in Anspruch nimmt, die Grundgesamtheit bereits recht gut zu kennen. Dann stellt sich jedoch die Frage, wozu er überhaupt noch eine Stichprobe bildet. Alan Stuart (1984) bezeichnet diesen Widerspruch als *paradox of sampling*: „The central paradox of sampling is that it is impossible to know, from examination of a sample, whether or not it is a 'good' sample in the sense of being free from selection bias. Of course, if we know some details of the population, we can compare the sample to the population in respect of these details; but we can never know everything about the population and in any case, if we could we should have no reason for sampling it."

Beispiel 1.7
- Willkürliche Auswahl: Blitzumfragen in den Medien. Dabei werden meist in Fußgängerzonen nach Gutdünken des Interviewers 5 bis 10 Passanten zu einem gerade aktuellen Thema befragt.
- Konzentrationsverfahren: Vielen Branchenstatistiken über die Auftragslage der Industrie oder des Handels liegen die umsatzstärksten Unternehmen zu Grunde, da mit wenig Erhebungsaufwand ein Großteil der Gesamtaufträge erfasst werden kann.
- Typische Auswahl: Bei der Zusammenstellung einer Podiumsdiskussion zu einem gesellschaftspolitischen Thema wählt der Veranstalter für jede betroffene Gesellschaftsgruppe jeweils einen in seinen Augen typischen und zugleich kompetenten Redner aus.
- Quotenauswahl: Es soll eine Befragung unter Schülern zum Thema „modische Kleidung" durchgeführt werden. Die Quotenstichprobe schreibt nun jedem Interviewer vor, dass er eine festgelegte Anzahl Jugendlicher befragen soll. Die folgenden Quoten sind dabei einzuhalten: 54 % Mädchen und 46 % Jungen; die Altersstufen 12–14 Jahre, 15–17 Jahre und 18–21 Jahre sind gleichgewichtig zu behandeln. Es sollten ferner 30 % Hauptschüler, 30 % Realschüler, 20 % Berufsschüler und 20 % Gymnasialschüler befragt werden.

1.2.3.2 Zufällige Stichproben

Gemeinsames Charakteristikum sämtlicher Zufallsmethoden ist, dass jede Erhebungseinheit eine berechenbare und von null verschiedene Wahrscheinlichkeit besitzt, aus der Grundgesamtheit gezogen zu werden. Mithilfe von Zufallsmechanismen ist bei der Ziehung sicherzustellen, dass jedes Element der Grundgesamtheit in die Stichprobe aufgenommen werden kann. Die bekanntesten Zufallsverfahren sind:

- *Einfache Zufallsstichprobe:* Jedes Element in der Grundgesamtheit besitzt dieselbe bekannte Wahrscheinlichkeit, für die Stichprobe ausgewählt zu werden. Diesem Verfahren liegt das Urnenmodell des „Ziehens mit Zurücklegen" zu Grunde, weshalb das Verfahren auch häufig als *uneingeschränkte Zufallsauswahl* bezeichnet wird. In der Praxis bildet man Stichproben jedoch meist durch „Ziehen ohne Zurücklegen". Auch in diesem Fall sind die Wahrscheinlichkeiten für alle Elemente bekannt, so dass geeignete Schätzverfahren eingesetzt werden können.

- *Geschichtete Stichprobe:* Dieses Verfahren ist vorteilhaft, falls sich die Grundgesamtheit aus disjunkten homogenen, untereinander aber deutlich verschiedenen Teilgesamtheiten, den so genannten *Schichten*, zusammensetzt. Indem man aus jeder Schicht eine eigene Stichprobe zieht, lässt sich bei gleichem Gesamtstichprobenumfang häufig ein deutlicher Genauigkeitsgewinn gegenüber der uneingeschränkten Zufallsauswahl erzielen. Dieser Genauigkeitsgewinn ist auch unter der Bezeichnung *Schichtungseffekt* bekannt. Sind die Teilstichproben in den einzelnen Schichten gleich groß, so spricht man von *proportionaler Schichtung*. Alternativ können sich die Teilstichprobengrößen auch an anderen Kriterien, wie etwa den Erhebungskosten in den einzelnen Schichten, orientieren.

- *Klumpenauswahl:* Gelegentlich besteht die Grundgesamtheit aus einer Menge disjunkter heterogener Teilgesamtheiten, die auch als *Klumpen* bezeichnet werden. Bei der Klumpenstichprobe werden zufällig einige Teilgesamtheiten für eine Vollerhebung ausgewählt. Dies bietet sich insbesondere dann an, wenn der Erhebungsaufwand innerhalb eines Klumpens wesentlich geringer ist als für eine Zufallsstichprobe über alle Klumpen. Wichtig ist jedoch, dass die gebildeten Klumpen wirklich heterogen sind. Ist dies nicht der Fall, kann ein erheblicher Genauigkeitsverlust gegenüber der uneingeschränkten Zufallsauswahl, der so genannte *Klumpeneffekt*, resultieren.

Als Weiterentwicklungen dieser Stichprobenverfahren seien noch die mehrstufigen und mehrphasigen Verfahren erwähnt. Bei *mehrstufigen* Stichprobenverfahren werden mehrere Zufallsstichproben hintereinander geschaltet, wobei sich auf jeder Stufe die Auswahleinheit verfeinert. Beispielsweise könnten in einem zweistufigen Verfahren auf der ersten Stufe Abteilungen eines Konzerns und auf der zweiten Stufe einige Mitarbeiter aus jeder dieser Abteilungen gezogen werden. Bei den *mehrphasigen* Verfahren handelt es sich um die Hintereinanderschaltung verschiedener Stichprobenverfahren, wie etwa einer Klumpenauswahl in der ersten Phase und einer Schichtung innerhalb der Klumpen in der zweiten Phase.

Der Vorteil von Zufallsstichproben besteht darin, dass für die unbekannten Parameter der Merkmalsverteilungen, wie etwa den Erwartungswert oder die Varianz, erwartungstreue Schätzfunktionen bekannt sind (diese Begriffe werden in Kapitel 3 ausführlich erläutert). Außerdem können Aussagen über die Varianz der Schätzung, und mithin über die Qualität der Stichprobe, getroffen werden. So ist es möglich, mithilfe einer kleinen Vorstichprobe den Stichprobenumfang für die geforderte Untersuchungsgenauigkeit abzuschätzen.

Beispiel 1.8
Ein typisches Beispiel für eine Schichtung ist die ABC-Analyse in der Stichprobeninventur. Dabei werden die Lagerbestände nach ihrem Wert in drei Gruppen (Schichten) aufgeteilt, nämlich billige Massenartikel, Artikel von mittlerem Wert und schließlich Artikel mit gehobenem bis hohem Wert. Während aus der ersten großen Schicht eine relativ kleine Stichprobe (z.B. 5 %) ausreicht, um mit hinreichender Genauigkeit den Bestand und den damit verbundenen Wert zu schätzen, wachsen die Anteile in den anderen beiden Schichten an. Je nach Wert der Artikel kann es vorkommen, dass in der kleinsten Schicht mit den hochwertigen Artikeln eine Vollerhebung stattfindet.

Bei soziodemografischen Untersuchungen auf der Basis von Bevölkerungsstichproben wird die zu untersuchende Region in Quadranten aufgeteilt, die so gewählt sind, dass heterogene Teilgesamtheiten entstehen. Anschließend werden einige dieser Quadranten für eine Totalerhebung herangezogen. So lassen sich die Fahrtkosten der Interviewer gegenüber einer reinen Zufallsstichprobe wesentlich reduzieren. Voraussetzung ist jedoch, dass wirklich alle Untersuchungseinheiten des Klumpens erhoben werden, auch wenn der Interviewer teilweise mehrfach einzelne Zieladressen besuchen muss, bis die dort wohnhaften Untersuchungseinheiten angetroffen werden.

1.3 Aufgaben

Die nachfolgende Übersicht gibt Auskunft über die Zuordnung der Aufgaben zu den Themengebieten:

Themengebiet	Aufgaben
Methoden der Datenerhebung	1.1, 1.2
Merkmalstypen und Skalierung	1.2, 1.3, 1.4, 1.5
Stichprobenverfahren	1.6, 1.7

Aufgabe 1.1
Um welche Formen von Frageformulierungen handelt es sich bei den folgenden Fragen:
- a) Fahren Sie regelmäßig mit dem eigenen Auto zur Arbeit (ja/nein)?
- b) Halten Sie das Auto für ein zeitgemäßes Transportmittel im Nahverkehr (bitte ausführliche Begründung)?
- c) Glauben Sie, dass der größere Teil der Stadtbewohner dazu bereit wäre, auf das Auto völlig zu verzichten, wenn die öffentlichen Verkehrsmittel kostenlos wären (ja/nein)?
- d) Glauben Sie, dass bei dem Kauf eines neuen Autos der Zugewinn an Sozialprestige für die meisten Leute
    - ☐ keine
    - ☐ kaum eine
    - ☐ eingeschränkt eine
    - ☐ eine wichtige
    - ☐ die entscheidende

  Rolle spielt?

Aufgabe 1.2
Diskutieren Sie die Vor- und Nachteile einer ordinalen 5er-, 6er- und 7er-Skala für eine geschlossene Fragestellung.

Aufgabe 1.3
Geben Sie zu den Merkmalen der folgenden Datenmatrix jeweils das Skalenniveau an:

Alter	Geschlecht	Gehalt	Familie	Nationalität	Kinder	Wohnung
25	weiblich	2 500	ledig	D	0	Mietwohnung
32	männlich	3 400	verheiratet	D	2	eigenes Haus
28	weiblich	0	ledig	I	3	Mietwohnung
48	männlich	4 900	verwitwet	USA	1	Eigentumswohnung
42	weiblich	3 100	verheiratet	D	2	eigenes Haus
36	weiblich	1 900	verheiratet	D	0	Mietshaus

Aufgabe 1.4
Das Merkmal „Partei" besitze die Ausprägungen „Bündnis 90/Die Grünen", „CDU/CSU", „Die Linke", „FDP" und „SPD". Diskutieren Sie die Skalierung dieses Merkmals einerseits aus dem Blickwinkel eines objektiven Wahlforschers und andererseits aus der Perspektive eines potenziellen Wählers.

Aufgabe 1.5
Welche Möglichkeiten kennen Sie, das Merkmal „Farbe" mit den Ausprägungen „blau", „gelb", „rot" und „weiß" nummerisch zu kodieren? Welches Skalenniveau besitzt dieses Merkmal?

Aufgabe 1.6
Sie sind als Interviewer für ein Markforschungsinstitut tätig. Ihr aktueller Befragungsplan lautet:

„Befragen Sie am Marktplatz zwischen 10:00 Uhr und 12:00 Uhr zwanzig Hausfrauen mit ein oder zwei Kindern im Alter von fünf bis sieben Jahren."

Handelt es sich dabei um eine Zufallsstichprobe?

Aufgabe 1.7
Sie erhalten die folgenden Vorgaben zur Erhebung einer Stichprobe:

„Es sind in der Bundesrepublik Deutschland 5 000 wahlberechtigte Erwachsene so zu befragen, dass sich einerseits die Größe der 16 Bundesländer anteilsmäßig widerspiegelt und andererseits die Aufteilung zwischen Männern und Frauen 46 : 54 beträgt. Die Befragung behandelt das Wahlverhalten bei einer Bundestagswahl."

Unterstellen Sie, dass Sie über die Einwohnermeldeämter zu den Listen der wahlberechtigten Haushaltsmitglieder Zugang erhalten. Welches Stichprobenverfahren wählen Sie?

2 Deskriptive Statistik

Die im Rahmen der Datenbeschaffung gewonnenen Daten stellen in ihrer Ursprungsform noch keinen wesentlichen Informationsgewinn dar. Insbesondere bei umfangreichen Untersuchungen wird meist eine Vielzahl von Merkmalen bei einer großen Menge von Objekten erhoben. Mit den Mitteln der *deskriptiven Statistik* sollen diese Daten strukturiert und auf eine verdichtete und damit einfacher lesbare Form gebracht werden. Dies geschieht häufig mithilfe von Kennzahlen. Zunächst beschäftigen wir uns mit Kennzahlen bzgl. der Messreihe eines einzelnen Merkmals, den so genannten univariaten deskriptiven Statistiken.

2.1 Univariate Auswertungen

Zur Vereinfachung der Schreibweise lassen wir im Folgenden, sofern der Sachverhalt eindeutig ist, den Merkmalsindex weg. Dann liegt nach der Datenerhebung ein Vektor $(x_1, \ldots, x_n)$ mit den Erhebungsergebnissen je Objekt, die so genannte *Urliste*, vor. Als *absolute Häufigkeit* der Ausprägung a_j bezeichnen wir nun für $j = 1, \ldots, k$

$$h(a_j) = \text{Anzahl der Fälle, bei denen } a_j \text{ auftritt}$$

sowie als *relative Häufigkeit*

$$f(a_j) = \tfrac{1}{n} \cdot h(a_j).$$

Für die Häufigkeiten der einzelnen Ausprägungen gelten die folgenden Zusammenhänge:

$$\sum_{j=1}^{k} h(a_j) = n \quad \text{und} \quad \sum_{j=1}^{k} f(a_j) = 1.$$

Als *absolute* bzw. *relative Häufigkeitsverteilung* bezeichnet man die Folgen $h(a_1), \ldots, h(a_k)$ bzw. $f(a_1), \ldots, f(a_k)$. Dabei werden die Merkmalsausprägungen bei ordinal oder kardinal skalierten Merkmalen üblicherweise aufsteigend angeordnet. Wir gehen im Folgenden also davon aus, dass die Ausprägungen bei solchen Merkmalen in aufsteigender Rangfolge sortiert vorliegen. Möchte man sich einen schnellen Überblick über die vorliegenden Daten verschaffen, so bietet sich der Gebrauch grafischer Darstellungen an. Zwei beliebte Darstellungsformen sind das *Stabdiagramm* und das *Kreissektorendiagramm*. Beim Stabdiagramm werden die (geordneten) Ausprägungen a_j auf der Abszisse und die zugehörigen absoluten oder relativen Häufigkeiten auf der Ordinate abgetragen. Das Kreissektorendiagramm untergliedert einen Kreis in k Sektoren, deren Größe proportional zu den relativen Häufigkeiten der Ausprägungen gewählt wird. Da in einem Kreis 360° zur Verfügung stehen, ergibt sich für den Kreiswinkel zur Ausprägung a_j folgende Formel:

$$w(a_j) = 360° \cdot f(a_j).$$

In einigen Lehrbüchern sind noch weitere grafische Darstellungsmöglichkeiten zu finden, siehe etwa Bamberg et al. (2009) und Fahrmeir et al. (2011).

Beispiel 2.1

Bei einer medizinischen Untersuchung zum Thema „Rückenleiden" sollten 100 Probanden vor der Behandlung jeweils die Intensität ihrer Schmerzen auf einer Skala von 1 bis 5 angeben, wobei 1 „sehr gering" und 5 „sehr stark" bedeutete. Aus den vorliegenden Daten wurden bereits die relevanten Größen für das Stab- bzw. das Kreissektorendiagramm ermittelt:

Ausprägung	a_j	1	2	3	4	5
Absolute Häufigkeit	$h(a_j)$	5	15	40	30	10
Relative Häufigkeit	$f(a_j)$	0,05	0,15	0,40	0,30	0,10
Kreiswinkel	$w(a_j)$	18°	54°	144°	108°	36°

Abbildung 1 zeigt das zugehörige Stab- und Kreissektorendiagramm.

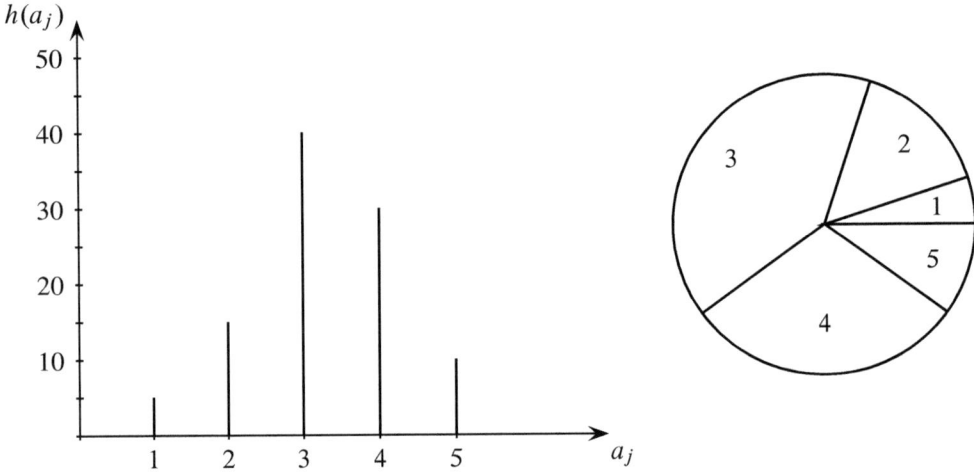

Abbildung 1: Stab- und Kreissektorendiagramm zu den Daten aus Beispiel 2.1

Anstatt die einzelnen Häufigkeiten bilden wir nun die *absolute Summenhäufigkeit* der Ausprägung a_j für $j = 1, \ldots, k$, also die Zahl der beobachteten Ausprägungen $a_1, \ldots, a_j$:

$$H(a_j) = h(a_1) + \cdots + h(a_j).$$

Analog wird die *relative Summenhäufigkeit* von a_j

$$F(a_j) = f(a_1) + \cdots + f(a_j)$$

gebildet. Mithilfe der Summenhäufigkeiten können wir sodann die *empirische Verteilungsfunktion* einer Messreihe angeben:

$$F(x) = \sum_{j \in I} f(a_j) \quad \text{mit} \quad I = \{i \in \mathbb{N} : a_i \leqq x\}.$$

Die empirische Verteilungsfunktion ist auf dem Intervall $[a_j; a_{j+1})$ konstant und springt an der Stelle a_{j+1} um den Wert $f(a_{j+1})$ nach oben. Nach unserer Definition nimmt $F(x)$ Werte zwischen 0 und 1 an.

2.1 Univariate Auswertungen

Beispiel 2.2
Wir berechnen zu den Daten aus Beispiel 2.1 die relativen Summenhäufigkeiten:

Ausprägung	a_j	1	2	3	4	5
Relative Häufigkeit	$f(a_j)$	0,05	0,15	0,40	0,30	0,10
Relative Summenhäufigkeit	$F(a_j)$	0,05	0,20	0,60	0,90	1

Die zugehörige empirische Verteilungsfunktion ist in Abbildung 2 dargestellt.

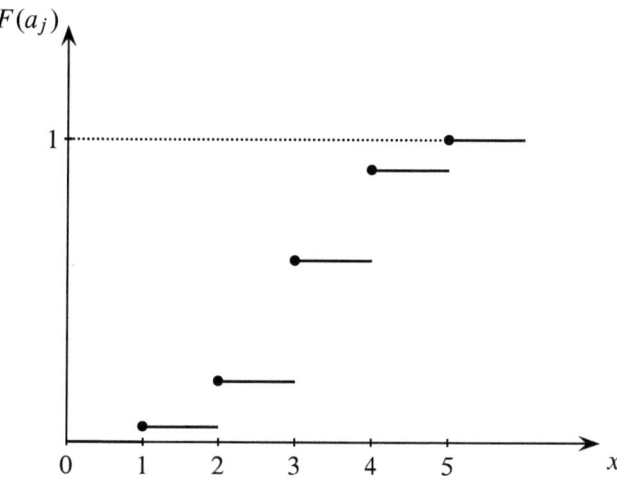

Abbildung 2: Empirische Verteilungsfunktion zu den Daten aus Beispiel 2.1

Beispiel 2.3
Die nachfolgende Tabelle gibt die Ergebnisse einer Befragung unter 15 Studentinnen und Studenten wieder, wobei das Merkmal „Wunschgehalt" in tausend Euro gemessen wurde:

	Befragungsergebnisse														
Alter	23	25	22	27	22	23	21	25	27	26	22	23	21	24	26
Fachsemester	4	8	4	6	2	2	2	10	12	8	4	6	2	4	6
Geschlecht	w	m	m	m	w	w	w	m	m	w	m	m	w	w	m
Notenniveau	1	3	1	1	1	2	3	2	3	3	1	2	2	1	1
Wunschgehalt	46	50	52	58	51	54	48	56	53	45	60	59	49	55	57

Bzgl. der eben diskutierten Häufigkeitsverteilungen erhält man für das ordinale Merkmal „Notenniveau" die folgenden Ergebnisse:

a_j	$h(a_j)$	$f(a_j)$	$H(a_j)$	$F(a_j)$
1	7	$\frac{7}{15}$	7	$\frac{7}{15}$
2	4	$\frac{4}{15}$	11	$\frac{11}{15}$
3	4	$\frac{4}{15}$	15	1

2.1.1 Lagemaße

Die empirische Verteilungsfunktion gibt sehr detailliert Aufschluss über die gesammelten Daten. Aus ihr lassen sich einige wichtige Einzelkennzahlen ableiten, die markante Eigenschaften der Verteilung charakterisieren. Viele davon lassen sich mithilfe des α-*Quantils* definieren. Wir gehen davon aus, dass die Beobachtungswerte x_i aufsteigend sortiert vorliegen und bezeichnen als α-Quantil x_α (mit $0 \leq \alpha \leq 1$) dieser Reihe den Wert

$$x_\alpha = \begin{cases} x_{\lceil n\alpha \rceil}, & \text{falls } n\alpha \neq \lceil n\alpha \rceil \\ \frac{1}{2} \cdot (x_{n\alpha} + x_{n\alpha+1}), & \text{falls } n\alpha \text{ eine ganze Zahl ist}. \end{cases}$$

$\lceil n\alpha \rceil$ ist dabei die nächste ganze Zahl größer oder gleich $n\alpha$. Das α-Quantil wird für ganze Zahlen $n\alpha$ so gewählt, dass $n\alpha$ Beobachtungswerte kleiner oder gleich und $n(1-\alpha)$ Werte größer oder gleich x_α sind. Häufig werden für den Begriff Quantil auch die Synonyme *Perzentil* oder *Fraktil* verwendet. Für verschiedene α-Werte führen wir die folgenden Begriffe ein:

$$x_\alpha = \begin{cases} \text{Minimum}, & \text{für } \alpha = 0{,}00 \\ \text{unteres Quartil}, & \text{für } \alpha = 0{,}25 \\ \text{Median}, & \text{für } \alpha = 0{,}50 \\ \text{oberes Quartil}, & \text{für } \alpha = 0{,}75 \\ \text{Maximum}, & \text{für } \alpha = 1{,}00. \end{cases}$$

Oft wird der Median auch mit x_{med} abgekürzt.

Beispiel 2.4
Für das kardinal skalierte Merkmal „Alter" aus Beispiel 2.3 erhält man die folgenden aufsteigend sortierten Beobachtungswerte:

21, 21, 22, 22, 22, 23, 23, 23, 24, 25, 25, 26, 26, 27, 27.

Es ergeben sich somit die folgenden α-Quantile:

$x_{0,00} = 21 \,\widehat{=}\, \text{Minimum}, \qquad x_{0,10} = 21 \,\widehat{=}\, 10\,\%\text{-Quantil},$
$x_{0,25} = 22 \,\widehat{=}\, \text{unteres Quartil}, \qquad x_{0,50} = 23 \,\widehat{=}\, \text{Median},$
$x_{0,75} = 26 \,\widehat{=}\, \text{oberes Quartil}, \qquad x_{0,90} = 27 \,\widehat{=}\, 90\,\%\text{-Quantil},$
$x_{1,00} = 27 \,\widehat{=}\, \text{Maximum}.$

Liegen kardinal skalierte Daten vor, so lassen noch weitere Kenngrößen berechnen. Wie auch die Quantile zählt das im Alltag meist als *Durchschnitt* bezeichnete *arithmetische Mittel* $\bar{x}$ zu den *Lagemaßen*. Dieses kann aus der Urliste wie folgt ermittelt werden:

$$\boxed{\bar{x} = \frac{1}{n} \sum_{i=1}^{n} x_i \quad \text{bzw.} \quad \bar{x} = \sum_{j=1}^{k} a_j f(a_j)}$$

Bei der Berechnung des gewogenen Mittels erfolgt eine Gewichtung der Beobachtungen mit dem Faktor $\frac{1}{n}$ bzw. der Ausprägungen mit deren relativen Häufigkeiten. Die richtige Verwendung von Gewichtungen spielt dabei eine wesentliche Rolle und ist insbesondere bei der Berechnung aggregierter ökonomischer Kennzahlen besonders sorgfältig zu beachten.

2.1 Univariate Auswertungen

Beispiel 2.5
Das Durchschnittsalter der befragten Studenten im Beispiel 2.3 lässt sich nach beiden Berechnungsformeln bestimmen:

$$\bar{x} = \tfrac{1}{15} \cdot (21 + 21 + \cdots + 27) = 21 \cdot \tfrac{2}{15} + 22 \cdot \tfrac{3}{15} + \cdots + 27 \cdot \tfrac{2}{15} = 23{,}8 \,.$$

Je nach Anwendung kann das arithmetische Mittel zwar berechnet werden, liefert jedoch keinen sinnvoll interpretierbaren Wert. Daher existieren neben dem arithmetischen Mittel noch weitere Größen, welche sich ebenfalls unter den Mittelwertbegriff zusammenfassen lassen. Für spezielle wirtschaftswissenschaftliche Anwendungen sind das *geometrische* und das *harmonische* Mittel besonders wichtig.

Das geometrische Mittel $\bar{x}_{\text{geom}}$ gelangt beispielsweise dann zur Anwendung, wenn als Daten Wachstumsraten, wie etwa Renditen, vorliegen. Es ist folgendermaßen definiert:

$$\boxed{\bar{x}_{\text{geom}} = \sqrt[n]{\prod_{i=1}^{n} x_i} = \sqrt[n]{x_1 \cdot x_2 \cdot \ldots \cdot x_n}}$$

Beispiel 2.6
Für eine risikobehaftete Anlage seien die Quartalsrenditen der letzten drei Jahre bekannt:

Jahr	Quartal			
	1	2	3	4
2008	3,0 %	−0,3 %	−0,2 %	2,4 %
2009	1,2 %	3,3 %	0,6 %	0,0 %
2010	−0,3 %	4,2 %	2,9 %	6,0 %

Soll aus diesen Daten die durchschnittliche Jahresrendite ermittelt werden, so liefert das arithmetische Mittel hier nicht den gewünschten Wert. In diesem Fall ist das geometrische Mittel zu verwenden. Für dessen Berechnung müssen zunächst die Prozentwerte gemäß $x_i = 1 + \text{Rendite}_i / 100$ in Wachstumsfaktoren umgerechnet werden. Diese Wachstumsfaktoren sind in nachfolgender Tabelle dargestellt:

Jahr	Quartal			
	1	2	3	4
2008	1,030	0,997	0,998	1,024
2009	1,012	1,033	1,006	1,000
2010	0,997	1,042	1,029	1,060

Das Produkt aller Wachstumsfaktoren liefert den Wertzuwachs für den gesamten Zeitraum von drei Jahren. Ziehen wir daraus die dritte Wurzel, so erhalten wir den durchschnittlichen jährlichen Wertzuwachs:

$$\bar{x}_{\text{geom}} = \sqrt[3]{1{,}030 \cdot 0{,}997 \cdot \ldots \cdot 1{,}060} = 1{,}0774 \,.$$

Es ergibt sich also eine durchschnittliche Jahresrendite von 7,74 % p.a.

Besteht die Maßeinheit des betrachteten Merkmals aus einem Quotienten, wie dies beispielsweise bei Stückkosten der Fall ist, und beziehen sich die Häufigkeiten auf dieselbe Größe wie der

Nenner, so liefert das „gewöhnliche" arithmetische Mittel den korrekten Durchschnittswert. Beziehen sich die Häufigkeiten hingegen auf dieselbe Größe wie der Zähler, so ist das harmonische Mittel $\bar{x}_{\text{harm}}$ zu verwenden. Dieses lässt sich wie folgt bestimmen:

$$\bar{x}_{\text{harm}} = \frac{n}{\sum\limits_{i=1}^{n} \frac{1}{x_i}}$$

Beispiel 2.7
Günter tankt an drei verschiedenen Tankstellen. Die Bezinpreise pro Liter betragen 1,10 Euro an der ersten, 1,30 Euro an der zweiten und 1,50 Euro an der dritten Tankstelle. Zu berechnen ist der durchschnittliche Benzinpreis pro Liter, wenn Günter an jeder Tankstelle 60 Liter bzw. für 60 Euro tankt.

Im ersten Fall kommen wir mithilfe des arithmetischen Mittels zu einem durchschnittlichen Benzinpreis pro Liter von $\frac{1}{3} \cdot (1{,}10 + 1{,}30 + 1{,}50) = 1{,}30$ Euro. Zur Berechnung des zweiten Durchschnitts verwenden wir das harmonische Mittel und gelangen zu einem durchschnittlichen Benzinpreis pro Liter von $\frac{3}{\frac{1}{1{,}10} + \frac{1}{1{,}30} + \frac{1}{1{,}50}} = 1{,}28$ Euro.

Beispiel 2.8
Ein Unternehmen beschafft einen Rohstoff quartalsweise, wobei der Bestellwert (in tausend Euro) und der zugehörige Stückpreis (in Euro) für ein Geschäftsjahr in folgender Tabelle erfasst wurden:

	Bestellung			
	1	2	3	4
Bestellwert	20	30	25	23
Stückpreis	1,20	1,15	1,30	1,40

Den durchschnittlichen Stückpreis für das gesamte Jahr erhält man dann mithilfe des gewogenen harmonischen Mittels:

$$\bar{x}_{\text{harm}} = \frac{20 + 30 + 25 + 23}{\frac{20}{1{,}20} + \frac{30}{1{,}15} + \frac{25}{1{,}30} + \frac{23}{1{,}40}} = 1{,}25 \,.$$

Schließlich können wir die empirische Verteilung einer Messreihe durch den häufigsten Wert charakterisieren. Dieser Wert wird auch als *Modalwert* x_{mod} bezeichnet. Er ist natürlich auch für nominal skalierte Merkmale definiert. Fällt die empirische Verteilung einer Messreihe zu beiden Seiten des Modalwertes monoton ab, so sprechen wir von einer *eingipfeligen* Verteilung. Diese lässt sich mit Hilfe des Modalwertes, des Medians und des arithmetischen Mittels noch weiter charakterisieren. Für solche Verteilungen führen wir die folgenden Begriffe ein:

rechtsschief oder *linkssteil*,   falls $\bar{x} > x_{0{,}50} > x_{\text{mod}}$,
linksschief oder *rechtssteil*,   falls $\bar{x} < x_{0{,}50} < x_{\text{mod}}$,
symmetrisch,   falls $\bar{x} = x_{0{,}50} = x_{\text{mod}}$.

Im letzten Abschnitt haben wir einige Kenngrößen definiert, die der Beschreibung des Verteilungszentrums dienen. Diese Lagemaße sind für nominal skalierte Merkmale der Modalwert, für ordinale Merkmale zusätzlich der Median und für kardinal skalierte Merkmale Modalwert, Median sowie arithmetisches, geometrisches und harmonisches Mittel.

2.1.2 Streuungsmaße

Die alleinige Beschreibung einer Verteilung durch ihr Zentrum ist für viele Fragestellungen unzureichend. Beispielsweise kann in der Qualitätskontrolle die Sollgröße eines Teiles im Mittel exakt stimmen und die Maschine dennoch alternierend Teile produzieren, die außerhalb der Toleranzgrenzen – einmal zu groß und einmal zu klein – liegen. Um dies zu erkennen, sollten wir uns auch mit den Bereichen um das Zentrum der Verteilung beschäftigen. Diese können mithilfe von *Streuungsmaßen* charakterisiert werden. Ein sehr einfaches, aber dennoch wichtiges Streuungsmaß ist die *Spannweite SP* einer Messreihe, die als die Differenz von Maximum und Minimum durch

$$\boxed{SP = x_{1,00} - x_{0,00}}$$

definiert ist. Die Spannweite als Streuungsmaß ist bei sehr großen Messreihen im Allgemeinen relativ grob, da sie von einigen wenigen Ausreißern sehr stark verzerrt werden kann. Daher verwendet man gelegentlich auch den gemäß $QA = x_{0,75} - x_{0,25}$ definierten *Quartilsabstand*. Analog kann man auch den α-Quantilsabstand definieren, der die Quantile $x_{1-\alpha}$ und x_α verwendet. Eine populäre Darstellung der Verteilung, welche die obigen α-Quantilsabstände mit $\alpha \in \{0,000; 0,025; 0,250; 0,500\}$ verwendet, ist der *Box-Whisker-Plot*. Das zentrale Element des Box-Whisker-Plots ist der Quartilsabstand, der als Kasten (Box) eingezeichnet und innerhalb dessen der Median eingetragen wird. Am linken bzw. rechten Rand reicht eine „Antenne" (Whisker) zum 2,5 %- bzw. 97,5 %-Quantil und markiert damit den Bereich, in dem 95 % der Beobachtungen liegen. Beobachtungen außerhalb dieser Grenzen, darunter natürlich immer Minimum und Maximum, werden durch Punkte gesondert gekennzeichnet.

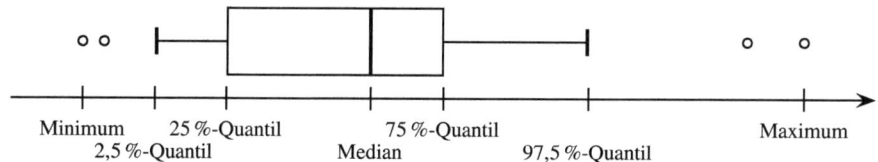

Abbildung 3: Box-Whisker-Plot

Beispiel 2.9
Wir bestimmen zu den Daten aus Beispiel 2.3 weitere Verteilungskenngrößen des Merkmals „Alter". Zunächst kann festgestellt werden, dass der Modalwert nicht eindeutig ist, da sowohl die Ausprägung 22 als auch 23 genau dreimal beobachtet wurden. Dennoch lässt sich festhalten, dass der Modalwert (22 bzw. 23) kleiner gleich dem Median (23) und kleiner gleich dem arithmetischen Mittel (23,8) ist. Die Spannweite beträgt $27 - 21 = 6$ und als Quartilsabstand erhalten wir $26 - 22 = 4$.

Das bekannteste Streuungsmaß ist die *mittlere quadratische Abweichung* vom Mittelwert:

$$\boxed{MQA = \frac{1}{n}\sum_{i=1}^{n}(x_i - \bar{x})^2 = \frac{1}{n}\sum_{i=1}^{n}x_i^2 - \bar{x}^2}$$

Die zweite Berechnungsmöglichkeit ist auch unter dem Namen *Verschiebungssatz* bekannt. Des Weiteren lässt sich die mittlere quadratische Abweichung auch auf Basis der Ausprägungen und deren relativen Häufigkeiten wie folgt ermitteln:

$$MQA = \sum_{j=1}^{k}(a_j - \bar{x})^2 f(a_j)$$

Häufig wird die mittlere quadratische Abweichung mit der *Stichprobenvarianz* verwechselt, da diese sehr ähnlich wie folgt definiert ist:

$$S^2 = \frac{1}{n-1}\sum_{i=1}^{n}(x_i - \bar{x})^2 \quad \text{bzw.} \quad S^2 = \frac{1}{n-1}\sum_{j=1}^{k}(a_j - \bar{x})^2 f(a_j)$$

Der wesentliche Unterschied zwischen diesen beiden Größen wird im Abschnitt 3.3.2 behandelt.

Zusätzlich gibt es die *Streuung* oder *Standardabweichung STA*, die gemäß $STA = \sqrt{MQA}$ definiert ist. Analog existiert auch der Begriff der Stichprobenstreuung bzw. Stichprobenstandardabweichung, die durch die Quadratwurzel der Stichprobenvarianz festgelegt ist. Die Standardabweichung besitzt den Vorteil, dass sie im Gegensatz zur mittleren quadratischen Abweichung immer dieselbe Dimension besitzt wie die Daten selbst.

Um die Streuungen verschiedener Merkmale mit verschiedenen Maßstäben vergleichbar zu machen, bietet sich der *Variationskoeffizient* an, der die Streuung ins Verhältnis zum arithmetischen Mittel setzt, also:

$$VK = \frac{STA}{\bar{x}} \quad \text{mit} \quad \bar{x} > 0.$$

Er sollte jedoch nur zum Vergleich ähnlicher Sachverhalte eingesetzt werden, wie z.B. beim Vergleich von Längenmessungen, die mit verschiedenen Maßeinheiten durchgeführt wurden.

Beispiel 2.10
Als mittlere quadratische Abweichung des Merkmals „Alter" aus dem Beispiel 2.3 erhalten wir:

$$MQA = \tfrac{1}{15} \cdot [(21 - 23{,}8)^2 + (21 - 23{,}8)^2 + \cdots + (27 - 23{,}8)^2] = \tfrac{1}{15} \cdot 60{,}4 = 4{,}03.$$

Somit ergibt sich ein Variationskoeffizient von $VK = \sqrt{4{,}03}/23{,}8 = 0{,}08$.

Eine wichtige Frage im Zusammenhang mit Lage- und Streuungsmaßen ist, wie sich eine *lineare Transformation* auf diese Größen auswirkt. Bei einer linearen Transformation sind nur die Multiplikation mit einem Faktor $b \neq 0$ und die Addition einer Konstanten $a \in \mathbb{R}$ erlaubt:

$$y_i = a + bx_i.$$

Eine lineare Transformation liegt beispielsweise dann vor, wenn Tagestemperaturen nicht nur in Grad Celsius (°C), sondern auch in Grad Fahrenheit (°F) angegeben werden sollen. Für diesen Fall ergibt sich die Transformationsvorschrift $y_i = 32 + 1{,}8x_i$. Dabei beschreiben x_i bzw. y_i die in Grad Celsius bzw. die in Grad Fahrenheit ausgedrückten Tagestemperaturen.

Werden die Beobachtungswerte gemäß $y_i = a + bx_i$ linear transformiert, so ergeben sich die in Tabelle 2.1 dargestellten transformierten Lage- und Streuungsmaße. Die (zumeist einfache) Herleitung wird dem Leser überlassen.

Lage- bzw. Streuungsmaß	Lineare Transformation
Modalwert	$y_{\text{mod}} = a + b x_{\text{mod}}$
α-Quantil	$y_\alpha = a + b x_\alpha$
Arithmetisches Mittel	$\bar{y} = a + b \bar{x}$
Spannweite	$SP_y = b \cdot SP_x$
Quartilsabstand	$QA_y = b \cdot QA_x$
Mittlere quadratische Abweichung	$MQA_y = b^2 \cdot MQA_x$
Standardabweichung	$STA_y = |b| \cdot STA_x$
Variationskoeffizient	$VK_y = |b| \cdot STA_x / (a + b \bar{x})$

Tabelle 2.1: Lage- und Streuungsmaße bei linearer Transformation

2.2 Bivariate Auswertungen

2.2.1 Unabhängigkeit und Zusammenhangsmaße

Mit den bislang behandelten deskriptiven Verfahren lassen sich Fragestellungen nach der *einseitigen* oder *wechselseitigen Abhängigkeit* von Merkmalen, wie etwa „Hat die Arbeitslosenquote einen Einfluss auf die Kaufkraft einer Region?", nicht beantworten. Bivariate Auswertungsmethoden liefern Antworten auf derartige Fragen. Die Anwendbarkeit und somit auch die sinnvolle Interpretation einschlägiger Maßzahlen hängt allerdings vom Skalenniveau der zu Grunde liegenden Merkmale ab, wobei sich die Wahl der Maßzahl nach dem Merkmal mit dem „niedrigeren" Informationsgehalt richtet. Ist mindestens eines der beiden Merkmale nominal skaliert, so lässt sich der Kontingenzkoeffizient oder Cramér's V berechnen. Mit diesen Größen kann – bedingt durch das Skalenniveau – lediglich die Stärke des Zusammenhangs zweier Merkmale, nicht jedoch dessen Richtung beschrieben werden. Sind beide Merkmale mindestens ordinal skaliert und ist somit eine Rangbildung möglich, so ist auch der Rangkorrelationskoeffizient von Spearman ermittelbar. Sind schließlich beide Merkmale kardinal skaliert, so ist zusätzlich die Berechnung des Bravais-Pearson-Korrelationskoeffizienten sinnvoll.

Ausgangspunkt unserer Überlegungen sind im Folgenden n Beobachtungspaare zweier Merkmale X und Y. Sind die Merkmale nominal, ordinal (mit wenigen Ausprägungen) oder klassiert-kardinal skaliert, so kann das Datenmaterial in Form einer *Kontingenztabelle* oder *Kreuztabelle* zusammengefasst werden. Dabei handelt es sich um ein rechteckiges Schema, das nach den k Ausprägungen des Merkmals X in Zeilen und nach den ℓ Ausprägungen des Merkmals Y in Spalten aufgeteilt wird. In den entstandenen Zellen, die jeweils einer Ausprägungskombination (a_i, b_j) entsprechen, werden nun die Häufigkeiten, mit denen diese Kombinationen in der Urliste festgestellt wurden, eingetragen. Schließlich wird das Schema am rechten und unteren Rand um eine Spalte und Zeile ergänzt. Darin werden die *Randhäufigkeiten*, d.h. die Zeilen- bzw. Spaltensummen eingetragen. Wir definieren die Randhäufigkeiten wie folgt:

$$h_{i.} = \sum_{j=1}^{\ell} h_{ij} \quad \text{und} \quad h_{.j} = \sum_{i=1}^{k} h_{ij}$$

Hierbei bezeichnet h_{ij} die absolute Häufigkeit der Ausprägungskombination (a_i, b_j). Ferner lassen sich auch so genannte *bedingte relative* Häufigkeiten bestimmen, welche wir wie folgt definieren:

$$f_X(a_i|b_j) = \frac{h_{ij}}{h_{.j}} \quad \text{bzw.} \quad f_Y(b_j|a_i) = \frac{h_{ij}}{h_{i.}}.$$

Bedingte relative Häufigkeiten geben folglich an, mit welcher relativen Häufigkeit eine bestimmte Ausprägung des einen Merkmals auftritt, wenn bekannt ist, dass eine bestimmte Ausprägung des anderen Merkmals vorliegt. Eine Addition über die Randhäufigkeiten ergibt als Ergebnis die Zahl der vorliegenden Beobachtungen, n. Kreuztabellen lassen sich auch für relative Häufigkeiten erstellen. In diesem Fall ergibt die Summe der Randhäufigkeiten eins. Das nachfolgende Schema verdeutlicht den prinzipiellen Aufbau einer Kontingenztabelle.

x \ y	b_1	b_2	$\cdots$	b_ℓ	$h_{i.}$
a_1	h_{11}	h_{12}	$\cdots$	$h_{1\ell}$	$h_{1.}$
a_2	h_{21}	h_{22}	$\cdots$	$h_{2\ell}$	$h_{2.}$
$\vdots$	$\vdots$	$\vdots$	$\ddots$	$\vdots$	$\vdots$
a_k	h_{k1}	h_{k2}	$\cdots$	$h_{k\ell}$	$h_{k.}$
$h_{.j}$	$h_{.1}$	$h_{.2}$	$\cdots$	$h_{.\ell}$	n

Sind die beiden Merkmale X und Y unabhängig, so lässt sich für diese der theoretische Zusammenhang $h_{ij} = h_{i.} h_{.j} / n$ nachweisen. Wir ziehen diese Aussage zur Definition eines Abhängigkeitsmaßes heran. Dabei bezeichnen wir mit

$$\boxed{\tilde{h}_{ij} = \frac{h_{i.} h_{.j}}{n}}$$

die unter Gültigkeit der Unabhängigkeitsprämisse zu erwartenden Häufigkeiten. Bildet man die Summe der relativen quadratischen Abweichungen zwischen den wirklich beobachteten Häufigkeiten und den im Falle von Unabhängigkeit zu erwartenden Häufigkeiten, so erhält man die nachfolgende *Chi-Quadrat* genannte Größe:

$$\boxed{\chi^2 = \sum_{i=1}^{k} \sum_{j=1}^{\ell} \frac{(h_{ij} - \tilde{h}_{ij})^2}{\tilde{h}_{ij}}}$$

Im Fall $k = \ell = 2$ lässt sich Chi-Quadrat auch ohne die $\tilde{h}_{ij}$ auf folgende Weise bestimmen:

$$\chi^2 = \frac{n(h_{11}h_{22} - h_{12}h_{21})^2}{h_{1.}h_{2.}h_{.1}h_{.2}}.$$

Ein großer χ^2-Wert deutet auf eine mögliche Interdependenz der beiden Merkmale hin. Bei unabhängigen Merkmalen ist dagegen ein χ^2 von null zu erwarten. Bei unterschiedlichen Urlistenumfängen n sind die Werte von Chi-Quadrat jedoch nicht direkt vergleichbar, da n im Zähler quadratisch und im Nenner nur einfach eingeht. So verdoppelt sich Chi-Quadrat bei Verdopplung des Datensatzes ebenfalls. Der Bereinigung dieses Nachteils dient die folgende Größe, die

2.2 Bivariate Auswertungen

als *Kontingenzkoeffizient* bezeichnet wird:

$$C = \sqrt{\frac{\chi^2}{n + \chi^2}}$$

Der Wertebereich des Kontingenzkoeffizienten liegt zwischen null und dem theoretisch maximalen Wert $C_{\max} = \sqrt{(M-1)/M}$, wobei $M = \min\{k;\ell\}$ ist. Um die Kontingenzkoeffizienten zu verschieden dimensionierten Kreuztabellen vergleichbar zu machen, gehen wir schließlich zum *normierten* Kontingenzkoeffizienten

$$C_{\mathrm{norm}} = \frac{C}{C_{\max}}$$

über, der immer im Intervall [0; 1] liegt.

Beispiel 2.11
Für das Merkmalspaar „Examensnote" und „Geschlecht" hat eine Hochschule für den Studiengang BWL die Daten mehrerer Jahre gesammelt. Insgesamt liegen $n = 1\,000$ Beobachtungen vor, welche der nachfolgenden Tabelle entnommen werden können:

Geschlecht \ Examensnote	[1; 1,5)	[1,5; 2,5)	[2,5; 3,5)	[3,5; 4]	
m	50	350	150	50	600
w	50	200	100	50	400
	100	550	250	100	1 000

Nun soll der Zusammenhang zwischen den beiden Merkmalen mithilfe des normierten Kontingenzkoeffizienten untersucht werden. Hierzu berechnen wir zunächst die bei Unabhängigkeit zu erwartenden Häufigkeiten $\tilde{h}_{ij}$:

Geschlecht \ Examensnote	[1; 1,5)	[1,5; 2,5)	[2,5; 3,5)	[3,5; 4]	
m	60	330	150	60	600
w	40	220	100	40	400
	100	550	250	100	1 000

Der entsprechende χ^2-Wert ergibt sich aus

$$\chi^2 = \frac{(50-60)^2}{60} + \frac{(350-330)^2}{330} + \cdots + \frac{(50-40)^2}{40} = \frac{125}{11}.$$

Um eine Interpretation der ermittelten Größe χ^2 zu ermöglichen, berechnen wir nun den Kontingenzkoeffizienten sowie den normierten Kontingenzkoeffizienten:

$$C = \sqrt{\frac{\frac{125}{11}}{1\,000 + \frac{125}{11}}} = \sqrt{\frac{1}{89}} \quad \text{bzw.} \quad C_{\mathrm{norm}} = \sqrt{\frac{\frac{1}{89}}{\frac{1}{2}}} = \sqrt{\frac{2}{89}} = 0{,}15.$$

Da der (normierte) Kontingenzkoeffizient einen kleinen Wert annimmt, liegt eine schwache Korrelation zwischen den beiden Merkmalen vor.

Ein zum Kontingenzkoeffizienten ähnliches und ebenfalls gebräuchliches Zusammenhangsmaß heißt, benannt nach dem schwedischen Statistiker Harald Cramér (1893–1985), Cramér's V und ist wie folgt definiert:

$$V = \sqrt{\frac{\chi^2}{n \cdot (\min\{k; \ell\} - 1)}}$$

Es basiert ebenfalls auf der bereits bekannten Größe χ^2, kann als maximalen Wert eins annehmen und muss daher nicht normiert werden.

Beispiel 2.12
Wir ermitteln basierend auf den Daten des Beispiels 2.11 Cramér's V. Die benötigte Größe χ^2 wurde bereits bestimmt, so dass wir V direkt berechnen können:

$$V = \sqrt{\frac{\frac{125}{11}}{1\,000 \cdot (\min\{2; 4\} - 1)}} = \sqrt{\frac{1}{88}} = 0{,}11\,.$$

Auch V deutet auf einen schwachen Zusammenhang hin.

Wie bereits angedeutet, können Kontingenztabellen für alle Skalenniveaus eingesetzt werden. Durch die Klassierung von ordinal oder kardinal skalierten Daten findet eine Vergröberung statt, die mit einem Informationsverlust verbunden ist. Wir führen daher nun ein Abhängigkeitsmaß ein, das kardinales Skalenniveau voraussetzt. Dann können die absoluten Abstände der Messwerte von den arithmetischen Mittelwerten berechnet werden. Hierbei bezeichnen wir die Beobachtungen von Merkmal X mit x_i und die von Merkmal Y mit y_i (mit $i = 1, \ldots, n$). Unter ihrer Verwendung definieren wir den *Bravais-Pearson-Korrelationskoeffizienten* oder *Produkt-Moment-Korrelationskoeffizienten*:

$$r = \frac{\sum_{i=1}^{n}(x_i - \bar{x})(y_i - \bar{y})}{\sqrt{\sum_{i=1}^{n}(x_i - \bar{x})^2 \sum_{i=1}^{n}(y_i - \bar{y})^2}} = \frac{\sum_{i=1}^{n} x_i y_i - n\bar{x}\bar{y}}{\sqrt{\sum_{i=1}^{n} x_i^2 - n\bar{x}^2}\sqrt{\sum_{i=1}^{n} y_i^2 - n\bar{y}^2}}$$

Für r gilt der Zusammenhang $-1 \leq r \leq +1$. Ist r kleiner als null, so spricht man von *negativ korrelierten* Merkmalen, während für r größer als null *positiv korrelierte* Merkmale vorliegen. Ist $r = 0$, so sind X und Y unkorreliert. Ferner halten wir fest, dass für $r = +1$ bzw. $r = -1$ eine vollständig positive bzw. vollständig negative *lineare* Abhängigkeit der beiden Merkmale besteht. Die weiteren Zusammenhänge werden wir im Rahmen der Regressionsrechnung kennen lernen.

Bei ordinal skalierten Merkmalen sind die absoluten Abstände ohne Bedeutung. Deshalb geht man in diesem Fall zur Verwendung von *Rangnummern* an Stelle der Originaldaten über und ordnet dem größten Messwert den Rang 1, dem zweitgrößten Messwert den Rang 2 usw. zu. Beim Auftreten von so genannten *Bindungen*, d.h. gleicher Beobachtungswerte, werden für die betroffenen Beobachtungen Durchschnittsränge vergeben, vgl. das nachfolgende Beispiel 2.13. Wir bezeichnen die so erhaltenen Rangnummern für die Merkmale X bzw. Y mit r_{x_i} bzw. r_{y_i}. Der *Rangkorrelationskoeffizient von Spearman* r_s als Abhängigkeitsmaß mindestens ordinal skalierter Merkmale entsteht dann aus dem Bravais-Pearson-Korrelationskoeffizienten r, wenn man r

2.2 Bivariate Auswertungen

auf Basis von r_{x_i} und r_{y_i} (an Stelle von x_i und y_i) berechnet. Treten keine Bindungen auf, so lässt sich die Berechnung von r_s unter Ausnutzung der Beziehungen

$$\sum_{i=1}^n r_{x_i} = \sum_{i=1}^n r_{y_i} = \frac{n(n+1)}{2} \quad \text{sowie} \quad \sum_{i=1}^n r_{x_i}^2 = \sum_{i=1}^n r_{y_i}^2 = \frac{n(n+1)(2n+1)}{6}$$

vereinfachen zu:

$$\boxed{r_s = 1 - \frac{6 \sum_{i=1}^n (r_{x_i} - r_{y_i})^2}{(n-1)n(n+1)}}$$

Für den Wertebereich des Rangkorrelationskoeffizienten von Spearman gilt $-1 \leq r_s \leq +1$. Im Falle von Unabhängigkeit der Merkmale nimmt er den Wert null an, während bei vollständig gleichsinnigem Verhalten der Ränge der Wert $+1$ und bei vollständig gegensinnigem Verhalten der Wert -1 erreicht wird. Unter Gleichsinnigkeit versteht man dabei $r_{x_i} = r_{y_i}$ für $i = 1, \ldots, n$, während Gegensinnigkeit $r_{x_i} = n + 1 - r_{y_i}$ für $i = 1, \ldots, n$ bedeutet. Möglicherweise ist es kontextabhängig sinnvoll, bei einem der beiden Merkmale, z.B. bei Schulnoten, die Ränge in umgekehrter Anordnung zu vergeben. In diesem Falle dreht sich bei r_s nur das Vorzeichen um. Werden für beide Merkmale Rangnummern in umgekehrter Anordnung vergeben, so ändert sich am Wert von r_s nichts.

Beispiel 2.13
Für die Merkmale „Alter" und „Notenniveau" aus Beispiel 2.3 ermitteln wir zunächst r_s:

i	4	9	10	15	2	8	14	1	6	12	3	5	11	7	13
Alter	27	27	26	26	25	25	24	23	23	23	22	22	22	21	21
r_{x_i}	1,5	1,5	3,5	3,5	5,5	5,5	7	9	9	9	12	12	12	14,5	14,5
Note	1	3	3	1	3	2	1	1	2	2	1	1	1	3	2
r_{y_i}	4	13,5	13,5	4	13,5	9,5	4	4	9,5	9,5	4	4	4	13,5	9,5

Durch die erforderliche Vergabe von Durchschnittsrängen ergibt sich r_s als

$$r_s = \frac{1{,}5 \cdot 4 + \cdots + 14{,}5 \cdot 9{,}5 - 15 \cdot 8 \cdot 8}{\sqrt{(1{,}5^2 + \cdots + 14{,}5^2) - 15 \cdot 8^2} \sqrt{(4^2 + \cdots + 9{,}5^2) - 15 \cdot 8^2}} = -0{,}13 \, .$$

Da die Merkmale „Alter", „Fachsemester" und „Wunschgehalt" kardinal skaliert sind, können wir eine Matrix erstellen, die alle paarweisen Bravais-Pearson-Korrelationskoeffizienten beinhaltet. Dazu bestimmen wir die Summen der quadratischen Abweichungen und die der Wechselbeziehungsterme, d.h. die Terme in den Zählern und Nennern der Bravais-Pearson-Korrelationskoeffizienten:

Alter: $(23 - 23{,}8)^2 + \cdots + (26 - 23{,}8)^2 = 60{,}40$,
Semester: $(4 - 5{,}33)^2 + \cdots + (6 - 5{,}33)^2 = 133{,}33$,
Gehalt: $(46 - 52{,}87)^2 + \cdots + (57 - 52{,}87)^2 = 307{,}73$,
Alter, Semester: $(23 - 23{,}8) \cdot (4 - 5{,}33) + \cdots + (26 - 23{,}8) \cdot (6 - 5{,}33) = 72{,}00$,
Alter, Gehalt: $(23 - 23{,}8) \cdot (46 - 52{,}87) + \cdots + (26 - 23{,}8) \cdot (57 - 52{,}87) = 25{,}60$,
Semester, Gehalt: $(4 - 5{,}33) \cdot (46 - 52{,}87) + \cdots + (6 - 5{,}33) \cdot (57 - 52{,}87) = 26{,}67$.

Wir fassen diese Größen in der nachfolgenden Matrix **S** zusammen:

$$\mathbf{S} = \begin{pmatrix} 60{,}40 & 72{,}00 & 25{,}60 \\ 72{,}00 & 133{,}33 & 26{,}67 \\ 25{,}60 & 26{,}67 & 307{,}73 \end{pmatrix}.$$

Dividiert man die Elemente s_{ij} dieser Matrix durch n, so erhält man die so genannte *Varianz-Kovarianzmatrix*. Teilt man die s_{ij} noch zusätzlich durch die Wurzel des Produktes der Hauptdiagonalelemente i und j, so resultiert die folgende *Korrelationsmatrix*, welche sämtliche paarweisen Bravais-Pearson-Korrelationskoeffizienten enthält:

$$\mathbf{R} = \begin{pmatrix} 1{,}00 & 0{,}80 & 0{,}19 \\ 0{,}80 & 1{,}00 & 0{,}13 \\ 0{,}19 & 0{,}13 & 1{,}00 \end{pmatrix}.$$

Um den Zusammenhang zweier Merkmale grafisch zu veranschaulichen, kann ein so genanntes *Streuungsdiagramm* erstellt werden. Darin repräsentiert jede Achse jeweils ein Merkmal. Die vorliegenden Beobachtungen werden dann als Wertepaare (x_i, y_i) aufgefasst und in das Koordinatensystem eingetragen (siehe Abbildung 4). Die sich ergebende Punktewolke vermittelt einen optischen Eindruck der Stärke sowie der Richtung des Zusammenhanges zwischen X und Y. Bei vollständig positiv bzw. negativ korrelierten Merkmalen liegen alle Punkte auf einer Geraden mit positiver bzw. negativer Steigung. Je schwächer der Grad der Abhängigkeit zwischen den Merkmalen ist, desto weniger stark orientieren sich die Punkte an einer Geraden. Bei perfekter Unkorreliertheit, d.h. falls $r = 0$ ist, streuen die Punkte regellos um den so genannten *Schwerpunkt* $(\bar{x}, \bar{y})$.

2.2.2 Regressionsrechnung

Oft lässt sich ein funktionaler Zusammenhang zwischen zwei korrelierten Merkmalen vermuten. Den einfachsten Fall stellt der lineare Zusammenhang

$$y = f(x) = \beta_0 + \beta_1 x$$

dar. Die Ausprägungen des Merkmals Y lassen sich dann eindeutig aus den Ausprägungen des Merkmals X erschließen. Wird eine lineare Beziehung zwischen zwei Merkmalen unterstellt, so gilt es zu herauszufinden, wie die Koeffizienten β_0 und β_1 aus den beobachteten Wertepaaren ermittelt werden können. Eine von Carl Friedrich Gauß (1777–1855) vorgeschlagene Methode, die *Kleinst-Quadrate-Methode* oder kurz *KQ-Methode*, betrachten wir im Folgenden genauer. Dabei sind die Koeffizienten so festzulegen, dass die so entstehende Regressionsgerade möglichst gut die vorliegenden Daten beschreibt. Hierfür wird die Summe der quadrierten senkrechten Differenzen zwischen der Regressionsgeraden und den y_i,

$$Q(\beta_0, \beta_1) = \sum_{i=1}^{n} [y_i - (\beta_0 + \beta_1 x_i)]^2,$$

minimiert, wobei durch das Quadrat in der Formel eine stärkere „Bestrafung" von Punkten mit großer senkrechter Differenz erreicht wird. Zur Bestimmung der Koeffizienten β_0 und β_1 leiten wir $Q(\beta_0, \beta_1)$ partiell ab und setzen die beiden partiellen Ableitungen

$$\frac{\partial Q}{\partial \beta_0} = -2 \sum_{i=1}^{n} [y_i - (\beta_0 + \beta_1 x_i)], \quad \frac{\partial Q}{\partial \beta_1} = -2 \sum_{i=1}^{n} [y_i - (\beta_0 + \beta_1 x_i)] x_i$$

2.2 Bivariate Auswertungen

gleich null. Die Gleichungen lassen sich eindeutig lösen und die gefundene Lösung

$$\hat{\beta}_1 = \frac{\sum_{i=1}^{n}(x_i - \bar{x})(y_i - \bar{y})}{\sum_{i=1}^{n}(x_i - \bar{x})^2} = \frac{\sum_{i=1}^{n} x_i y_i - n\bar{x}\bar{y}}{\sum_{i=1}^{n} x_i^2 - n\bar{x}^2} \quad \text{und} \quad \hat{\beta}_0 = \bar{y} - \hat{\beta}_1 \bar{x}$$

minimiert $Q(\beta_0, \beta_1)$. Wir versehen die aus den Daten geschätzten Koeffizienten jeweils mit einem „Dächlein" und erhalten so die Regressionsgerade $\hat{y} = \hat{\beta}_0 + \hat{\beta}_1 x$. Mit deren Hilfe können nun für neue Beobachtungen x die zugehörigen Schätzwerte $\hat{y}$ ermittelt werden.

Beispiel 2.14

Für die beiden Merkmale X und Y liegen folgende Beobachtungen vor:

i	1	2	3	4	5	6	7	8	9	10	11	12	13	14	15	16	17
x_i	1	1	1	1,3	1,6	1,7	1,9	2	2,2	2,5	2,8	3	3,1	4	4,1	5	6
y_i	1,1	0,9	0,5	1	2,3	1,3	1,6	0,8	2,4	2,8	3,4	2	3	2,5	3	3,1	4

Aus den Daten ermitteln wir die Größen

$$\bar{x} = 2{,}6, \quad \bar{y} = 2{,}1, \quad \sum_{i=1}^{17} x_i y_i = 113{,}23, \quad \sum_{i=1}^{17} x_i^2 = 149{,}1$$

und berechnen schließlich die Regressionskoeffizienten

$$\hat{\beta}_1 = \frac{113{,}23 - 17 \cdot 2{,}6 \cdot 2{,}1}{149{,}1 - 17 \cdot 2{,}6^2} = \frac{2\,041}{3\,418} = 0{,}60 \quad \text{und} \quad \hat{\beta}_0 = 2{,}1 - \frac{2\,041}{3\,418} \cdot 2{,}6 = 0{,}55.$$

Es ergibt sich die Regressionsgerade $\hat{y} = 0{,}55 + 0{,}60x$, vgl. Abbildung 4.

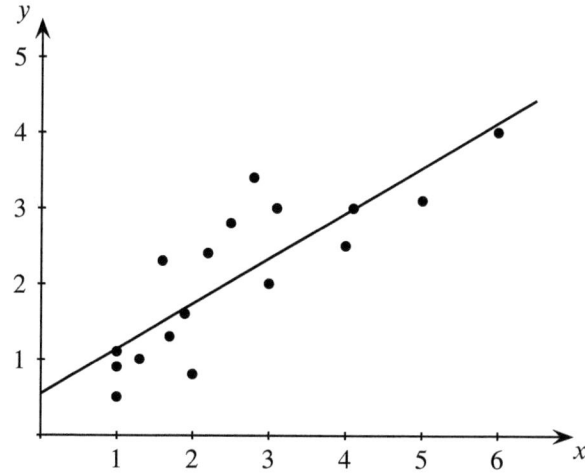

Abbildung 4: Streuungsdiagramm mit Regressionsgerade zu den Daten aus Beispiel 2.14

Soll die Aussagekraft der Regressionsgeraden überprüft werden, so ist es üblich, zur Beurteilung ein Gütekriterium heranzuziehen, welches als *Determinationskoeffizient* bezeichnet und wie folgt berechnet wird:

$$R^2 = \frac{\sum\limits_{i=1}^{n}(\hat{y}_i - \bar{y})^2}{\sum\limits_{i=1}^{n}(y_i - \bar{y})^2} = \frac{\sum\limits_{i=1}^{n}\hat{y}_i^2 - n\bar{y}^2}{\sum\limits_{i=1}^{n}y_i^2 - n\bar{y}^2}$$

In den Nenner ist die mittlere quadratische Abweichung der beobachteten Werte y_i eingeflossen. Der Zähler beschreibt die Summe der quadrierten Abweichungen zwischen den Prognosewerten, welche sich durch Einsetzen der x_i in die Geradengleichung ergeben, und dem arithmetischen Mittel $\bar{y}$. Damit gibt R^2 den Anteil der Streuung an, der durch die Regressionsgerade erklärt wird. R^2 liegt immer im Intervall [0; 1] und es gilt die folgende Beziehung zum Bravais-Pearson-Korrelationskoeffizienten:

$$R^2 = r^2$$

2.3 Aufgaben

Die nachfolgende Übersicht gibt Auskunft über die Zuordnung der Aufgaben zu den Themengebieten:

Themengebiet	Aufgaben
Häufigkeiten	2.1, 2.2, 2.3, 2.8, 2.9, 2.12, 2.15, 2.21
Grafiken	2.9, 2.22
Lagemaße	2.1, 2.2, 2.3, 2.4, 2.5, 2.6, 2.7, 2.8, 2.9, 2.10, 2.12, 2.16, 2.18, 2.19, 2.21
Streuungsmaße	2.2, 2.3, 2.8, 2.9, 2.10, 2.18, 2.21
Kontingenztabelle, Unabhängigkeit	2.11, 2.14, 2.15, 2.27
Zusammenhangsmaße	2.11, 2.12, 2.13, 2.14, 2.15, 2.16, 2.17, 2.18, 2.19, 2.27, 2.28
Regression	2.20, 2.21, 2.22, 2.23, 2.24, 2.25, 2.26, 2.27, 2.28, 2.29

Aufgabe 2.1
$H(x)$ gibt die absoluten Summenhäufigkeiten eines kardinal skalierten Merkmals X wieder:

$$H(x) = \begin{cases} 0, & \text{für } x < -10 \\ 3, & \text{für } -10 \leq x < 2 \\ 7, & \text{für } 2 \leq x < 3 \\ 9, & \text{für } 3 \leq x < 4{,}5 \\ 10, & \text{für } 4{,}5 \leq x < 6 \\ 10, & \text{für } 6 \leq x < 8 \\ 12, & \text{für } 8 \leq x < 9 \\ 12, & \text{für } x \geq 9. \end{cases}$$

a) Ermitteln Sie die empirische Verteilungsfunktion und geben Sie $F(6{,}75)$ an.

b) Berechnen Sie den Modalwert, den Median und das arithmetische Mittel.

Aufgabe 2.2
Eine Sparkasse hat in einer Stadt fünf Filialen A,...,E. Folgende Tabelle gibt die Anzahl der Beschäftigten in den einzelnen Filialen an:

Filiale	A	B	C	D	E
Anzahl Beschäftigte	18	24	63	18	27

a) Zunächst werden die einzelnen Filialen als Merkmalsträger und die Beschäftigtenzahl als Merkmal X angesehen. Berechnen Sie hierzu die Spannweite sowie die Werte der empirischen Verteilungsfunktion $F(x)$ an den Stellen $x = 17$, $x = 18$ und $x = 19$.

b) Nun werden die in den fünf Filialen beschäftigten Personen als Merkmalsträger angesehen. Als Merkmal Y fungiert dann die Filiale, in der die jeweilige Person beschäftigt ist. Bestimmen Sie hierzu einen geeigneten Wert als Lagemaß.

Aufgabe 2.3
Nach zehnmaligem Werfen eines Würfels wurden folgende Werte festgestellt:

$$\bar{x} = 3, \quad SP = 4, \quad h(3) = 0, \quad h(5) = 2.$$

Genau die beiden Werte 2 und 4 sind Modalwerte. Wie lautet die aufsteigend sortierte Urliste?

Aufgabe 2.4
Die so genannte Sexualproportion p wird folgendermaßen berechnet:

$$p = \frac{\text{Anzahl der Mädchen}}{\text{Anzahl der Jungen}}.$$

In den Gemeinden A bzw. B betrage die Sexualproportion $p_A = 1{,}6$ bzw. $p_B = 1$. Wie groß ist die Sexualproportion $\bar{p}$ der beiden Gemeinden zusammen, wenn die Anzahl der

a) Jungen,

b) Mädchen in den beiden Gemeinden gleich groß ist?

Aufgabe 2.5
Die nachfolgende Tabelle zeigt die Anzahl der Bewohner von 50 Wohngemeinschaften:

Anzahl Bewohner	2	3	4	5	6
Anzahl Wohngemeinschaften	10	10	20	0	10

Bestimmen Sie die durchschnittliche Anzahl der Mitbewohner.

Aufgabe 2.6
Günter pendelt des Öfteren zwischen Augsburg und Berlin. Neulich war er auf der Hinfahrt mit einer Geschwindigkeit von 60 km/h unterwegs. Seine Durchschnittsgeschwindigkeit während der gesamten Fahrt, also hin und zurück, betrug 70 km/h. Mit welcher Geschwindigkeit ist Günter auf dem Rückweg gefahren?

Aufgabe 2.7
Die Durchfallquote in der Klausur „Mathematik" beträgt 10 % und die Durchfallquote in der Klausur „Statistik" beträgt 30 %. Wie hoch ist die durchschnittliche Durchfallquote in diesen beiden Fächern zusammen, wenn

a) die Anzahl der Klausurteilnehmer,

b) die Anzahl der Durchgefallenen

in beiden Fächern gleich hoch ist?

Aufgabe 2.8
Eine Fußballmannschaft gewann in der letzten Saison die Meisterschaft. In der Hinrunde, welche die Mannschaft ohne Niederlage absolvierte, wurden insgesamt 16 Spieler eingesetzt und 56 Tore erzielt. Zu den Beobachtungswerten $x_1, \ldots, x_{16}$ mit $x_i =$ „Anzahl der von Spieler i in der Hinrunde erzielten Tore" wurde folgende Häufigkeitstabelle erstellt:

Erzielte Tore	0	2	5	8	12
Anzahl Spieler	5	4	4	2	1

a) Bestimmen Sie den Modalwert, den Median sowie die mittlere quadratische Abweichung.

In der Rückrunde, in der 19 Spieler zum Einsatz kamen, wurden entsprechend die Anzahlen y_i der von den Spielern $i = 1, \ldots, 19$ erzielten Tore registriert und hieraus die folgenden absoluten Summenhäufigkeiten $H(y)$ errechnet:

$$H(y) = \begin{cases} 0, & \text{für} \quad y < 0 \\ 7, & \text{für} \quad 0 \leq y < 1 \\ 13, & \text{für} \quad 1 \leq y < 4 \\ 16, & \text{für} \quad 4 \leq y < 9 \\ 18, & \text{für} \quad 9 \leq y < 15 \\ 19, & \text{für} \quad 15 \leq y. \end{cases}$$

b) Wie viele Spieler schossen in der Rückrunde genau 4 Tore bzw. zwischen 3 und 14 Toren?

c) Wie viele Tore wurden in der Rückrunde insgesamt erzielt?

Aufgabe 2.9
Das Ergebnis einer Untersuchung von n Merkmalsträgern bzgl. eines kardinal skalierten Merkmals X wird in folgender empirischer Verteilungsfunktion zusammengefasst:

x	0	1	2	3	4	5
$F(x)$	0	0,4	0,56	0,7	1	1

a) Berechnen Sie den Modalwert, den Median, das arithmetische Mittel und die mittlere quadratische Abweichung.

b) Die Daten werden nun klassiert, wobei eine Einteilung der Merkmalsachse in die Klassen $[0;4)$ und $[4;6)$ vorgenommen wird. Welche Winkel ergeben sich dann bei einer Darstellung der klassierten Daten mittels eines Kreissektorendiagramms?

Aufgabe 2.10
Ein Merkmal X mit den möglichen Ausprägungen 0 und 1, das wie ein kardinal skaliertes Merkmal behandelt werden kann, wird an n Merkmalsträgern beobachtet. Dabei bezeichnet h_0 die absolute Häufigkeit der Ausprägung 0 und h_1 die absolute Häufigkeit der Ausprägung 1.

a) Man beweise, dass für die mittlere quadratische Abweichung der n Beobachtungen gilt:

$$MQA = \frac{h_0 \cdot h_1}{(h_0 + h_1)^2}.$$

b) Unterstellen Sie für den Teil b), dass 100 Beobachtungswerte $x_1, \ldots, x_{100}$ zu obigem Merkmal X vorliegen, wobei 80 der x_i gleich 1 sind. Wie groß sind dann die relative Häufigkeit der Ausprägung 0 und das arithmetische Mittel und die Standardabweichung?

c) Auf Basis einer anderen als der in Teil b) betrachteten Urliste wurde für das Merkmal X eine mittlere quadratische Abweichung in Höhe von 0,25 ermittelt. Bestimmen Sie das zugehörige arithmetische Mittel.

Aufgabe 2.11
Bei den amerikanischen Präsidentschaftswahlen im Jahre 2000 wurden einige Unregelmäßigkeiten festgestellt. Dabei kam heraus, dass offensichtlich Teile der Bevölkerung Probleme hatten, die zur Stimmabgabe benötigten Markiermaschinen richtig zu bedienen. Um künftig solche Probleme zu vermeiden, versuchen Wissenschaftler nun herauszufinden, was die Ursache für dieses Problem war. 21 801 Testpersonen werden gebeten, die Wahlmaschinen zu bedienen. Es soll dabei herausgefunden werden, ob eine gewisse körperliche Fitness Voraussetzung dafür sein könnte, die Maschinen korrekt zu betätigen. Nach dem Testdurchgang ergab sich, dass von den Personen, die als „normal fit" eingestuft wurden, 7 326 das Gerät korrekt bedient hatten, wohingegen 2 442 Personen eine ungültige Stimme abgaben. Von den eher „schwachen" Teilnehmern gaben 4 572 eine gültige und 1 524 eine ungültige Stimme ab. Von der letzten Gruppe, den „starken" Mitwirkenden, bedienten nur 3 195 das Gerät korrekt. Überraschend war, dass eine große Anzahl der Testpersonen die Funktion der Maschine überhaupt nicht verstand und deswegen gar keine Stimme abgab. Dies waren 508 „schwache", 814 „normale" und 355 „starke" Personen.

a) Liegt bei diesen 21 801 Personen eine Abhängigkeit zwischen den Merkmalen „körperliche Fitness" und „Ergebnis der Maschinenverwendung" vor?

b) Berechnen Sie zu obigen Daten ein geeignetes Zusammenhangsmaß.

Aufgabe 2.12

In einer Firma sind zwölf Personen beschäftigt. Für diese Personen sind in der folgenden Tabelle die Ausprägungen zu den Merkmalen „Geschlecht" und „Alter" festgehalten, wobei das Alter unter Zugrundelegung der Altersklassen [20; 30), [30; 45) und [45; 65) erhoben und beim Geschlecht „männlich" durch „m" und „weiblich" durch „w" repräsentiert wurde:

Person	Geschlecht	Altersklasse	Person	Geschlecht	Altersklasse
1	m	[20; 30)	7	w	[30; 45)
2	w	[20; 30)	8	w	[30; 45)
3	w	[20; 30)	9	w	[30; 45)
4	m	[20; 30)	10	m	[30; 45)
5	w	[20; 30)	11	w	[45; 65)
6	w	[30; 45)	12	m	[45; 65)

a) Ermitteln Sie den Wert eines geeigneten Maßes für den Zusammenhang zwischen dem Geschlecht und der Altersklassenzugehörigkeit.

b) Für jeden der zwölf Beschäftigten wurde zudem die Anzahl X der Krankheitstage des vergangenen Jahres registriert und dazu die absolute Summenhäufigkeit gebildet:

$$H(x) = \begin{cases} 0, & \text{für} \quad x < 0 \\ 5, & \text{für} \quad 0 \leq x < 1 \\ 8, & \text{für} \quad 1 \leq x < 3 \\ 11, & \text{für} \quad 3 \leq x < 18 \\ 12, & \text{für} \quad x \geq 18 \,. \end{cases}$$

Berechnen Sie die durchschnittliche Anzahl Krankheitstage.

Aufgabe 2.13

In einem Fußballturnier mit 16 teilnehmenden Mannschaften wurden für die Vorrunde vier Gruppen, bestehend aus je vier Mannschaften, gebildet. Innerhalb der einzelnen Gruppen spielte „jeder gegen jeden", so dass pro Gruppe sechs und damit insgesamt 24 Spiele in der Vorrunde stattfanden. Im Folgenden ist für jedes dieser (von 1 bis 24 durchnummerierten Spiele) die dabei erzielte Anzahl an Toren registriert:

Spielnummer	1	2	3	4	5	6	7	8	9	10	11	12
Anzahl der Tore	0	2	0	1	1	0	2	5	1	1	0	2

Spielnummer	13	14	15	16	17	18	19	20	21	22	23	24
Anzahl der Tore	1	2	0	10	1	5	1	0	1	2	2	0

Es sei bekannt, dass unter obigen durchnummerierten Spielen diejenigen mit ungerader Nummer 1, 3, 5, ..., 23 jeweils nachmittags und diejenigen mit gerader Nummer 2, 4, 6, ..., 24 hingegen jeweils abends stattfanden. Berechnen Sie eine geeignete Maßzahl für den Zusammenhang zwischen den Merkmalen

X = „Anzahl der pro Spiel erzielten Tore" und

Y = „Spieltermin" (mit den Ausprägungen „nachmittags" bzw. „abends").

2.3 Aufgaben

Aufgabe 2.14

25 Schülern einer Schulklasse wurden folgende zwei Fragen gestellt: „Bist du Mitglied eines Sportvereins?" Und: „Lernst du ein Musikinstrument spielen?" Alle 25 Schüler haben beide Fragen wahrheitsgemäß (mit „ja" oder „nein") beantwortet. Zunächst wird nur veröffentlicht, dass es 15 Ja-Antworten bei der Frage nach der Sportvereinsmitgliedschaft und neun Ja-Antworten bei der Frage nach dem Musikinstrument gab.

a) Bestimmen Sie sowohl die größtmögliche als auch die kleinstmögliche Anzahl von Schülern, die beide Fragen mit „nein" beantwortet haben.

b) Ist es auf Grund der bisher bekannten Angaben möglich, dass zwischen den beiden bei den 25 Schülern nachgefragten Merkmalen Unabhängigkeit besteht?

c) Berechnen Sie den Wert eines geeigneten Maßes für den Zusammenhang der beiden Merkmale, falls zusätzlich bekannt wird, dass genau drei Schüler beide Fragen bejaht haben.

Aufgabe 2.15

An einer Hochschule wurden zum Sommersemester 2010 die beiden Bachelor-Studiengänge „Betriebswirtschaftslehre" (BWL) und „Volkswirtschaftslehre" (VWL) eingeführt. Insgesamt wurden für das Fach BWL 900 und für das Fach VWL 300 Studienplätze über ein lokales Zulassungsverfahren vergeben. Dieses Zulassungsverfahren verbietet Doppelbewerbungen, so dass sich ein(e) Interessent(in) auf maximal einen Studienplatz bewerben kann, entweder BWL oder VWL.

Insgesamt gingen 2 000 Bewerbungen ein, die Hälfte davon von Frauen. Auf das Fach BWL entfielen insgesamt 1 200 der 2 000 Bewerbungen, wobei 75 % der BWL-Bewerbungen von Männern stammten. 630 dieser Männer erhielten den gewünschten BWL-Studienplatz. Außerdem wurden 280 der VWL-Studienplätze an Frauen vergeben.

a) Tragen Sie die absoluten Häufigkeiten der für BWL bzw. VWL zugelassenen bzw. abgelehnten Frauen bzw. Männer in die nachfolgende Tabelle ein.

Studienfach \ Geschlecht	weiblich		männlich	
	zugelassen	abgelehnt	zugelassen	abgelehnt
BWL				
VWL				

b) Berechnen Sie zur Gesamtheit aller 2 000 Bewerbungen ein geeignetes Maß für den Zusammenhang zwischen den Merkmalen „Geschlecht" und „Studienwunsch".

c) Wie viel Prozent der Bewerberinnen bzw. Bewerber wurden insgesamt abgelehnt?

d) Bestimmen Sie die bedingten Ablehnungsquoten der BWL-Bewerber, BWL-Bewerberinnen, VWL-Bewerber und VWL-Bewerberinnen.

e) Die Gleichstellungsbeauftragte der Hochschule behauptet, dass die Frauen bei der Vergabe der Studienplätze benachteiligt wurden. Stimmen Sie der Gleichstellungsbeauftragten zu? Begründen Sie Ihre Antwort kurz und verwenden Sie dabei Ihre Ergebnisse aus den Teilen b) bis d).

Aufgabe 2.16

An einer Hochschule sollen die Studierenden ihre Dozenten bzgl. der Qualität der Lehre beurteilen. Dazu können sie jeder von neun Lehrpersonen eine Punktzahl zwischen 0 und 30 zuordnen. Die vergebene Punktzahl kann nicht als kardinal skaliert angesehen werden. Studentin A und Student B vergaben folgende Bewertungen:

	Dozent								
Punktzahl	1	2	3	4	5	6	7	8	9
A	13	21	10	12	27	25	8	14	18
B	14	20	6	8	28	27	12	10	15

a) Berechnen Sie zu den von Studentin A vergebenen Punktzahlen ein geeignetes Lagemaß.

b) Berechnen Sie eine geeignete Maßzahl für die Korrelation zwischen den beiden Bewertungsreihen.

In einer Voruntersuchung wurden 50 Studenten aus vier Studienjahren befragt und ein Dozent wurde bzgl. der Lehre als „schlecht", „mittel" bzw. „gut" eingestuft, wenn die erreichte Punktzahl im Intervall [0; 10], (10; 20] bzw. (20; 30] lag. Folgende Häufigkeitstabelle fasst die Ergebnisse für einen bestimmten Dozenten zusammen:

	Studienjahr			
Bewertung	1	2	3	4
schlecht	0	6	3	1
mittel	5	9	1	0
gut	5	5	6	9

c) Berechnen Sie eine geeignete Maßzahl für den Zusammenhang zwischen der Zugehörigkeit zum Studienjahr und der vergebenen Bewertung.

Aufgabe 2.17

Eine Studentin schreibt in der Prüfungssaison fünf Klausuren. Während der Vorbereitungsphase führt sie Buch über ihre effektive Vorbereitungszeit (in Stunden) für jede einzelne Klausur. Nach Bekanntgabe der Noten notiert sie auch das in der Klausur erreichte Ergebnis. Die folgende Tabelle fasst diese Daten zusammen:

Vorbereitungszeit	24	25	11	10	2,5
Note	1,7	2,7	2,0	4,3	3,7

Berechnen Sie für die Merkmale „effektive Vorbereitungszeit" und „Note" den

a) Bravais-Pearson-Korrelationskoeffizienten,

b) Rangkorrelationskoeffizienten von Spearman.

c) Welchen der beiden Korrelationskoeffizienten halten Sie für aussagekräftiger?

Aufgabe 2.18

Ein Betrieb hat im Kalenderjahr 2010 zwölf neue Mitarbeiter eingestellt. Von diesen sind unter anderem folgende Daten bekannt:

Mitarbeiter Nr.	Geschlecht	Ausbildungsdauer (in Jahren)	Abschlussnote
1	männlich	9	4
2	weiblich	10	2
3	weiblich	10	4
4	männlich	11	4
5	weiblich	12	2
6	weiblich	13	2
7	weiblich	14	1
8	männlich	15	3
9	männlich	16	2
10	männlich	17	3
11	weiblich	19	3
12	männlich	22	2

a) Geben Sie die Skalierung der drei Merkmale an.

b) Ermitteln Sie für jedes der drei Merkmale die folgenden Größen, soweit diese auf Grund des jeweiligen Skalenniveaus sinnvollerweise berechnet werden können: Modalwert, Median, arithmetisches Mittel, mittlere quadratische Abweichung und Variationskoeffizient.

c) Geben Sie für jedes der Merkmalspaare „Geschlecht" – „Abschlussnote" und „Ausbildungsdauer" – „Abschlussnote" einen statistisch sinnvollen Korrelationskoeffizienten an.

Aufgabe 2.19

Auf einem Testmarkt werden sieben verschiedene nicht rezeptpflichtige Präparate gegen Kopfschmerz angeboten. Jedes Präparat basiert auf genau einem der drei alternativen Wirkstoffe A, B oder C, wobei bekannt ist, dass die Substanz C wirksamer ist als die Substanz A und diese wiederum wirksamer als die Substanz B. Die nachfolgende Tabelle fasst für jedes Präparat den enthaltenen Wirkstoff, den Verkaufspreis pro Packung sowie die im Jahre 2010 abgesetzte Anzahl Packungen zusammen:

Präparat	Wirkstoff	Preis (in Euro pro Packung)	Absatz (in Anzahl Packungen)
1	A	8	22 000
2	C	12	18 500
3	C	10	22 000
4	B	9	9 500
5	C	20	9 000
6	A	6	6 000
7	B	5	500

a) Geben Sie die Skalierung der drei Merkmale „Wirksamkeit des Wirkstoffes", „Preis" und „Absatz" an.

b) Ermitteln Sie für jedes der drei Merkmale aus Teil a) die folgenden Lagemaße, soweit diese auf Grund des jeweiligen Skalenniveaus sinnvollerweise berechnet werden können: Modalwert, Median und arithmetisches Mittel.

c) Berechnen Sie ein zur Quantifizierung des Zusammenhangs zwischen den Merkmalen „Preis" und „Absatz" geeignetes Zusammenhangsmaß.

d) Auf Grund der Vermutung, dass hohe Absatzwerte vorwiegend bei niedrigen Preisen auftreten und umgekehrt, könnte man eine negative Korrelation dieser beiden Merkmale erwarten. Erläutern Sie, inwiefern diese Vermutung im Widerspruch zu Ihrer Lösung des Teils c) steht.

Aufgabe 2.20
Die nachfolgende Tabelle stellt jeweils den Preis (in tausend Euro) und die Wohnfläche (in m^2) von fünf Immobilien zusammen:

Preis	240	320	50	110	180
Wohnfläche	130	150	50	100	70

a) Es wird vermutet, dass der Preis einer Immobilie von deren Wohnfläche abhängt. Stellen Sie die entsprechende Regressionsgerade auf.

b) Bei welcher Wohnfläche einer Immobilie liefert die Regressionsgerade einen prognostizierten Preis von 90 000 Euro?

Aufgabe 2.21
Ein Bäckermeister hat kürzlich die „Kuchenplatte XXL" in sein Sortiment aufgenommen. Diese aus 18 verschiedenen Kuchenstücken bestehende Platte verkauft er zu einem Preis von 25 Euro pro Platte. Da er den Verkaufserfolg der „Kuchenplatte XXL" statistisch untersuchen möchte, hat der Bäckermeister an einigen Tagen den Tagesabsatz dieses Produktes erfasst, dabei die Ausprägungen 0, 1, 3, 5 und 10 beobachtet und auf Basis dieser Beobachtungen die folgenden absoluten Summenhäufigkeiten ermittelt:

Tagesabsatz	0	1	3	5	10
Absolute Summenhäufigkeit	3	8	17	19	20

Man bestimme

a) den Modalwert des Tagesabsatzes,

b) die Anzahl der zu Grunde liegenden Beobachtungen,

c) die Spannweite des mit „Kuchenplatten XXL" erzielten Tagesumsatzes,

d) den Prozentanteil der Tage, an denen der Bäckermeister genau zwei „Kuchenplatten XXL" verkauft hat,

e) den im Untersuchungszeitraum insgesamt mit „Kuchenplatten XXL" erzielten Umsatz.

2.3 Aufgaben

Eine weitere Spezialität des Bäckermeisters sind seine Schnitzelbrötchen. Die dafür verwendeten Schnitzel kauft der Bäckermeister zu. Leider unterliegt der Einkaufspreis relativ starken Schwankungen, so dass der Bäckermeister in der Vergangenheit häufig den Verkaufspreis x_i (in Euro pro Schnitzelbrötchen) anpassen musste. Er vermutet, dass der tägliche Absatz y_i an Schnitzelbrötchen von x_i abhängt und möchte deshalb eine lineare Regression mit x_i als unabhängiger und y_i als abhängiger Variable durchführen. Auf Basis von $(x_1, y_1), \ldots, (x_{50}, y_{50})$ hat der Bäckermeister bereits folgende Zwischenergebnisse berechnet:

$$\sum_{i=1}^{50} x_i = 198{,}80, \quad \sum_{i=1}^{50} x_i^2 = 836{,}68 \quad \text{und} \quad \sum_{i=1}^{50} y_i = 3\,047.$$

Außerdem erfahren Sie, dass das Absolutglied der Regressionsgeraden gleich 102,79 ist.

f) Geben Sie die vollständige Regressionsgerade an.

Aufgabe 2.22
Auf Grund einschlägiger Medienberichte hat der Stadtrat einer Großstadt beschlossen, die Feinstaub-Konzentration in der Luft im Stadtanzeiger zu veröffentlichen. Der Stadtanzeiger erscheint monatlich und die Feinstaub-Messungen erfolgen im jeweils exakt gleichen zeitlichen Abstand. Im Jahre 2010 wurden folgende Werte (in µg/m³) veröffentlicht:

Erstes Halbjahr 2010					
Januar	Februar	März	April	Mai	Juni
49,25	46,85	50,90	47,20	53,00	49,80

Zweites Halbjahr 2010					
Juli	August	September	Oktober	November	Dezember
42,75	40,35	44,40	40,70	46,50	43,30

a) Ein Statistiker hat mit diesen Daten für das Steigungsmaß der Regressionsgeraden der Feinstaub-Konzentration in Abhängigkeit von der Zeit den Wert $-0{,}7$ berechnet. Geben Sie die vollständige Regressionsgerade an. Welche Aussage über die zeitliche Entwicklung der Feinstaub-Konzentration legt diese Regression nahe?

Einer Ihrer Kommilitonen hat im Sommersemester 2010 ein Praktikum bei der Umweltbehörde dieser Stadt absolviert. Von ihm erfahren Sie, dass der Standort der Messstation zum 01. Juli 2010 von der Innenstadt an den Stadtrand, und zwar in die Nähe eines Naherholungsgebietes, verlagert wurde. Demnach wurden die sechs im ersten Halbjahr veröffentlichten Werte in der Innenstadt und die restlichen am Stadtrand gemessen.

b) Revidieren Sie Ihr Vorgehen, indem Sie für jedes der beiden Halbjahre eine separate Regressionsgerade bestimmen. Interpretieren Sie die zeitliche Entwicklung der Feinstaub-Konzentration im Lichte Ihrer neuen Ergebnisse erneut.

c) Visualisieren Sie die zeitliche Entwicklung der Feinstaub-Konzentration von Januar bis Dezember 2010 sowie die drei Regressionsgeraden aus den Teilen a) und b) in einem gemeinsamen Streuungsdiagramm.

Aufgabe 2.23
Zu verschiedenen Zeitpunkten x_i wird der Wasserstand y_i (in cm) eines Flusses gemessen:

x_i	1	2	3	4	5	6
y_i	100	110	?	?	125	120

Die Messwerte zu den Zeitpunkten 3 und 4 sind leider verloren gegangen. Es ist jedoch Folgendes bekannt:

$$\sum_{i=1}^{6} y_i = 705 \quad \text{und} \quad \sum_{i=1}^{6} y_i^2 = 83\,425.$$

Zudem ist bekannt, dass der Messwert zum Zeitpunkt 4 größer ist als der Messwert zum Zeitpunkt 3.

a) Ermitteln Sie die fehlenden Messwerte.

b) Prognostizieren Sie auf der Basis der vorliegenden Daten den Wasserstand zum Zeitpunkt 7 mittels einer linearen Regression.

c) Ermitteln Sie den Determinationskoeffizienten der Regression.

d) Halten Sie die Vorgehensweise aus Teil b) für sinnvoll? Begründen Sie Ihre Antwort kurz.

Aufgabe 2.24
An den zehn Festtagen eines Sommerfestes erhob ein Gastronom seinen Bierabsatz (in Litern, ℓ) sowie die Tageshöchsttemperatur (in Grad Celsius, °C). Es ergaben sich folgende Werte:

Tag	Temperatur (in °C)	Bierabsatz (in ℓ)
1	24	510
2	27	590
3	27	580
4	26	570
5	31	700
6	30	710
7	25	610
8	22	580
9	20	500
10	18	450

Führen Sie eine lineare Regression durch, wobei die Tageshöchsttemperatur als unabhängige und der Bierabsatz als abhängige Variable anzusehen sind. Weitere Einflussgrößen auf den Bierabsatz werden ausgeschlossen.

a) Berechnen Sie die Koeffizienten dieser Regression.

b) Berechnen Sie ein geeignetes Maß für die Anpassungsgüte dieser Regression.

2.3 Aufgaben

Der Gastronom äußert die Vermutung, dass der durch die Regression erklärte Anteil der Streuung des Bierabsatzes ansteigt, wenn als unabhängige Variable die Temperatur in Grad Fahrenheit (an Stelle der Temperatur in Grad Celsius) herangezogen wird. Sie verneinen diese Auffassung mit der Begründung, dass die Umrechnung der Temperaturskala lediglich eine lineare Transformation eines Merkmals darstellt und sich somit nicht auf den Determinationskoeffizienten auswirkt.

c) Beweisen Sie allgemein, d.h. unabhängig von obigen konkreten Werten, die Aussage, dass sich der Wert des Determinationskoeffizienten einer linearen Regression infolge linearer Transformationen der unabhängigen und der abhängigen Variablen nicht verändert.

Aufgabe 2.25
Im Folgenden wird zum Datensatz $(x_1, y_1), \ldots, (x_n, y_n)$ die nach dem Prinzip der kleinsten Quadrate gebildete Regressionsgerade $\hat{y} = \hat{\beta}_0 + \hat{\beta}_1 x$ betrachtet.

a) Zeigen Sie, dass $\hat{y}_i - \bar{y} = \hat{\beta}_1 (x_i - \bar{x})$ für alle $i = 1, \ldots, n$ zutrifft.

b) Weisen Sie die Richtigkeit der Gleichung $R^2 = r^2$ nach, wobei R^2 den Determinationskoeffizienten und r den Bravais-Pearson-Korrelationskoeffizienten bezeichnet.

Aufgabe 2.26
Beweisen Sie, dass jede nach dem Prinzip der kleinsten Quadrate bestimmte Regressionsgerade durch den Schwerpunkt verläuft.

Aufgabe 2.27
Gegeben sei die Urliste $(x_1, y_1), \ldots, (x_n, y_n)$ zu den beiden Merkmalen X und Y. Nehmen Sie für die Teile a) und b) an, dass X und Y jeweils nur zwei Ausprägungen besitzen. Die beiden Ausprägungen von X werden mit a_1 bzw. a_2 und die beiden Ausprägungen von Y mit b_1 bzw. b_2 bezeichnet sowie die absolute Häufigkeit der Ausprägungskombination (a_1, b_1) mit c abgekürzt. Ferner wird für die Teile a) und b) angenommen, dass die Kombinationen (a_1, b_1) und (a_2, b_2) in der obigen Urliste nicht aufgetreten sind.

a) Erstellen Sie die zugehörige Kontingenztabelle inklusive Randhäufigkeiten.

b) Ermitteln Sie den Kontingenzkoeffizienten in Abhängigkeit von c.

In den folgenden Teilen werden X und Y als kardinal skaliert unterstellt und mit $\hat{y} = \hat{\beta}_0 + \hat{\beta}_1 x$ die aus obiger Urliste ermittelte Regressionsgerade bezeichnet, sofern diese existiert.

c) Wie groß ist im Fall $n = 2$ der Determinationskoeffizient?

d) Nehmen Sie nun $n = 120$ an und bestimmen Sie die Regressionsgerade $\hat{y} = \hat{\beta}_0 + \hat{\beta}_1 x$. Dazu liegen Ihnen folgende Zwischenergebnisse vor:

$$\sum_{i=1}^{119} x_i = 43\,000, \quad \bar{x} = 360, \quad \sum_{i=1}^{120} y_i = 2\,160, \quad \text{und} \quad \hat{\beta}_0 + \hat{\beta}_1 x_{120} = 50\,.$$

Aufgabe 2.28
Eine Unternehmensberatung wurde mit der Durchführung einer statistischen Studie beauftragt. Im Rahmen dieser Studie wird auch eine lineare Regression durchgeführt. Nun ist von der beauftragten Unternehmensberatung bekannt, dass sie vor Durchführung von Regressionsanalysen

die zu Grunde liegenden Daten grundsätzlich so „überarbeitet", dass stets Determinationskoeffizienten in Höhe von eins resultieren. Die Berater vermuten nämlich, dass ihre Kunden derartige Ergebnisse besonders schätzen. Das für die oben genannte Regression verwendete (überarbeitete) Datenmaterial, bestehend aus sieben Wertepaaren $(x_1, y_1), \ldots, (x_7, y_7)$, gilt als streng vertraulich; deshalb wird hierzu nur der folgende unvollständige Auszug veröffentlicht:

i	1	2	3	4	5	6	7
x_i	−10	12	?	8	−4	?	10
y_i	?	−42	−6	−18	?	60	−30

Das Symbol „?" steht dabei jeweils für einen unveröffentlichten Wert.

a) Ergänzen Sie die fehlenden Werte und bestimmen Sie die Regressionsgerade.

b) Welche Werte besitzen der Bravais-Pearson-Korrelationskoeffizient, der Rangkorrelationskoeffizient von Spearman sowie der normierte Kontingenzkoeffizient, wenn die Daten nicht klassiert werden?

Aufgabe 2.29
In der Umgebung eines Alpenortes gibt es sechs Bergbahnen. Die folgende Tabelle gibt für die einzelnen Bahnen an, welchen Höhenunterschied (in Metern) sie überwinden und wie viele Minuten sie dazu benötigen:

Höhenunterschied	850	1 250	350	1 950	600	1 300
Fahrzeit	10	9	5	11	6	7

a) Bestimmen Sie die Regressionsgerade $\hat{y} = \hat{\beta}_0 + \hat{\beta}_1 x$, durch die die Fahrzeit in Abhängigkeit vom Höhenunterschied beschrieben wird. Der Koeffizienten $\hat{\beta}_0$ und $\hat{\beta}_1$ sind dabei mit drei Nachkommastellen anzugeben.

Im betrachteten Ort wird nun eine weitere Bergbahn eröffnet. Der von dieser siebten Bahn überwundene Höhenunterschied x_7 entspricht genau dem arithmetischen Mittel der Höhenunterschiede der bisherigen sechs Bahnen. Die aus den Daten aller sieben Bahnen sich ergebende Regressionsgerade der Fahrzeit in Abhängigkeit vom Höhenunterschied werde mit $\hat{y} = \hat{\beta}_0^{neu} + \hat{\beta}_1^{neu} x$ bezeichnet, um sie von der in Teil a) bereits errechneten Regressionsgeraden unterscheiden zu können. Man kann sich leicht klarmachen, dass $\hat{\beta}_1^{neu} = \hat{\beta}_1$ gilt.

b) Zeigen Sie, dass $\hat{\beta}_0^{neu} - \hat{\beta}_0 = \frac{1}{7} \cdot (y_7 - \bar{y})$ gilt, wobei y_7 die Fahrzeit der neuen Bahn und $\bar{y}$ die durchschnittliche Fahrzeit der bisher vorhandenen sechs Bahnen bezeichnet.

c) Die Fahrzeit der neuen Bahn beträgt sieben Minuten. Bestimmen Sie $\hat{\beta}_0^{neu}$.

3 Induktive Statistik

In der Praxis ist man häufig mit Datenmaterial konfrontiert, welches nur einen Ausschnitt der Grundgesamtheit darstellt. Im Folgenden werden wir uns mit Methoden der *induktiven Statistik* beschäftigen, die es ermöglichen, auch auf Basis solcher Ausschnitte Aussagen über die Struktur der Grundgesamtheit zu treffen. Wir werden uns dazu zunächst mit den Eigenschaften von Zufallsvorgängen, der darauf aufbauenden Wahrscheinlichkeitsrechnung, dem Begriff der Zufallsvariable, mit deren Hilfe wir Verteilungen definieren werden, und Kenngrößen zur Charakterisierung von Verteilungen beschäftigen.

3.1 Kombinatorische Grundlagen

Bevor wir tiefer in die Wahrscheinlichkeitsrechnung einsteigen, besprechen wir zunächst einige Grundlagen der Kombinatorik. Diese beschäftigt sich mit der Bestimmung der Anzahl von Anordnungs- oder Auswahlmöglichkeiten von Elementen aus einer Menge.

Betrachtet man eine endliche Anzahl unterscheidbarer Objekte, so interessiert die Frage, wie viele verschiedene Anordnungen, auch *Permutationen* genannt, bei Verwendung aller verfügbaren Objekte gebildet werden können. Diese Frage ist einfach zu beantworten, wenn wir uns klar machen, dass bei einer Menge von n unterscheidbaren Objekten das erste Objekt n freie Plätze in der Anordnung zur Verfügung hat, das zweite unabhängig von der Position des ersten noch $n-1$ freie Plätze einnehmen kann usw. bis hin zum letzten Objekt, welches den letzten freien Platz einnehmen muss. Folglich ergeben sich für n unterscheidbare Objekte genau

$$n \cdot (n-1) \cdot \ldots \cdot 2 \cdot 1 = n!$$

Permutationen. Dieses Produkt der ersten n natürlichen Zahlen und wird als n-Fakultät bezeichnet. Per Definition gilt $0! = 1$. Betrachten wir nun eine Situation, in der n Objekte vorliegen, die sich in k Gruppen nicht unterscheidbarer Objekte unterteilen lassen. Wenn wir die Anzahl der Objekte in Gruppe i mit n_i bezeichnen, ergeben sich für die n Objekte genau

$$\frac{n!}{n_1! \cdot n_2! \cdot \ldots \cdot n_k!}$$

Permutationen. Das Auswählen von k aus n Objekten, auch *Kombination* genannt, macht Unterscheidungen dahingehend erforderlich, ob die Reihenfolge relevant ist sowie ob Wiederholungen erlaubt sind. Bevor wir die einzelnen Unterscheidungen vornehmen, führen wir noch den *Binomialkoeffizienten* (sprich: „n über k") ein:

$$\binom{n}{k} = \frac{n!}{k! \cdot (n-k)!}$$

Unmittelbar aus der Definition des Binomialkoeffizienten ergeben sich

$$\binom{n}{0} = 1, \quad \binom{n}{1} = n \quad \text{und} \quad \binom{n}{k} = \binom{n}{n-k}.$$

Bei der Auswahl von k aus n unterschiedlichen Objekten betrachten wir zunächst den Fall, dass die Reihenfolge, d.h. die Anordnung der ausgewählten Objekte, relevant ist und Objekte mehrfach gezogen werden können (d.h. „Ziehen mit Zurücklegen"). Da bei jedem der k Züge n Objekte ausgewählt werden können, ergeben sich

$$\underbrace{n \cdot n \cdot \ldots \cdot n}_{k\text{-mal}} = n^k$$

Möglichkeiten der Auswahl. Können Objekte nicht mehrfach ausgewählt werden (d.h. „Ziehen ohne Zurücklegen") und findet die Reihenfolge Berücksichtigung, so kann man sich leicht überlegen, dass sich

$$n \cdot (n-1) \cdot (n-2) \cdot \ldots \cdot (n-(k-1)) = \frac{n!}{(n-k)!}$$

Auswahlmöglichkeiten ergeben. Soll zudem die Reihenfolge nicht mehr berücksichtigt werden, entfallen genau $k!$ Permutationen im Vergleich mit der vorhergehenden Situation, so dass

$$\frac{n!}{k! \cdot (n-k)!} = \binom{n}{k}$$

Auswahlmöglichkeiten bestehen.

Beispiel 3.1
Beim Lotto können bei jedem Tipp 6 aus 49 Zahlen ausgewählt werden. Die Anzahl möglicher Kombinationen lässt sich mithilfe des Binomialkoeffizienten bestimmen, wenn wir uns klar machen, dass keine Zahl mehrfach gezogen werden kann und dass die Reihenfolge keine Rolle spielt. Somit ergeben sich genau

$$\binom{49}{6} = \frac{49!}{6! \cdot (49-6)!} = \frac{49 \cdot 48 \cdot 47 \cdot 46 \cdot 45 \cdot 44}{6 \cdot 5 \cdot 4 \cdot 3 \cdot 2 \cdot 1} = 13\,983\,816$$

Kombinationen. Müsste man beim Lotto auch noch die Reihenfolge richtig tippen, so wäre ein „6er" im Lotto bezogen auf alle Spieler ein noch selteneres Ereignis. Die Anzahl der Kombinationen ist dann nämlich:

$$\frac{49!}{(49-6)!} = 10\,068\,347\,520 = 6! \cdot 13\,983\,816\,.$$

3.2 Wahrscheinlichkeitsrechnung

3.2.1 Zufallsvorgang und Zufallsvariable

Die Wahrscheinlichkeitsrechnung beruht auf der Analyse so genannter Zufallsvorgänge. Zunächst wenden wir uns den dafür benötigten Begriffen zu. Die Menge Ω der möglichen Ausgänge eines Zufallsvorganges wird als *Ergebnismenge* und deren Elemente ω_i als *Elementarereignisse* bezeichnet. Vereinigungen von Elementarereignissen, d.h. Teilmengen von Ω, nennen wir *Ereignisse*. Allgemein soll für beliebige Teilmengen A, B von Ω gelten, dass mit A und B auch die *Vereinigung* $A \cup B$, die *Schnittmenge* $A \cap B$ und das *Komplement* $\bar{A} = \Omega \setminus A$ Ereignisse sind.

Ein spezielles Ereignis ist die leere Menge $\emptyset$, die auch *unmögliches Ereignis* genannt wird. Sie entsteht bei der Bildung der Schnittmenge $A \cap B$ zweier disjunkter Ereignisse. Andererseits ergibt die Vereinigung aller Elementarereignisse wieder Ω. Dies entspricht dem *sicheren Ereignis*. Neben $\emptyset$ kann also auch Ω als Ereignis interpretiert werden. Wir verdeutlichen dies an einem Würfelbeispiel.

Beispiel 3.2

Ein Zufallsvorgang bestehe aus dem Werfen eines Würfels und der anschließenden Beobachtung der Augenzahl auf der nach oben gerichteten Würfelfläche. Es können die Augenzahlen $\omega_1 = 1$ bis $\omega_6 = 6$ beobachtet werden, die die Elementarereignisse darstellen. Aus ihnen lassen sich nun weitere Ereignisse durch Vereinigungsbildung bzw. Schnittmengenoperationen bilden. So könnte man sich beispielsweise für die Ereignisse $A = \{1, 2, 3\}$ als „Augenzahl kleiner als 4" oder $B = \{4, 5, 6\}$ als „Augenzahl größer als 3" interessieren. Als Komplement $\bar{A}$ von A ergibt sich in unserem Beispiel B, d.h. ein Elementarereignis, das nicht in A liegt, ist dann in B. Ω stellt das sichere Ereignis dar, da beim Werfen eines Würfels auf jeden Fall ein Ereignis aus der Ergebnismenge eintritt. Insofern ist auch $\emptyset$ das unmögliche Ereignis, da es nicht passieren kann, dass keines der Elementarereignisse eintritt.

Die Schnittmenge von A und B ist die leere Menge $\emptyset$, da kein einmaliger Wurf mit einem Würfel möglich ist, dessen Ausgang sowohl kleiner als 4 als auch größer als 3 ist. $A \cup B$ ergibt im Beispiel wieder die Menge aller Elementarereignisse Ω, was besagt, dass beim einmaligen Würfeln auf jeden Fall eine Zahl kleiner als 4 oder größer als 3 resultiert.

Um Ereignissen Eintretenswahrscheinlichkeiten zuordnen zu können, muss die Menge $\mathcal{F}(\Omega)$ aller betrachteten Ereignisse bestimmte Eigenschaften besitzen, nämlich $\Omega \in \mathcal{F}(\Omega)$ sowie für alle Mengen $A_1, A_2, \ldots \in \mathcal{F}(\Omega)$: $\bar{A}_i \in \mathcal{F}(\Omega)$ und $A_1 \cup A_2 \cup \cdots \in \mathcal{F}(\Omega)$. Ein Mengensystem, das diese Bedingungen erfüllt, wird *Sigma-Algebra* genannt. Beispielsweise ist die Potenzmenge $\mathbb{P}(\Omega)$, d.h. die Menge aller Teilmengen von Ω, eine Sigma-Algebra auf Ω.

Beispiel 3.3

Im Folgenden betrachten wir den Zufallsvorgang „Zweimaliger Münzwurf" mit den Elementarereignissen (K, K), (K, Z), (Z, K) und (Z, Z), wobei K für „Kopf" und Z für „Zahl" steht. Gegeben seien ferner die beiden Mengensysteme $\mathcal{F}_1(\Omega)$ und $\mathcal{F}_2(\Omega)$ mit

$$\mathcal{F}_1(\Omega) = \{\{(K,Z)\}; \{(K,K); (Z,K); (Z,Z)\}; \emptyset; \Omega\} \quad \text{und}$$
$$\mathcal{F}_2(\Omega) = \{\{(K,Z)\}; \{(Z,K)\}\}.$$

Da das Ereignis $\{(K,Z); (Z,K)\} = \{(K,Z)\} \cup \{(Z,K)\} \notin \mathcal{F}_2(\Omega)$ ist, kann $\mathcal{F}_2(\Omega)$ keine Sigma-Algebra sein. Dagegen handelt es sich bei $\mathcal{F}_1(\Omega)$ um eine Sigma-Algebra.

Unter einer *Wahrscheinlichkeit* verstehen wir den Grad der Möglichkeit des Eintretens eines Ereignisses $A \in \mathcal{F}(\Omega)$ und bezeichnen ihn mit $P(A)$. Eine Funktion

$$P: \mathcal{F}(\Omega) \to \mathbb{R}$$

heißt *Wahrscheinlichkeitsmaß*, sofern sie die folgenden, nach Andrei Nikolajewitsch Kolmogorov (1903–1987) benannten *kolmogorovschen Axiome* erfüllt:

- $0 \leq P(A) \leq 1$ gilt für alle $A \in \mathcal{F}(\Omega)$.

- $P(\Omega) = 1$.

- Ist $A_1, A_2, \ldots$ eine Folge von Ereignissen aus $\mathcal{F}(\Omega)$ mit $A_i \cap A_j = \emptyset$ für alle $i \neq j$, so gilt

$$P(A_1 \cup A_2 \cup \cdots) = \sum_{i=1}^{\infty} P(A_i).$$

Das Tripel $(\Omega, \mathcal{F}, P)$ wird auch als *Wahrscheinlichkeitsraum* bezeichnet. Aus den kolmogorovschen Axiomen folgt direkt: $P(\bar{A}) = 1 - P(A)$, $P(\emptyset) = 0$ sowie

$$A \subseteq B \Rightarrow P(A) \leq P(B) \quad \text{und} \quad P(A \cup B) = P(A) + P(B) - P(A \cap B).$$

In Situationen, in denen nur eine endliche Anzahl von Elementarereignissen existiert und diese als gleichwahrscheinlich angesehen werden können, lässt sich die Eintretenschance eines Ereignisses mithilfe der nach Pierre-Simon Laplace (1749–1827) benannten *Laplace-Wahrscheinlichkeit* berechnen. Diese ist definiert als die „Anzahl für das Eintreten des betrachteten Ereignisses günstigen Elementarereignisse" dividiert durch die „Anzahl aller generell möglichen Elementarereignisse". Auf die in Beispiel 3.3 beschriebene Situation lässt sich der soeben eingeführte Wahrscheinlichkeitsbegriff anwenden, um beispielsweise die Wahrscheinlichkeit für „einmal Zahl und einmal Kopf" zu berechnen. Von den insgesamt vier möglichen Ausgängen des Experiments sind genau zwei für das Ereignis günstig, nämlich (Z, K) und (K, Z), womit sich eine Wahrscheinlichkeit von $\frac{2}{4} = 0{,}5$ ergibt.

Häufig interessieren wir uns für die Wahrscheinlichkeit des Eintretens eines Ereignisses A unter der Annahme bzw. des Wissens, dass das Ereignis B eintritt bzw. eingetreten ist. Wir schreiben für diese *bedingte Wahrscheinlichkeit* $P(A|B)$ und definieren sie für $P(B) > 0$ gemäß

$$P(A|B) = \frac{P(A \cap B)}{P(B)}$$

Beispiel 3.4
Auf dem Markt für Kohlebagger gibt es vier Anbieter. Die Wahrscheinlichkeiten der disjunkten Ereignisse $A_i = $ „Kauf bei Anbieter i" betragen $P(A_1) = 0{,}3$, $P(A_2) = 0{,}4$ sowie $P(A_3) = P(A_4) = 0{,}15$. Anbieter 1 möchte die Wahrscheinlichkeit dafür bestimmen, dass ein Kunde, der auf keinen Fall bei Anbieter 2 kauft (Ereignis $B = \bar{A}_2$), bei ihm bestellt (Ereignis $A = A_1$). Die Lösung ergibt sich wie folgt:

$$P(A|B) = \frac{P(A \cap B)}{P(B)} = \frac{P(A_1 \cap \bar{A}_2)}{P(\bar{A}_2)} = \frac{P(A_1)}{1 - P(A_2)} = \frac{0{,}3}{1 - 0{,}4} = 0{,}5.$$

Schließlich geben wir noch zwei Rechenregeln für Wahrscheinlichkeiten disjunkter Ereignisse $A_1, A_2, \ldots$ an, wobei wir voraussetzen, dass $P(A_i) > 0$ und $\bigcup_i A_i = \Omega$ sind. Unter diesen Annahmen gilt der *Satz von der totalen Wahrscheinlichkeit*, nämlich

$$P(B) = \sum_i P(B|A_i) \cdot P(A_i)$$

für jedes Ereignis B sowie im Fall von $P(B) > 0$ die *Formel von Bayes*, die nach dem englischen Wissenschaftler Thomas Bayes (1702–1761) benannt ist:

$$P(A_j|B) = \frac{P(B|A_j) \cdot P(A_j)}{\sum_i P(B|A_i) \cdot P(A_i)} \quad \text{für alle } A_j.$$

Diese Formel gestattet es, Ereignis und Bedingung „zu vertauschen", so dass zur Ermittlung von $P(A_j|B)$ lediglich $P(B|A_i)$ sowie $P(A_i)$ für alle i bekannt sein müssen.

Beispiel 3.5
An Patienten einer gegebenen Population wird mittels eines Labortests untersucht, ob eine bestimmte Krankheit vorliegt oder nicht. Der Anteil der Kranken in der Population werde mit p bezeichnet. Falls ein Patient wirklich krank ist, zeigt der Test mit einer Wahrscheinlichkeit von 99 % die Krankheit an (Ergebnis „positiv"); falls er nicht krank ist, zeigt der Test mit einer Wahrscheinlichkeit von 2 % die Krankheit trotzdem an. Der Test werde bei einem zufällig aus der Population ausgewählten Probanden durchgeführt.

3.2 Wahrscheinlichkeitsrechnung

Unter Verwendung der Bezeichnungen K = „Krankheit liegt vor" und T = „Test zeigt die Krankheit an" bestimmen wir die (von p abhängigen) Wahrscheinlichkeiten $P(T)$ und $P(K|T)$. $P(T)$ lässt sich mithilfe des Satzes der totalen Wahrscheinlichkeit folgendermaßen berechnen:

$$P(T) = P(T|K) \cdot P(K) + P(T|\bar{K}) \cdot P(\bar{K}) = 0{,}99p + 0{,}02 \cdot (1-p) = 0{,}02 + 0{,}97p\,.$$

$P(K|T)$ bestimmen wir gemäß

$$P(K|T) = \frac{P(T|K) \cdot P(K)}{P(T)} = \frac{0{,}99p}{0{,}02 + 0{,}97p}\,.$$

Beeinflussen sich die Ereignisse A und B nicht, so spricht man von *unabhängigen Ereignissen*. Für unabhängige Ereignisse gilt:

$$P(A|B) = P(A) \iff \boxed{P(A \cap B) = P(A) \cdot P(B)}$$

D.h., die Wahrscheinlichkeit für das Eintreten des Ereignisses $A \cap B$ entspricht dem Produkt der Einzelwahrscheinlichkeiten $P(A)$ und $P(B)$.

Häufig sind die Ergebnisse eines Zufallsvorganges keine reellen Zahlen, sondern verbal beschriebene Sachverhalte. Um Zufallsvorgänge dennoch mithilfe reeller Zahlen beschreiben zu können, bedienen wir uns des Konzeptes der *Zufallsvariablen*. Zur Vereinfachung gehen wir zunächst nur von eindimensionalen Zufallsvariablen aus. Für die Ergebnismenge Ω mit der Sigma-Algebra $\mathcal{F}(\Omega)$ definieren Funktionen der Gestalt $X\colon \Omega \to \mathbb{R}$ mit der Eigenschaft, dass für jedes $x \in \mathbb{R}$ die Menge $\{\omega_i \in \Omega\colon X(\omega_i) \leqq x\}$ ein Ereignis aus $\mathcal{F}(\Omega)$ ist, eine *Zufallsvariable*. Für zwei Zufallsvariablen X und Y sowie eine reelle Zahl $k \neq 0$ sind $X+Y$, $X \cdot Y$, $k \cdot X$, $\max\{X;Y\}$ und $\frac{X}{Y}$ (mit $Y \neq 0$) ebenfalls Zufallsvariablen.

Beispiel 3.6
Wir betrachten nochmals die Situation der vier Anbieter auf dem Markt für Kohlebagger aus Beispiel 3.4. Die Ergebnismenge Ω besteht aus den Elementarereignissen ω_i = „Kauf bei Anbieter i". Wir definieren hierfür die Zufallsvariable $X(\omega_i) = i$ für $i = 1, \ldots, 4$.

Den Wert x, den die Zufallsvariable X bei einer konkreten Durchführung des zu Grunde liegenden Zufallsvorganges annimmt, nennt man *Realisation* von X. Wir sprechen von einer *diskreten* Zufallsvariablen, falls die Anzahl ihrer möglichen Realisationen abzählbar oder abzählbar unendlich ist. Können hingegen Realisationen aus $\mathbb{R}$ oder einem Intervall $[a;b] \subset \mathbb{R}$ mit $a < b$ eintreten, so nennen wir X eine *stetige* Zufallsvariable.

Um für den Wahrscheinlichkeitsraum $(\Omega, \mathcal{F}, P)$ und eine darauf definierte Zufallsvariable X deren Verteilung charakterisieren zu können, führen wir nun mit der Abbildung

$$F\colon \mathbb{R} \to [0;1] \quad \text{mit} \quad \boxed{F(x) = P(X \leqq x)}$$

das Konzept der *Verteilungsfunktion* ein. $F(x)$ gibt die Wahrscheinlichkeit dafür an, dass die Zufallsvariable X Realisationen kleiner oder gleich dem Wert x annimmt. Verteilungsfunktionen besitzen folgende Eigenschaften:

- $F(-\infty) = 0$ sowie $F(+\infty) = 1$,
- $F(x)$ wächst monoton in x, d.h. $F(a) \leqq F(b)$ für alle $-\infty \leqq a \leqq b \leqq +\infty$,
- F ist rechtsseitig stetig, d.h. für alle $x \in \mathbb{R}$ gilt $\lim_{h \searrow 0} F(x+h) = F(x)$.

Insbesondere gilt für alle $-\infty \leqq a \leqq b \leqq +\infty$ stets die Beziehung

$$P(a < X \leqq b) = F(b) - F(a)$$

Ist $P(X = x)$ die Wahrscheinlichkeit dafür, dass eine diskrete Zufallsvariable X die mögliche Realisation x annimmt, dann heißt die Funktion

$$f(x) = \begin{cases} P(X = x), & \text{falls } x \text{ Realisation von } X \text{ ist} \\ 0, & \text{sonst} \end{cases}$$

die zu X gehörige *Wahrscheinlichkeitsfunktion* oder *Zähldichte*. Mithilfe der Zähldichte können wir die Verteilungsfunktion einer diskreten Zufallsvariablen folgendermaßen angeben:

$$F(x) = \sum_{t \leqq x} f(t).$$

Analog dazu lässt sich die Verteilungsfunktion bei stetigen Zufallsvariablen mithilfe einer Funktion $f: \mathbb{R} \to \mathbb{R}$ folgendermaßen charakterisieren:

$$F(x) = \int_{-\infty}^{x} f(t)\,dt.$$

Wir bezeichnen $f(x)$ als die zu X gehörende *Dichtefunktion* oder *Dichte*. Zu beachten ist, dass die Werte von Dichtefunktionen keine Wahrscheinlichkeiten sind und dass *Punktwahrscheinlichkeiten* $P(X = x)$ für stetige Zufallsvariablen stets gleich null sind.

Beispiel 3.7
Die im Beispiel 3.6 definierte Zufallsvariable X erlaubt uns unter Verwendung der Wahrscheinlichkeiten aus Beispiel 3.4 die Bestimmung einer Zähldichte $f(x)$ sowie der zugehörigen Verteilungsfunktion $F(x)$:

$$f(x) = \begin{cases} 0{,}3 & \text{falls } x = 1 \\ 0{,}4 & \text{falls } x = 2 \\ 0{,}15 & \text{falls } x = 3 \\ 0{,}15 & \text{falls } x = 4 \\ 0 & \text{sonst} \end{cases} \quad \text{und} \quad F(x) = \begin{cases} 0 & \text{falls } x < 1 \\ 0{,}3 & \text{falls } 1 \leqq x < 2 \\ 0{,}7 & \text{falls } 2 \leqq x < 3 \\ 0{,}85 & \text{falls } 3 \leqq x < 4 \\ 1 & \text{falls } 4 \leqq x. \end{cases}$$

Nun sind wir in der Lage, bei Kenntnis der einem Zufallsvorgang zu Grunde liegenden Verteilung Aussagen über die Wahrscheinlichkeit eines Ereignisses zu treffen. Oft ist man jedoch in Unkenntnis über die wahre Verteilung und will mithilfe einer Stichprobe Informationen über bestimmte Kenngrößen zur Beschreibung der Verteilung gewinnen. Um einschlägige Schätzverfahren entwickeln zu können, müssen wir uns zunächst mit einschlägigen Kenngrößen, den so genannten Verteilungsparametern, näher befassen.

3.2.2 Verteilungsparameter

Zur Beschreibung von Verteilungen lassen sich die bereits in Kapitel 2 eingeführten Maßzahlen sinngemäß übertragen. Zunächst wenden wir uns den *Lagemaßen* zu. Jeder Wert, an dem die Zähldichte bzw. Dichte $f(x)$ maximal ist, heißt *Modalwert* von X und wird mit x_{mod} bezeichnet.

3.2 Wahrscheinlichkeitsrechnung

Der Modalwert muss nicht notwendigerweise eindeutig bestimmt sein. Analog zur deskriptiven Statistik definieren wir das α-*Quantil* x_α der Verteilungsfunktion $F(x)$ implizit durch

$$F(x_\alpha) = \alpha\,,$$

wobei $\alpha \in [0; 1]$ ist. Bei stetigen Verteilungen ist x_α in der Regel eindeutig, während bei diskreten Verteilungen zumeist Intervalle reeller Zahlen x_α existieren, welche die Bedingung $F(x_\alpha) = \alpha$ erfüllen. Besonders wichtige Quantile sind das 25 %-Quantil (*unteres Quartil*, $x_{0,25}$), das 50 %-Quantil (*Median*, $x_{\text{med}} = x_{0,50}$) und das 75 %-Quantil (*oberes Quartil*, $x_{0,75}$).

Das wichtigste Lagemaß ist der auch mit μ bezeichnete *Erwartungswert*:

$$\boxed{\mathrm{E}(X) = \mu = \begin{cases} \sum_i x_i f(x_i), & \text{falls } X \text{ diskret} \\ \int_{-\infty}^{\infty} x f(x)\,\mathrm{d}x, & \text{falls } X \text{ stetig} \end{cases}}$$

Mithilfe maßtheoretischer Überlegungen (vgl. Rao, 2001) lässt sich der Erwartungswert einer stetigen Zufallsvariablen auch folgendermaßen ermitteln:

$$\boxed{\mathrm{E}(X) = \int_0^{\infty} [1 - F(x)]\,\mathrm{d}x - \int_{-\infty}^0 F(x)\,\mathrm{d}x}$$

Beispiel 3.8
Der Erwartungswert einer stetigen Zufallsvariablen X mit der Verteilungsfunktion

$$F(x) = \begin{cases} 1 - e^{-\lambda x}, & \text{falls } x \geq 0 \\ 0, & \text{falls } x < 0 \end{cases}$$

lässt sich wie folgt berechnen:

$$\mathrm{E}(X) = \int_0^{\infty} [1 - F(x)]\,\mathrm{d}x = \int_0^{\infty} e^{-\lambda x}\,\mathrm{d}x = \left[-\tfrac{1}{\lambda} \cdot e^{-\lambda x}\right]_0^{\infty} = \tfrac{1}{\lambda}\,.$$

In vielen wirtschaftswissenschaftlichen Fragestellungen ist eine Zufallsvariable eine Funktion einer anderen Zufallsvariablen, also $Y = g(X)$. Der Erwartungswert $\mathrm{E}(Y) = \mathrm{E}[g(X)]$ kann dann folgendermaßen bestimmt werden:

$$\boxed{\mathrm{E}[g(X)] = \begin{cases} \sum_i g(x_i) f(x_i), & \text{falls } X \text{ diskret} \\ \int_{-\infty}^{\infty} g(x) f(x)\,\mathrm{d}x, & \text{falls } X \text{ stetig} \end{cases}}$$

Transformiert man eine Zufallsvariable X gemäß $Y = a + bX$ linear, so gilt für alle $a, b \in \mathbb{R}$

$$\mathrm{E}(a + bX) = a + b\,\mathrm{E}(X)\,.$$

Ferner gilt für die Summe zweier Zufallsvariablen X, Y stets

$$\mathrm{E}(X + Y) = \mathrm{E}(X) + \mathrm{E}(Y),$$

während $\mathrm{E}(X \cdot Y) = \mathrm{E}(X) \cdot \mathrm{E}(Y)$ im Allgemeinen nur erfüllt ist, falls X und Y unabhängig sind. Mithilfe des Erwartungswertes können wir nun die *Momente* einer Verteilung definieren. Für eine natürliche Zahl r ist das *r-te Moment* um null, $m_r(X)$, bzw. das *r-te zentrale Moment*, $z_r(X)$, der Verteilung von X definiert gemäß

$$m_r(X) = \mathrm{E}(X^r) \quad \text{bzw.} \quad z_r(X) = \mathrm{E}[(X - \mu)^r].$$

Das erste Moment $m_1(X)$ entspricht dem Erwartungswert und das zweite zentrale Moment $z_2(X)$ ist auch unter dem Namen *Varianz* bekannt. Diese wird überlicherweise mit Var(X) oder kurz mit σ^2 bezeichnet und errechnet sich wie folgt:

$$\boxed{\mathrm{Var}(X) = \sigma^2 = \begin{cases} \sum_i (x_i - \mu)^2 f(x_i), & \text{falls } X \text{ diskret} \\ \int_{-\infty}^{\infty} (x - \mu)^2 f(x)\,\mathrm{d}x, & \text{falls } X \text{ stetig} \end{cases}}$$

Die Wurzel der Varianz, $\mathrm{Sta}(X) = \sqrt{\mathrm{Var}(X)}$, heißt *Standardabweichung* und wird mit dem Symbol σ abgekürzt.

Neben der als *Verschiebungssatz* bekannten Regel

$$\mathrm{Var}(X) = \mathrm{E}(X^2) - [\mathrm{E}(X)]^2$$

existieren – ähnlich wie für den Erwartungswert – auch Regeln für die Varianz einer mit $a, b \in \mathbb{R}$ linear transformierten Zufallsvariablen,

$$\mathrm{Var}(a + bX) = b^2 \mathrm{Var}(X),$$

sowie für die Varianz einer Summe zweier Zufallsvariablen X, Y,

$$\mathrm{Var}(X + Y) = \mathrm{Var}(X) + \mathrm{Var}(Y),$$

wobei letztere Formel die Unabhängigkeit von X und Y voraussetzt.

Beispiel 3.9
Von einem Produkt werden drei verschiedene Packungsgrößen angeboten, die mit den Wahrscheinlichkeiten $0{,}2$, $0{,}3$ und $0{,}5$ gekauft werden und die Deckungsbeiträge von 30 Cent, 40 Cent und 20 Cent je Packung erwirtschaften. Bezeichnet X den Deckungsbeitrag einer gekauften Packung, so ergibt sich ein Erwartungswert in Höhe von

$$\mathrm{E}(X) = 30 \cdot 0{,}2 + 40 \cdot 0{,}3 + 20 \cdot 0{,}5 = 28$$

und eine Varianz in Höhe von

$$\mathrm{Var}(X) = (30 - 28)^2 \cdot 0{,}2 + (40 - 28)^2 \cdot 0{,}3 + (20 - 28)^2 \cdot 0{,}5 = 76.$$

3.2 Wahrscheinlichkeitsrechnung

Sind der Erwartungswert und die Varianz einer Zufallsvariablen X bekannt, so können wir diese in eine Zufallsvariable Z dergestalt überführen, dass $E(Z) = 0$ und $\mathrm{Var}(Z) = 1$ sind. Diese Umformung
$$Z = \frac{X - \mu}{\sigma}$$
wird *Standardisierung* oder *Z-Transformation* genannt.

Des Weiteren können wir unter Verwendung von $E(X)$ und $\mathrm{Var}(X)$ ohne die Kenntnis der Verteilungsfunktion von X eine Abschätzung dafür angeben, dass X um mindestens den Wert c vom Erwartungswert μ abweicht:

$$\boxed{P(|X - \mu| \geq c) \leq \frac{\sigma^2}{c^2}} \quad \text{für alle } c > 0.$$

Diese Ungleichung stammt vom russischen Mathematiker Pafnuti Lwowitsch Tschebyschov (1821–1894) und ist als *Ungleichung von Tschebyschov* bekannt.

Schließlich erwähnen wir noch zwei weitere Verteilungsparameter, nämlich die *Schiefe* (auch *Skewness*) $\mathrm{Sk}(X)$ und den *Exzess* (auch *Wölbung*, *Kurtosis*) $\mathrm{Kt}(X)$:

$$\mathrm{Sk}(X) = \frac{z_3(X)}{\sigma^3} \quad \text{bzw.} \quad \mathrm{Kt}(X) = \frac{z_4(X)}{\sigma^4} - 3.$$

3.2.3 Mehrdimensionale Zufallsvariablen

Sind bei einem Zufallsvorgang simultan mehrere Merkmale von Interesse, im allgemeinen Fall also ein Tupel $(X_1, \ldots, X_n)$, so spricht man von einer *mehrdimensionalen Zufallsvariablen*. Für solche mehrdimensionale Zufallsvariablen lässt sich analog zum vorhergehenden Abschnitt eine so genannte *gemeinsame Verteilung* ansetzen. Sie ist bestimmt durch die gemeinsame Verteilungsfunktion, welche die Wahrscheinlichkeit dafür angibt, dass jede der Zufallsvariablen X_i einen für sie vorgegebenen Wert x_i nicht überschreitet, also $F(x_1, \ldots, x_n) = P(X_1 \leq x_1, \ldots, X_n \leq x_n)$. Im Fall einer diskreten n-dimensionalen Zufallsvariablen entsteht die gemeinsame Verteilungsfunktion aus der gemeinsamen Wahrscheinlichkeitsfunktion nach folgender Vorschrift:

$$F(x_1, \ldots, x_n) = \sum_{t_1 \leq x_1} \cdots \sum_{t_n \leq x_n} f(t_1, \ldots, t_n).$$

Im Fall einer stetigen n-dimensionalen Zufallsvariablen ergibt sich die gemeinsame Verteilungsfunktion aus der gemeinsamen Dichtefunktion analog wie folgt:

$$F(x_1, \ldots, x_n) = \int_{-\infty}^{x_1} \cdots \int_{-\infty}^{x_n} f(t_1, \ldots, t_n) \, dt_n \ldots dt_1.$$

Interessiert die Dichte bzgl. einer einzelnen Zufallsvariablen, so kann ausgehend von der gemeinsamen Dichtefunktion die so genannte *Randdichte* ermittelt werden. Dies betrachten wir speziell für eine zweidimensionale Zufallsvariable (X, Y) genauer. Ist die gemeinsame Wahrscheinlichkeitsfunktion $f(x_i, y_j)$ bzw. Dichtefunktion $f(x, y)$ gegeben, so lassen sich (bei $f_X(x) \neq 0$ bzw. $f_Y(y) \neq 0$) die Randwahrscheinlichkeitsfunktionen gemäß

$$f_X(x_i) = \sum_{y_j} f(x_i, y_j) \quad \text{bzw.} \quad f_Y(y_j) = \sum_{x_i} f(x_i, y_j)$$

und die Randdichtefunktionen gemäß

$$f_X(x) = \int_{-\infty}^{\infty} f(x,y)\,dy \quad \text{bzw.} \quad f_Y(y) = \int_{-\infty}^{\infty} f(x,y)\,dx$$

ermitteln. Oftmals benötigt man die Dichte- bzw. Wahrscheinlichkeitsfunktion einer Zufallsvariablen, wenn die Realisation der anderen Zufallsvariablen bekannt ist. Diese nennt man *bedingte Dichte-* bzw. *Wahrscheinlichkeitsfunktion* und berechnet sie gemäß:

$$\boxed{f_X(x|y) = \frac{f(x,y)}{f_Y(y)} \quad \text{bzw.} \quad f_Y(y|x) = \frac{f(x,y)}{f_X(x)}}$$

Sind die beiden Zufallsvariablen unabhängig, so ergibt sich die gemeinsame Verteilungs-, Dichte- bzw. Wahrscheinlichkeitsfunktion als Produkt der Randverteilungs-, Randdichte- bzw. Randwahrscheinlichkeitsfunktionen.

Beispiel 3.10
Für die gemeinsame Dichte

$$f(x,y) = \begin{cases} \frac{1}{8}, & \text{falls } x \in [-2;2],\ -2 \leq y \leq x \\ 0, & \text{sonst} \end{cases}$$

bestimmen wir die Verteilungsfunktion $F_Y(y)$. Hierzu benötigen wir zunächst die Randdichte $f_Y(y)$, welche sich für $-2 \leq y \leq 2$ folgendermaßen ermitteln lässt:

$$f_Y(y) = \int_y^2 \tfrac{1}{8}\,dx = \left[\tfrac{1}{8}x\right]_y^2 = \tfrac{1}{4} - \tfrac{1}{8}y.$$

Ausgehend von der Randdichte $f_Y(y)$ können wir $F_Y(y)$ für $-2 \leq y \leq 2$ wie folgt bestimmen:

$$F_Y(y) = \int_{-2}^y \tfrac{1}{4} - \tfrac{1}{8}t\,dt = \left[\tfrac{1}{4}t - \tfrac{1}{16}t^2\right]_{-2}^y = -\tfrac{1}{16}y^2 + \tfrac{1}{4}y + \tfrac{3}{4}.$$

Somit lauten Randdichte- und Randverteilungsfunktion insgesamt:

$$f_Y(y) = \begin{cases} \tfrac{1}{4} - \tfrac{1}{8}y, & \text{falls } -2 \leq y \leq 2 \\ 0, & \text{sonst} \end{cases} \quad \text{und}$$

$$F_Y(y) = \begin{cases} 0, & \text{falls } -2 < y \\ -\tfrac{1}{16}y^2 + \tfrac{1}{4}y + \tfrac{3}{4}, & \text{falls } -2 \leq y \leq 2 \\ 1, & \text{falls } y > 2. \end{cases}$$

In einigen Anwendungen ist der Erwartungswert einer bedingten Verteilung vonnöten. Stellen wir uns beispielsweise ein Portfolio bestehend aus zwei Anlageformen vor, deren Renditen zufallsbehaftet sind. Für einen Investor ist es nun möglicherweise von Bedeutung, die erwartete Rendite der einen Anlageform zu kennen für den Fall, dass die andere einen Verlust in bestimmter Höhe generiert. Diesen so genannten *bedingten Erwartungswert* können wir für eine zweidimensionale Zufallsvariable im diskreten Fall gemäß

$$\boxed{E(X|y_j) = \sum_{x_i} x_i\, f_X(x_i|y_j) \quad \text{bzw.} \quad E(Y|x_i) = \sum_{y_j} y_j\, f_Y(y_j|x_i)}$$

3.2 Wahrscheinlichkeitsrechnung

und im stetigen Fall gemäß

$$E(X|y) = \int_{-\infty}^{\infty} x f_X(x|y)\,dx \quad \text{bzw.} \quad E(Y|x) = \int_{-\infty}^{\infty} y f_Y(y|x)\,dy$$

berechnen. Bei Unabhängigkeit gilt (für x mit $f_X(x) \neq 0$ bzw. für y mit $f_Y(y) \neq 0$)

$$f_X(x|y) = f_X(x) \quad \text{bzw.} \quad f_Y(y|x) = f_Y(y)$$

und damit

$$E(X|y) = E(X) \quad \text{bzw.} \quad E(Y|x) = E(Y).$$

Beispiel 3.11

Ausgehend von der gemeinsamen Dichtefunktion aus Beispiel 3.10 ermitteln wir nun den bedingten Erwartungswert $E(X|y)$. Dazu greifen wir auf die bereits ermittelte Randdichte der Zufallsvariablen Y zurück und setzen (für y mit $-2 \leq y < 2$) an:

$$E(X|y) = \int_{y}^{2} x \cdot \frac{\frac{1}{8}}{\frac{1}{4} - \frac{1}{8}y}\,dx = \frac{\frac{1}{8}}{\frac{1}{4} - \frac{1}{8}y} \cdot \left[\frac{x^2}{2}\right]_{y}^{2} = \frac{1}{2-y} \cdot \left(2 - \frac{y^2}{2}\right) = \frac{1}{2}y + 1.$$

Abschließend soll noch auf folgende Gesetzmäßigkeit hingewiesen werden:

$$E(X) = E[E(X|y)] = \begin{cases} \sum_{y_j} y_j\, E(X|y_j) f_Y(y_j) & \text{im diskreten Fall} \\ \int_{-\infty}^{\infty} y\, E(X|y) f_Y(y)\,dy & \text{im stetigen Fall}. \end{cases}$$

Sie ist auch als *Gesetz der iterierten Erwartungen* bekannt und bringt die Beziehung zwischen dem unbedingten und den bedingten Erwartungswerten zum Ausdruck.

Beispiel 3.12

Die nachfolgende Tabelle gibt die gemeinsame Wahrscheinlichkeitsfunktion und die Randwahrscheinlichkeiten einer zweidimensionalen Zufallsvariablen (X, Y) wieder:

x \ y	0	1	
1	0,1	0,1	0,2
2	0,4	0,1	0,5
3	0,1	0,2	0,3
	0,6	0,4	1

Zunächst ermitteln wir $E(X)$ mithilfe des Gesetzes der iterierten Erwartungen:

$$E[E(X|y)] = \left(1 \cdot \frac{0,1}{0,6} + 2 \cdot \frac{0,4}{0,6} + 3 \cdot \frac{0,1}{0,6}\right) \cdot 0,6 + \left(1 \cdot \frac{0,1}{0,4} + 2 \cdot \frac{0,1}{0,4} + 3 \cdot \frac{0,2}{0,4}\right) \cdot 0,4 = 2,1.$$

Zum Vergleich bestimmen wir den Erwartungswert $E(X)$ mithilfe der Randwahrscheinlichkeiten:

$$E(X) = 1 \cdot 0,2 + 2 \cdot 0,5 + 3 \cdot 0,3 = 2,1.$$

Wir stellen fest, dass wir auf beiden Wegen zum gleichen Ergebnis kommen.

Beispiel 3.13
Ausgehend von der gemeinsamen Dichtefunktion aus Beispiel 3.10 und dem Ergebnis aus Beispiel 3.11 ermitteln wir den Erwartungswert von X mithilfe des Gesetzes der iterierten Erwartungen im stetigen Fall:

$$E[E(X|y)] = \int_{-\infty}^{\infty} \underbrace{\int_{-\infty}^{\infty} x f_X(x|y) \, dx}_{E(X|y)} \cdot f_Y(y) \, dy = \int_{-2}^{2} \left(\tfrac{1}{2}y + 1\right) \cdot \left(\tfrac{1}{4} - \tfrac{1}{8}y\right) dy$$

$$= \int_{-2}^{2} \tfrac{1}{4} - \tfrac{1}{16} y^2 \, dy = \left[\tfrac{1}{4}y - \tfrac{1}{48} y^3\right]_{-2}^{2} = \tfrac{2}{3}.$$

Zum Vergleich ermitteln wir den Erwartungswert von X mithilfe der Randdichte $f_X(x)$:

$$E(X) = \int_{-2}^{2} x \cdot \underbrace{\int_{-2}^{x} \tfrac{1}{8} \, dy}_{f_X(x)} \, dx = \int_{-2}^{2} x \cdot \left[\tfrac{1}{8} y\right]_{-2}^{x} dx = \int_{-2}^{2} \tfrac{1}{8} x^2 + \tfrac{1}{4} x \, dx = \left[\tfrac{1}{24} x^3 + \tfrac{1}{8} x^2\right]_{-2}^{2} = \tfrac{2}{3}.$$

Wieder stimmen beide Ergebnisse überein.

Im Folgenden gehen wir der Frage nach, wie die Richtung und die Stärke des Zusammenhangs zwischen zwei Zufallsvariablen X und Y zum Ausdruck gebracht werden kann. Antworten auf diese Fragen liefert die *Kovarianz*:

$$\boxed{\begin{aligned} \text{Cov}(X, Y) &= E([X - E(X)][Y - E(Y)]) = \\ &= \begin{cases} \displaystyle\sum_i \sum_j [x_i - E(X)][y_j - E(Y)] f(x_i, y_j), & \text{falls } X, Y \text{ diskret} \\ \displaystyle\int_{-\infty}^{\infty} \int_{-\infty}^{\infty} [x - E(X)][y - E(Y)] f(x, y) \, dy \, dx, & \text{falls } X, Y \text{ stetig} \end{cases} \end{aligned}}$$

Voraussetzung für die Bestimmung der Kovarianz ist die Kenntnis der gemeinsamen Wahrscheinlichkeits- bzw. Dichtefunktion. Wichtige Rechenregeln für Kovarianzen sind:

$$\text{Cov}(X, Y) = E(X \cdot Y) - E(X) \cdot E(Y)$$
$$\text{Cov}(X, Y) = \text{Cov}(Y, X)$$
$$\text{Cov}(X, X) = \text{Var}(X)$$
$$\text{Cov}(a + bX, c + dY) = bd \cdot \text{Cov}(X, Y) \quad (\text{mit } a, b, c, d \in \mathbb{R})$$
$$\text{Cov}(X + Y, Z) = \text{Cov}(X, Z) + \text{Cov}(Y, Z).$$

Bei unabhängigen Zufallsvariablen erhält man eine Kovarianz in Höhe von null. Da die Kovarianz keine normierte Größe darstellt, können wir über den Grad der Abhängigkeit von X und Y im Fall von $\text{Cov}(X, Y) \neq 0$ allein aus dem Wert der Kovarianz nichts ablesen. Daher geht man zum *Korrelationskoeffizienten* $\text{Corr}(X, Y)$ bzw. $\varrho(X, Y)$

$$\boxed{\text{Corr}(X, Y) = \varrho(X, Y) = \frac{\text{Cov}(X, Y)}{\sqrt{\text{Var}(X) \cdot \text{Var}(Y)}}}$$

3.2 Wahrscheinlichkeitsrechnung

über, der dem Bravais-Pearson-Korrelationskoeffizienten nachgebildet und auf einen Wertebereich von -1 bis $+1$ normiert ist. Gilt $|\text{Corr}(X, Y)| = 1$, so stehen X und Y (mit Wahrscheinlichkeit 1) in einem linearen Zusammenhang vom Typ $Y = a + bX$. Ferner gilt

$$\text{Corr}(a + bX, c + dY) = \text{sgn}(bd) \cdot \text{Corr}(X, Y).$$

Beispiel 3.14
Wir betrachten zwei Zufallsvariablen X und Y, die einerseits die Wartezeit (in Minuten) von Kunden an der Kasse eines Einzelhandelsgeschäftes und andererseits deren Bediendauer (in Minuten) beschreiben. Die gemeinsame stetige Verteilung der beiden Zufallsvariablen sei wie folgt bekannt:

$$f(x, y) = \begin{cases} x, & \text{falls } x \in [0; 1), \ y \in [0; 1] \\ 2 - x, & \text{falls } x \in [1; 2], \ y \in [0; 1] \\ 0, & \text{sonst.} \end{cases}$$

Wir bestimmen nun die Kovarianz und die Korrelation der beiden Zufallsvariablen. Dazu benötigen wir zunächst die Erwartungswerte $\text{E}(X)$ und $\text{E}(Y)$, die ihrerseits die Bestimmung der Randdichten $f_X(x)$ und $f_Y(y)$ voraussetzen. Im hier betrachteten Beispiel gilt offenkundig $f_X(x) = f(x, y)$ für beliebige Werte von $y \in [0; 1]$ sowie $f_Y(y) = 1$. Nun bestimmen wir die gesuchten Erwartungswerte

$$\text{E}(X) = \int_{-\infty}^{\infty} x f_X(x) \, dx = \int_0^1 x^2 \, dx + \int_1^2 2x - x^2 \, dx = 1,$$

$$\text{E}(Y) = \int_{-\infty}^{\infty} y f_Y(y) \, dy = \int_0^1 y \, dy = \tfrac{1}{2}$$

und sodann das Doppelintegral der Kovarianz:

$$\text{Cov}(X, Y) = \text{E}(X \cdot Y) - \text{E}(X) \cdot \text{E}(Y)$$

$$= \int_{-\infty}^{\infty} \int_{-\infty}^{\infty} xy f(x, y) \, dy \, dx - 1 \cdot \tfrac{1}{2} = \int_0^1 \int_0^1 x^2 y \, dy \, dx + \int_1^2 \int_0^1 xy(2 - x) \, dy \, dx - \tfrac{1}{2}$$

$$= \int_0^1 x^2 \cdot \underbrace{\int_0^1 y \, dy}_{\text{E}(Y) = \frac{1}{2}} dx + \int_1^2 (2x - x^2) \cdot \underbrace{\int_0^1 y \, dy}_{\text{E}(Y) = \frac{1}{2}} dx - \tfrac{1}{2} = \tfrac{1}{2} \cdot \text{E}(X) - \tfrac{1}{2} = 0.$$

Dies bedeutet, dass X und Y stochastisch unabhängig sind und damit auch eine Korrelation in Höhe von null besitzen. Zum gleichen Ergebnis kommt man auch auf kürzerem Wege, wenn man erkennt, dass das Produkt der beiden Randdichten der gemeinsamen Dichte entspricht und somit Unabhängigkeit vorliegen muss.

Mithilfe der Kovarianz können wir auch im Fall der Abhängigkeit die Varianz der Summe zweier Zufallsvariablen X und Y angeben:

$$\text{Var}(X + Y) = \text{Var}(X) + \text{Var}(Y) + 2 \text{Cov}(X, Y).$$

Verallgemeinert man diese Formel auf den Fall einer Summe von n Zufallsvariablen $X_1, \ldots, X_n$, die zudem mit $a, b_1, \ldots, b_n$ linear transformiert werden dürfen, so erhält man

$$\boxed{\text{Var}\left(a + \sum_{i=1}^n b_i X_i\right) = \sum_{i=1}^n b_i^2 \text{Var}(X_i) + 2 \cdot \sum \sum_{i<j} b_i b_j \text{Cov}(X_i, X_j)}$$

3.2.4 Wichtige Verteilungen und ihre Parameter

Die Tabelle 3.1 gibt einen Überblick über wichtige Verteilungen sowie deren Parameter. Für einige dieser Verteilungen sind im Tabellenanhang ab S. 161 Verteilungsfunktionswerte bzw. Quantile vertafelt. Eine ausführliche Diskussion dieser und weiterer Verteilungen, ihrer Eigenschaften und Anwendungen findet der interessierte Leser beispielsweise bei Bamberg et al. (2009, S. 92 ff. und S. 135 ff.). Folgt eine Zufallsvariable einer bestimmten Verteilung, so wird dies durch das Symbol „$\sim$" gekennzeichnet, also z.B. $X \sim B(n; p)$, falls X binomialverteilt ist.

Die für die Dichtefunktionen der $\chi^2(n)$-, $t(n)$- sowie der $F(m; n)$-Verteilungen benötigte *Gammafunktion* ist wie folgt definiert:

$$\Gamma(x) = \int_0^\infty e^{-t} t^{x-1} \, dt \, .$$

Die $F(m; n)$-Verteilung entspricht im Übrigen der Verteilung der Zufallsvariablen $F = \frac{nX}{mY}$, welche aus den beiden unabhängigen Zufallsvariablen $X \sim \chi^2(m)$ und $Y \sim \chi^2(n)$ gebildet wird. Der Erwartungswert von F existiert nur, falls $n > 2$ ist und die Varianz nur, falls $n > 4$ ist. Ähnliches gilt auch für eine $t(n)$-verteilte Zufallsvariable, deren Varianz nur für $n > 2$ existiert.

Eine Sonderstellung innerhalb der Klasse der stetigen Verteilungen nimmt die Normalverteilung ein. Mit dieser lassen sich nämlich oft Wahrscheinlichkeiten für Ereignisse, die mithilfe von Summen unabhängiger, identisch verteilter Zufallsvariabler $X_1, \ldots, X_n$ (mit $E(X_i) = \mu$ und $Var(X_i) = \sigma^2$) gebildet werden, hinreichend genau berechnen. Ursächlich hierfür ist der *zentrale Grenzwertsatz*, der – vereinfacht formuliert – besagt, dass sich die Verteilung von $X_1 + \cdots + X_n$ für wachsendes n immer besser der $N(n\mu; \sigma\sqrt{n})$-Verteilung anpasst. Auf Grund dieses Sachverhaltes lässt sich die Normalverteilung für viele Fragestellungen, bei denen aggregierte Größen verwendet werden, anwenden.

Da sich die Funktionswerte ihrer Verteilungsfunktion allerdings nur nummerisch ermitteln lassen, bedient man sich üblicherweise einschlägiger Tabellen. Allerdings lässt sich jede normalverteilte Zufallsvariable X durch Standardisierung gemäß

$$Z = \frac{X - \mu}{\sigma}$$

in eine normalverteilte Zufallsvariable Z mit Erwartungswert 0 und Varianz 1 transformieren. Diese spezielle Normalverteilung heißt auch *Standardnormalverteilung* oder kurz $N(0; 1)$-Verteilung. Ihre Verteilungsfunktion bezeichnen wir mit $\Phi(z)$. Da die zugehörige Dichte bzgl. der Ordinate achsensymmetrisch ist, gilt der Zusammenhang

$$\Phi(-z) = 1 - \Phi(z) \, .$$

Somit genügt es, Verteilungsfunktionswerte bzw. Quantile der Standardnormalverteilung für $z \geqq 0$ zu vertafeln. Entsprechende Tabellen sind im Anhang ab S. 176 zu finden.

Beispiel 3.15
Die Zeitspanne X zwischen Rechnungsstellung und Zahlungseingang sei für einen Händler normalverteilt mit den Parametern $\mu = 20$ und $\sigma = 4$ Tage. Der Händler möchte nun wissen, mit welcher Wahrscheinlichkeit Zahlungseingänge bereits nach acht Tagen vorliegen. Außerdem interessiert ihn, nach wie vielen Tagen er mit 95 %iger Wahrscheinlichkeit davon ausgehen kann, dass eine Rechnung bezahlt ist.

3.2 Wahrscheinlichkeitsrechnung

Tabelle 3.1: Überblick über wichtige Verteilungen und ihre Parameter

Wichtige diskrete Verteilungen

Verteilung	Symbol	$f(x)$	Wertebereich	E(X)	Var(X)
Binomial-	$B(n;p)$	$\binom{n}{x}p^x(1-p)^{n-x}$	$0,1,\ldots,n$	np	$np(1-p)$
Hypergeometrische	$H(N;M;n)$	$\dfrac{\binom{M}{x}\binom{N-M}{n-x}}{\binom{N}{n}}$	$\max\{0; n-(N-M)\},$ $\ldots, \min\{n; M\}$	$n\dfrac{M}{N}$	$n\dfrac{M}{N}\dfrac{N-M}{N}\dfrac{N-n}{N-1}$
Poisson-	$Pois(\lambda)$	$\dfrac{\lambda^x}{x!}e^{-\lambda}$	$0,1,2,\ldots$	λ	λ

Wichtige stetige Verteilungen

Verteilung	Symbol	$f(x)$	Wertebereich	E(X)	Var(X)
Gleich-	$G(a;b)$	$\dfrac{1}{b-a}$	$[a;b]$	$\dfrac{a+b}{2}$	$\dfrac{(b-a)^2}{12}$
Exponential-	$Exp(\lambda)$	$\lambda e^{-\lambda x}$	$[0;\infty)$	$\dfrac{1}{\lambda}$	$\dfrac{1}{\lambda^2}$
Normal-	$N(\mu;\sigma)$	$\dfrac{1}{\sqrt{2\pi}\sigma}e^{-\frac{(x-\mu)^2}{2\sigma^2}}$	$\mathbb{R}$	μ	σ^2
Chi-Quadrat-	$\chi^2(n)$	$\dfrac{x^{n/2-1}e^{-x/2}}{2^{n/2}\Gamma(\frac{n}{2})}$	$[0;\infty)$	n	$2n$
t-	$t(n)$	$\dfrac{\Gamma(\frac{n+1}{2})}{\Gamma(\frac{n}{2})\sqrt{\pi n}}(1+\frac{x^2}{n})^{-\frac{n+1}{2}}$	$\mathbb{R}$	0	$\dfrac{n}{n-2}$
F-	$F(m;n)$	$m^{m/2}n^{n/2}\cdot\dfrac{\Gamma(\frac{m}{2}+\frac{n}{2})}{\Gamma(\frac{m}{2})\Gamma(\frac{n}{2})}\cdot\dfrac{x^{m/2-1}}{(mx+n)^{\frac{m+n}{2}}}$	$[0;\infty)$	$\dfrac{n}{n-2}$	$\dfrac{2n^2(m+n-2)}{m(n-2)^2(n-4)}$

Für die erste Fragestellung gehen wir zur standardisierten Zufallsvariablen $Z = \frac{X-20}{4}$ über und errechnen die Wahrscheinlichkeit

$$P(X \leq 8) = P(4 \cdot Z + 20 \leq 8) = P(Z \leq -3) = \Phi(-3) = 1 - \Phi(3) = 0{,}0013\,.$$

Damit ist in der Regel nicht mit Zahlungseingängen nach bereits acht Tagen zu rechnen. Für die zweite Fragestellung bestimmen wir das 95 %-Quantil unter Ausnutzung der standardisierten Zufallsvariablen Z:

$$P(X \leq x_{0{,}95}) = P\left(Z \leq \tfrac{x_{0{,}95}-20}{4}\right) = \Phi\left(\tfrac{x_{0{,}95}-20}{4}\right) = 0{,}95 \iff \tfrac{x_{0{,}95}-20}{4} = z_{0{,}95}$$

$$\Rightarrow x_{0{,}95} = 20 + 4 \cdot z_{0{,}95} = 20 + 4 \cdot 1{,}6449 = 26{,}58\,.$$

Folglich ist eine Rechnung nach 27 Tagen mit mindestens 95 % Wahrscheinlichkeit bezahlt.

3.3 Statistische Schlussweisen

Ausgangspunkt ist die Herausforderung, auf Basis einer Stichprobe aus einer bestimmten Grundgesamtheit Aussagen über die Struktur der gesamten Population zu treffen. Wir verdeutlichen die typischen Fragestellungen an einem einfachen Beispiel, nämlich dem n-fachen Werfen einer Münze. Von Interesse sei, wie sich bei mehrfacher Wiederholung eines Münzwurfes die Zahl der Beobachtungen des Ereignisses „Kopf" entwickelt. Wir wissen, dass diese Anzahl $B(n; p)$-verteilt ist, wobei der Parameter p angibt, wie wahrscheinlich das Ereignis „Kopf" bei einmaligem Münzwurf ist. Folgende Fragestellungen können nun beispielsweise formuliert werden:

- Der unbekannte Parameter p soll auf Basis des Ergebnisses von n Würfen der Münze geschätzt werden. Da wir die Münze nur endlich oft werfen können, bleibt der wahre Wert von p nach wie vor unbekannt. Deshalb soll wenigstens eine möglichst genaue Schätzung angegeben werden. Da hierbei nur ein möglicher Wert von p – bildlich gesprochen „ein Punkt auf dem Zahlenstrahl" – als Schätzergebnis betrachtet wird, spricht man auch von einer *Punktschätzung* für p.

- Während eine Punktschätzung letztlich die Fehlervarianz der Schätzung ignoriert, wird diese im Rahmen einer *Intervallschätzung* berücksichtigt. In diesem Fall bestimmt man als Schätzergebnis ein Intervall so, dass es den wahren Wert von p mit einer vorgegebenen (hohen) Wahrscheinlichkeit enthält. Methoden der Intervallschätzung besprechen wir im Folgenden aber nicht und verweisen den interessierten Leser beispielsweise auf Bamberg et al. (2009, S. 149 ff.)

- Wenn es sich bei der betrachteten Münze um eine „faire Münze" handelt, dann müsste $p = 0{,}5$ sein. Die Hypothese, dass es sich um eine derartige Münze handelt, kann mithilfe von *Signifikanztests* auf Basis des Stichprobenergebnisses untersucht werden. Unter Umständen gelingt es, die Hypothese zu verwerfen bzw. ihr Gegenteil – nämlich, dass die Münze nicht fair ist – zu bestätigen. Da der wahre Parameter p der Münze unbekannt ist, besteht auch hier die Gefahr einer durch den Zufallseinfluss verursachten Fehlentscheidung. Bei der Anwendung von Signifikanztests wird diese durch die Vorgabe einer maximal zulässigen Wahrscheinlichkeit für die fälschliche Ablehnung der Hypothese kontrolliert.

3.3 Statistische Schlussweisen

Die eben angedeuteten Verfahren verarbeiten unter anderem das vorliegende Stichprobenergebnis mithilfe so genannter Stichprobenfunktionen, welche – je nach Anwendungskontext – als Schätz- bzw. als Testfunktionen bezeichnet werden. Bevor wir die einschlägigen Verfahren im Einzelnen besprechen, müssen wir zunächst auf einige Eigenschaften von Stichprobenfunktionen eingehen.

3.3.1 Stichprobenfunktionen

Im Folgenden gehen wir davon aus, dass ein Tupel von Realisationen $(x_1 \ldots, x_n)$ der Zufallsvariablen $X_1, \ldots, X_n$ vorliegt, welches das Ergebnis einer Zufallsstichprobe aus der relevanten Grundgesamtheit darstellt. Dieses Tupel heißt das *Stichprobenergebnis*, jeder einzelne Beobachtungswert x_i ist eine Realisation einer *Stichprobenvariablen* X_i ($i = 1, \ldots, n$) und n ist der so genannte *Stichprobenumfang*. Wurden alle Elemente nach einer uneingeschränkten Zufallsauswahl und unabhängig voneinander aus der Grundgesamtheit ausgewählt, so sind die Stichprobenvariablen $X_1, \ldots, X_n$ unabhängig und identisch verteilt – und zwar gemäß der Verteilung der Grundgesamtheit. Wir sprechen in diesem Fall von einer *einfachen Stichprobe* vom Umfang n. Erheben wir bei n Elementen der Grundgesamtheit jeweils m Merkmale, so sprechen wir von einer *m-dimensionalen einfachen Stichprobe*. Eine Zufallsvariable X, die als Funktion der Stichprobenvariablen $X_1, \ldots, X_n$ gemäß

$$X = g(X_1, \ldots, X_n)$$

gebildet wird, heißt *Stichprobenfunktion* oder *Statistik*. Damit ist X eine Zufallsvariable, deren Verteilung und Parameter von denen der Stichprobenvariablen abhängen. Die an Bamberg et al. (2009) angelehnte Tabelle 3.2 fasst für den Fall einer einfachen Stichprobe $X_1, \ldots, X_n$ mit $E(X_i) = \mu$, $\text{Var}(X_i) = \sigma^2$ die wichtigsten Stichprobenfunktionen und – soweit möglich – deren Erwartungswerte und Varianzen zusammen. Aussagen zu den Verteilungen wichtiger Stichprobenfunktionen folgen im übernächsten Abschnitt.

Beispiel 3.16
Ein Waschmittelhersteller produziert ein neuartiges Flüssigwaschmittel, das in Kunststoffbeuteln in Mengen zu $2{,}5\,\ell$ abgepackt wird. Die Dosierungsangaben wurden entsprechend neuer ökologischer Erkenntnisse gegenüber dem Vorgängerprodukt herabgesetzt. Der Hersteller will nun die mittlere Dosierungsmenge auf der Basis von 20 Testhaushalten schätzen und später mithilfe eines Signifikanztests überprüfen, ob sich die Verbrauchsmengen signifikant verringert haben. Die Befragungsergebnisse liefern folgende Verbrauchsmengen (in $c\ell$):

15, 18, 19, 14, 23, 18, 18, 19, 19, 17, 17, 20, 21, 13, 18, 18, 19, 16, 20, 18.

Zur Schätzung des Lagemaßes μ wird die Schätzfunktion $\bar{X}$ eingesetzt, die den Schätzwert $\bar{x} = 18{,}0$ liefert. Die Varianz von X_i wird mit 4,0 angenommen. Somit beträgt die Varianz der Schätzfunktion bei einem Stichprobenumfang von 20 genau $\frac{4}{20} = \frac{1}{5}$, während sich die Varianz der Merkmalssumme für $n = 20$ auf $20 \cdot 4 = 80$ beläuft.

Stichprobenfunktion X	Bezeichnung	$E(X)$	$\text{Var}(X)$
$\sum_{i=1}^{n} X_i$	Merkmalssumme	$n\mu$	$n\sigma^2$
$\bar{X} = \frac{1}{n} \sum_{i=1}^{n} X_i$	Stichprobenmittel	μ	$\frac{\sigma^2}{n}$
$\frac{\bar{X} - \mu}{\sigma} \sqrt{n}$	Gauß-Statistik	0	1
$\frac{1}{n} \sum_{i=1}^{n} (X_i - \mu)^2$	Mittlere quadratische Abweichung bzgl. μ	σ^2	
$\frac{1}{n} \sum_{i=1}^{n} (X_i - \bar{X})^2$	Mittlere quadratische Abweichung	$\frac{n-1}{n} \sigma^2$	
$S^2 = \frac{1}{n-1} \sum_{i=1}^{n} (X_i - \bar{X})^2$	Stichprobenvarianz	σ^2	
$S = \sqrt{S^2}$	Stichproben-Standardabweichung		
$\frac{\bar{X} - \mu}{S} \sqrt{n}$	t-Statistik		

Tabelle 3.2: Überblick über wichtige Stichprobenfunktionen und ihre Parameter

3.3.2 Schätzfunktionen

Ausgangspunkt unserer Überlegungen ist wieder ein Tupel von Realisationen $(x_1, \ldots, x_n)$ der Zufallsvariablen $(X_1, \ldots, X_n)$. Eine *Schätzfunktion*

$$\hat{\Theta} = g(X_1, \ldots, X_n)$$

heißt genau dann *erwartungstreu* für einen Verteilungsparameter ϑ, wenn der Erwartungswert der Schätzfunktion dem wahren Wert von ϑ entspricht:

$$\boxed{E(\hat{\Theta}) = \vartheta}$$

Gelegentlich werden wir jedoch mit Schätzfunktionen konfrontiert, die erst mit Erhöhung des Stichprobenumfangs gegen den wahren Parameter ϑ konvergieren, d.h.

$$\lim_{n \to \infty} E(\hat{\Theta}) = \vartheta.$$

Solche Schätzfunktionen heißen *asymptotisch erwartungstreu*.

3.3 Statistische Schlussweisen

Beispiel 3.17
Wir betrachten die mittlere quadratische Abweichung aus Tabelle 3.2 und überprüfen sie auf ihre Eignung als Punktschätzfunktion für die Varianz σ^2 der Grundgesamtheit. Dazu nehmen wir an, dass eine einfache Stichprobe $X_1, \ldots, X_n$ mit $E(X_i) = \mu$ und $Var(X_i) = E[(X_i - \mu)^2] = \sigma^2$ vorliegt. Für die mittlere quadratische Abweichung gilt dann

$$\frac{1}{n}\sum_{i=1}^{n}(X_i - \bar{X})^2 = \frac{1}{n}\sum_{i=1}^{n}X_i^2 - \bar{X}^2 = \frac{1}{n}\sum_{i=1}^{n}(X_i - \mu)^2 - (\bar{X} - \mu)^2,$$

wobei der Verschiebungssatz sowie

$$\frac{1}{n}\sum_{i=1}^{n}(X_i - \mu)^2 - (\bar{X} - \mu)^2 = \frac{1}{n}\sum_{i=1}^{n}X_i^2 - \frac{2\mu}{n}\sum_{i=1}^{n}X_i + \mu^2 - \bar{X}^2 + 2\bar{X}\mu - \mu^2 = \frac{1}{n}\sum_{i=1}^{n}X_i^2 - \bar{X}^2$$

ausgenutzt wurden. Durch Erwartungswertbildung erhält man dann

$$E\left[\frac{1}{n}\sum_{i=1}^{n}(X_i - \mu)^2\right] - E\left[(\bar{X} - \mu)^2\right] = \frac{1}{n}\sum_{i=1}^{n}E\left[(X_i - \mu)^2\right] - Var(\bar{X}) = \frac{n}{n}\sigma^2 - \frac{\sigma^2}{n} = \frac{n-1}{n}\sigma^2.$$

Wir sehen damit, dass die mittlere quadratische Abweichung keine erwartungstreue, sondern lediglich eine asymptotisch erwartungstreue Schätzfunktion für σ^2 ist.

Da in der Regel mehr als eine für ϑ erwartungstreue Schätzfunktion gefunden werden kann, reicht dieses Kriterium alleine häufig noch nicht aus, um die für den Untersuchungszweck geeignete Schätzfunktion zu identifizieren. Hinzu kommt die Tatsache, dass der mithilfe selbst einer erwartungstreuen Schätzfunktion berechnete Schätzwert $\hat{\vartheta}$ die Realisation einer Zufallsvariablen ist und auf Grund deren Varianz vom gesuchten Parameterwert ϑ stets mehr oder weniger stark abweichen wird. Insofern ist es sinnvoll, innerhalb der Klasse der erwartungstreuen Schätzfunktionen diejenige auszuwählen, welche die kleinste Varianz aufweist. Wir nennen von zwei erwartungstreuen Schätzfunktionen diejenige *wirksamer*, deren Varianz kleiner ist. Eine Schätzfunktion, die sich dadurch auszeichnet, dass ihre Varianz kleiner oder gleich der Varianz *aller* erwartungstreuen Schätzfunktionen für ϑ ist, bezeichnet man als die *wirksamste* Schätzfunktion dieser Klasse.

Das Kriterium der *Konsistenz* stellt ebenfalls auf die Varianz der Schätzung ab, unterscheidet sich aber vom Wirksamkeitskriterium dadurch, dass hier der Stichprobenumfang n variabel gehalten wird. Konkret wird von einer Folge von Schätzfunktionen

$$\hat{\Theta}_1 = g_1(X_1), \quad \hat{\Theta}_2 = g_2(X_1, X_2), \ldots \quad \hat{\Theta}_n = g_n(X_1, \ldots, X_n)$$

gefordert, dass für jede Zahl $c > 0$ die Beziehung

$$\boxed{\lim_{n \to \infty} P(|\hat{\Theta}_n - \vartheta| \geq c) = 0}$$

gilt. Mit zunehmendem Stichprobenumfang soll die Schätzung also ebenfalls an Genauigkeit gewinnen. Ein hinreichendes (nicht aber notwendiges) Konsistenzkriterium ergibt sich aus der Ungleichung von Tschebyschov. Demnach ist eine Folge von Schätzfunktionen $\hat{\Theta}_n$ konsistent, wenn die $\hat{\Theta}_n$ erwartungstreu (oder asymptotisch erwartungstreu) sind und zusätzlich $Var(\hat{\Theta}_n)$ für $n \to \infty$ gegen null konvergiert.

Beispiel 3.18
Wir betrachten die beiden Schätzfunktionen $\hat{\Theta}_1 = X_1 - X_2 + X_n$ sowie $\hat{\Theta}_2 = \bar{X}$ (für $n > 2$) hinsichtlich der bislang beschriebenen Eigenschaften. Wir überprüfen zunächst unter der Annahme, dass die X_i unabhängig und identisch verteilt mit $E(X_i) = \mu$ und $Var(X_i) = \sigma^2$ sind, die Eigenschaft der Erwartungstreue:

$$E(\hat{\Theta}_1) = E(X_1 - X_2 + X_n) = E(X_1) - E(X_2) + E(X_n) = \mu - \mu + \mu = \mu$$

$$E(\hat{\Theta}_2) = \frac{1}{n} \sum_{i=1}^{n} E(X_i) = \frac{1}{n} \sum_{i=1}^{n} \mu = \frac{n}{n} \mu = \mu.$$

Beide Schätzfunktionen sind damit erwartungstreu für μ. Nun untersuchen wir beide Schätzfunktionen im Hinblick auf ihre Wirksamkeit:

$$Var(\hat{\Theta}_1) = Var(X_1 - X_2 + X_n) = Var(X_1) + Var(-X_2) + Var(X_n) = 3\sigma^2$$

$$Var(\hat{\Theta}_2) = Var\left(\frac{1}{n} \sum_{i=1}^{n} X_i\right) = \frac{1}{n^2} \sum_{i=1}^{n} Var(X_i) = \frac{n}{n^2} \sigma^2 = \frac{\sigma^2}{n}.$$

Es zeigt sich, dass $\hat{\Theta}_2$ wirksamer als $\hat{\Theta}_1$ ist. Da zudem

$$Var(\hat{\Theta}_1) \to 3\sigma^2 \neq 0 \quad \text{bzw.} \quad Var(\hat{\Theta}_2) \to 0 \quad \text{für} \quad n \to \infty$$

gilt, ist $\hat{\Theta}_2$ konsistent, nicht aber $\hat{\Theta}_1$.

Um die Qualität von nicht erwartungstreuen Schätzfunktionen zu vergleichen, wird häufig die mittlere quadratische Abweichung $E[(\hat{\Theta} - \vartheta)^2]$ vom wahren Parameter ϑ herangezogen. Diese ist bei erwartungstreuen Schätzfunktionen immer gleich null.

Schließlich sei noch auf den Begriff der *Suffizienz* einer Statistik hingewiesen. Diese Qualitätseigenschaft wird unter ökonomischen Gesichtspunkten festgelegt und besagt, dass durch die Anwendung der Statistik keine für die Fragestellung relevante Information aus den Daten verloren geht. Die ökonomische Denkweise ist darin zu sehen, dass die Erhebung der Daten mit Kosten verbunden und ein Verlust an Information daher als unwirtschaftlich anzusehen ist.

Um Schätzer mit den oben genannten Eigenschaften herzuleiten, sind insbesondere die Maximum-Likelihood-Methode, die Momentenmethode und das Prinzip der kleinsten Quadrate von Bedeutung. Es sei an dieser Stelle auf weiterführende Literatur, wie etwa Schlittgen (2008) oder Hartung/Elpelt (2007) verwiesen, die sich mit diesen Verfahren beschäftigt.

Während bei der Punktschätzung die Verteilung der Stichprobenfunktion von geringer Bedeutung ist, ist ihre Kenntnis zur Erstellung von Schätzintervallen und zur Durchführung von Signifikanztests eine notwendige Voraussetzung. Wir klären deshalb im Folgenden, wie die Verteilung der Grundgesamtheit auf die Stichprobenfunktion übergeht. Da insbesondere im Rahmen statistischer Signifikanztests die Verteilungen der Testgrößen zu ermitteln sind, wenden wir uns nun dieser Klasse von Stichprobenfunktionen, den Testfunktionen, zu.

3.3.3 Testfunktionen

Die Tabelle 3.3 fasst für den besonders wichtigen Spezialfall einer normalverteilten Grundgesamtheit mit Erwartungswert μ und Varianz σ^2 die Verteilungen, Erwartungswerte und Varianzen der wichtigsten Testfunktionen zusammen.

3.4 Konstruktion von Signifikanztests

Testfunktion T	$T \sim$	$E(T)$	$Var(T)$
$\sum_{i=1}^{n} X_i$	$N(n\mu; \sigma\sqrt{n})$	$n\mu$	$n\sigma^2$
$\frac{1}{n}\sum_{i=1}^{n} X_i$	$N(\mu; \sigma/\sqrt{n})$	μ	$\frac{\sigma^2}{n}$
$\frac{\bar{X}-\mu}{\sigma}\sqrt{n}$	$N(0;1)$	0	1
$\frac{1}{\sigma^2}\sum_{i=1}^{n}(X_i-\mu)^2$	$\chi^2(n)$	n	$2n$
$\frac{1}{\sigma^2}\sum_{i=1}^{n}(X_i-\bar{X})^2$	$\chi^2(n-1)$	$n-1$	$2n-2$
$\frac{\bar{X}-\mu}{S}\sqrt{n}$	$t(n-1)$	0	$\frac{n-1}{n-3}$

Tabelle 3.3: Verteilungen und Parameter wichtiger Testfunktionen

Des Weiteren sei darauf hingewiesen, dass bei Vorliegen einer einfachen Stichprobe aus einer beliebig verteilten (also nicht notwendigerweise normalverteilten) Grundgesamtheit sowohl die Gauß-Statistik $(\bar{X}-\mu)/\sigma \cdot \sqrt{n}$ als auch die t-Statistik $(\bar{X}-\mu)/S \cdot \sqrt{n}$ approximativ $N(0;1)$-verteilt sind.

Beispiel 3.19
Wir betrachten nochmals die Befragungsergebnisse aus dem Beispiel 3.16. Sofern unterstellt werden kann, dass die Waschmittelverbrauchsmengen normalverteilt sind und $\mu = 19{,}0$ für die Vergangenheit als gesichert gilt, so wäre $\bar{X}$ bei einem Stichprobenumfang von 20 gemäß $N(19{,}0; \sqrt{0{,}2})$ verteilt – sofern sich das Verbraucherverhalten nicht verändert hat. Der gegenüber μ deutlich kleinere Schätzfunktionswert $\bar{x} = 18{,}0$ (vgl. hierzu Beispiel 3.16) legt jedoch die Vermutung eines geänderten Verbraucherverhaltens nahe. Somit stellt sich die Frage, ob mit hinreichender Sicherheit von einer Änderung des Verbraucherverhaltens ausgegangen werden kann.

Zur Beantwortung von Fragen dieses Typs bietet sich der Einsatz von Signifikanztests an. Deren Verfahrensprinzip erläutern wir im folgenden Abschnitt.

3.4 Konstruktion von Signifikanztests

Jedem Signifikanztest geht die Formulierung einer Hypothese über einen Untersuchungsgegenstand voraus. Diese Hypothese gilt es zu bestätigen oder zu verwerfen. Im Rahmen von Signifikanztests wird immer eine *Nullhypothese* H_0 sowie eine Alternativhypothese, die wir als *Gegenhypothese* H_1 bezeichnen, festgelegt. Die Formulierung dieser Hypothesen sollte unabhängig vom Ausgang der Stichprobenerhebung sein. Es werden folgende Typen von Testverfahren unterschieden:

- So genannte *parametrische Signifikanztests* prüfen auf Verteilungsparameter der Grundgesamtheit bezogene Hypothesen. In unserem Münzwurfbeispiel könnte etwa die Hypothese, dass die Spielmünze fair und damit der unbekannte Parameter $p = 0{,}5$ ist, als H_0 verwendet werden. Durch die Formulierung der Nullhypothese bzw. ihrer Gegenhypothese wird die Wertemenge des zur Debatte stehenden Parameters ϑ, der *Parameterbereich* Θ, in zwei disjunkte Bereiche Θ_0 und $\Theta_1 = \Theta \setminus \Theta_0$ zerlegt. Damit lassen sich die Hypothesen über den wahren Verteilungsparameter ϑ wie folgt formulieren:

$$H_0\colon \vartheta \in \Theta_0 \quad \text{gegen} \quad H_1\colon \vartheta \in \Theta_1\,.$$

  Besteht der Parameterbereich aus der Menge der reellen Zahlen, so nennen wir die Hypothese H_i *einseitige Hypothese*, falls Θ_i nur aus einem Intervall der Form $(-\infty; \vartheta)$ oder $(-\infty; \vartheta]$ bzw. $(\vartheta; \infty)$ oder $[\vartheta; \infty)$ besteht. Ist die Gegenhypothese H_{1-i} zur Hypothese H_i einelementig oder ein endliches Intervall, so sprechen wir von einer *zweiseitigen Hypothese*. Besteht H_i nur aus einem Element, d.h. $\Theta_i = \{\vartheta_i\}$, so handelt es sich um eine *einfache Hypothese*; anderenfalls liegt eine *zusammengesetzte Hypothese* vor.

- Ein Testverfahren, welches sich in der Hypothesenformulierung nicht auf einen (typischen) Verteilungsparameter, wie z.B. μ oder σ^2, bezieht, nennt man *nichtparametrisch*. Zur Erläuterung ziehen wir wieder das Münzwurfbeispiel heran. Nach wie vor soll geprüft werden, ob die Spielmünze fair ist. Ist dies der Fall, so müsste die Anzahl der Würfe, bei denen das Ereignis „Kopf" eintritt, bei n-maligem Wurf gemäß einer Binomialverteilung mit den Parametern n und $p = 0{,}5$ verteilt sein. Dementsprechend kann getestet werden, ob die Anzahl Würfe, bei denen das Ereignis „Kopf" eintritt, dieser Verteilung folgt.

- Signifikanztests hingegen, die ohne Aussagen über die Struktur der unbekannten Verteilung eine Überprüfung von Hypothesen zulassen, werden als *verteilungsfrei* bezeichnet. Derartige Testverfahren bauen auf Statistiken auf, die unabhängig vom Verteilungstyp der Grundgesamtheit sind. Diese können beispielsweise die größte absolute Abweichung zwischen der empirischen Verteilungsfunktion der Messwerte und einer hypothetischen Verteilungsfunktion sein. Die Verteilung dieser Abweichungen ist für beliebige Zufallsstichproben unter der Hypothese der Verteilungsgleichheit bekannt und kann damit zur Konstruktion eines Testverfahrens herangezogen werden.

Da die beiden Begriffe „nichtparametrisch" und „verteilungsfrei" in der Literatur häufig synonym gebraucht werden, verzichten auch wir im Folgenden auf eine strenge Unterscheidung.

Beispiel 3.20
Zu den Daten aus Beispiel 3.16 sind verschiedene Hypothesenpaare denkbar. Zunächst formulieren wir Hypothesen bzgl. eines Verteilungsparameters:
  a) $H_0\colon \mu \geq 19{,}0 \quad \text{gegen} \quad H_1\colon \mu < 19{,}0$,
  b) $H_0\colon \sigma^2 = 4{,}0 \quad \text{gegen} \quad H_1\colon \sigma^2 \neq 4{,}0$.

Im Fall a) handelt es sich um einseitige zusammengesetzte Hypothesen, da beide Hypothesen aus je einem Intervall bestehen. Im Fall b) liegt mit H_0 eine einfache und mit H_1 eine zweiseitige zusammengesetzte Hypothese vor. Eine andere Form der Hypothesenformulierung stellt das folgende Hypothesenpaar dar:
  c) $H_0\colon X \sim N(19{,}0; 2{,}0) \quad \text{gegen} \quad H_1\colon X \nsim N(19{,}0; 2{,}0)$.

Hier liegt eine nichtparametrische Prüfsituation vor, da global untersucht werden soll, ob die Zufallsvariable X einer speziellen Normalverteilung entstammt oder ob sie einem anderen, nicht näher spezifizierten Verteilungstyp zuzuordnen ist.

3.4 Konstruktion von Signifikanztests

Das *Signifikanzniveau* α gibt vor, mit welcher Wahrscheinlichkeit eine fälschliche Ablehnung einer zutreffenden Nullhypothese höchstens zugelassen wird. Diesen Fehlertyp bezeichnen wir als *Fehler 1. Art*. Je kleiner man α wählt, desto geringer wird die Wahrscheinlichkeit für diesen Fehlertyp. Gleichzeitig steigt jedoch die Wahrscheinlichkeit dafür, die Nullhypothese beizubehalten, obwohl diese falsch ist. Diesen Fehlertyp nennen wir den *Fehler 2. Art*. Da die Wahrscheinlichkeit für diesen Fehler in der Regel konstruktionsbedingt nicht gleichermaßen begrenzt werden kann – im ungünstigsten Fall kann sie bis zu $1 - \alpha$ betragen –, darf die Nichtablehnung der Nullhypothese nicht als ihre „statistisch abgesicherte Bestätigung" interpretiert werden. Die Nichtverwerfung besagt lediglich, dass das Stichprobenergebnis nicht für eine Ablehnung von H_0 ausreicht und besitzt damit eher die Qualität eines „Freispruchs aus Mangel an Beweisen".

Durch geeignete Hypothesenformulierung ist dennoch unter Umständen die „statistische Bestätigung" einer Hypothese möglich: Lehnt ein Signifikanztest nämlich die Nullhypothese ab, so bedeutet dies im Umkehrschluss die „Bestätigung" der Gegenhypothese. Soll also überprüft werden, ob eine bestimmte Hypothese „statistisch untermauert" werden kann, so bietet es sich an, diese Hypothese als H_1 zu formulieren und ihr Gegenteil als H_0.

Wie bereits im vorigen Abschnitt angedeutet, verarbeiten Signifikanztests Stichproben mithilfe einer *Testfunktion T*. Deren Wahrscheinlichkeitsverteilung hängt davon ab, ob die formulierten Hypothesen richtig oder falsch sind. Sind diese bedingten Verteilungen bekannt, insbesondere die Verteilung von T unter der Annahme, dass H_0 zutrifft, so lässt sich für einseitige Gegenhypothesen bei vorgegebenem Signifikanzniveau α leicht überprüfen, ob die vorliegende Stichprobe – und mithin auch die Realisation von T – in starkem Widerspruch zur Nullhypothese steht. Dies ist im Falle von einseitigen Gegenhypothesen dann gegeben, wenn die Realisation von T einen *kritischen Wert c*, der das α- bzw. $(1-\alpha)$-Quantil der unter H_0 gültigen Testverteilung darstellt, unter- bzw. überschreitet. Bei zweiseitigen Gegenhypothesen lässt sich sowohl ein unterer ($c_1 = \frac{\alpha}{2}$-Quantil) als auch ein oberer ($c_2 = (1-\frac{\alpha}{2})$-Quantil) kritischer Wert bestimmen. Liegt die Realisation von T unterhalb von c_1 oder oberhalb von c_2, so wird H_0 verworfen. Die Wahrscheinlichkeit für eine fälschliche Ablehnung von H_0, also für einen Fehler 1. Art, ist hierbei auf keinen Fall größer als α.

Beispiel 3.21
Wir greifen wieder die Situation aus Beispiel 3.16 auf und versuchen, einen geeigneten Signifikanztest zu konstruieren. Dazu formulieren wir zuerst die Testhypothesen:

H_0: Das Verbraucherverhalten hat sich nicht geändert, d.h. $\mu = 19{,}0$

H_1: Die Verbraucher wurden umweltbewusster, d.h. $\mu < 19{,}0$.

Der Waschmittelhersteller legt als Signifikanzniveau $\alpha = 0{,}05$ fest, d.h. er akzeptiert eine Maximalwahrscheinlichkeit von 5 % für einen Fehler 1. Art. Eine geeignete Testfunktion ist hier das Stichprobenmittel $\bar{X}$, da dessen Verteilung bei Gültigkeit von H_0 bekannt ist: Unterstellt man einen Stichprobenumfang von 20, so ist $T = \bar{X} \sim N(19{,}0; \sqrt{0{,}2})$. Die Realisation dieser Testfunktion haben wir bereits als 18,0 berechnet. Wir müssen nun den kritischen Wert c festlegen, der in diesem Fall dem 5 %-Quantil der $N(19{,}0; \sqrt{0{,}2})$-Verteilung entspricht, also $c = 18{,}26$. Da der Testfunktionswert $18{,}0 < c$ ist, wird die Nullhypothese verworfen – und mithin die bereits geäußerte Vermutung eines gestiegenen Umweltbewusstseins gestützt.

Statistikprogramme verlangen in der Regel keine Vorgabe des Signifikanzniveaus α und geben stattdessen einen so genannten *p-value* α' aus. Dieser stellt das größte Signifikanzniveau, zu dem H_0 bei vorliegender Stichprobe gerade noch nicht verworfen werden würde, dar. Liegt α' unterhalb des zuvor fixierten Signifikanzniveaus α, so ist die Nullhypothese zu verwerfen. Allerdings besteht die Gefahr, dass der Anwender α erst nachträglich so festlegt, dass seine favorisierte Hypothese gestützt wird.

Beispiel 3.22
Anküpfend an das Beispiel 3.21 bestimmen wir in Anlehnung an die eben skizzierte Vorgehensweise den p-value α'. In diesem Fall würde H_0 gerade noch nicht verworfen, wenn $c = 18,0$ ist. Die Wahrscheinlichkeit für eine Verwerfung trotz Gültigkeit von H_0 errechnet sich dann als $P(T \leq 18,0) = P(\bar{X} \leq 18,0)$ unter Verwendung der $N(19,0; \sqrt{0,2})$-Verteilung. Es ergibt sich ein Wert von $\alpha' = 0,0125$, was bedeutet, dass die Nullhypothese für alle $\alpha > 0,0125$ verworfen werden kann.

3.5 Parametrische Tests

3.5.1 Einstichprobentests

Die wichtigsten parametrischen Einstichprobentests, die für ihre Durchführung notwendigen Voraussetzungen, die Testfunktionen, deren Verteilungen sowie die Testentscheidungen fasst Tabelle 3.4 zusammen. Hierbei stehen z_α, t_α und χ^2_α für die α-Quantile der jeweiligen Testverteilungen. Diese sowie deren Parameter sind in der vorletzten Spalte zu finden. Die drei angegeben Entscheidungsregeln entsprechen in ihrer Reihenfolge den folgenden Hypothesenpaaren:

1. H_0: $\vartheta = \vartheta_0$ gegen H_1: $\vartheta \neq \vartheta_0$,
2. H_0: $\vartheta \geq \vartheta_0$ gegen H_1: $\vartheta < \vartheta_0$,
3. H_0: $\vartheta \leq \vartheta_0$ gegen H_1: $\vartheta > \vartheta_0$.

Beim Binomialtest ist zu beachten, dass es auf Grund der diskreten Testverteilung meist nicht möglich ist, das Signifikanzniveau ganz auszuschöpfen. Hier sind die kritischen Werte in den drei Fällen folgendermaßen zu bestimmen:

1. $b_{\alpha/2} = c_1$ mit $F(c_1) \leq \frac{\alpha}{2}$ und $F(c_1 + 1) > \frac{\alpha}{2}$,

   $b_{1-\alpha/2} = c_2$ mit $F(c_2 - 1) \geq 1 - \frac{\alpha}{2}$ und $F(c_2 - 2) < 1 - \frac{\alpha}{2}$,

2. $b_\alpha = c$ mit $F(c) \leq \alpha$ und $F(c+1) > \alpha$,

3. $b_{1-\alpha} = c$ mit $F(c-1) \geq 1 - \alpha$ und $F(c-2) < 1 - \alpha$.

Beispiel 3.23
In Beispiel 3.21 haben wir bereits einen Einstichprobentest konstruiert. Dieser ging von denselben Annahmen wie der Einstichproben-Gaußtest aus, d.h. es wurde unterstellt, dass die X_i normalverteilt sind mit den bekannten Parametern $\mu = 19,0$ und $\sigma^2 = 4,0$. Die Hypothesen wurden gemäß Typ 2 gewählt. Der einzige Unterschied bestand in der Wahl der Testfunktion und damit ihrer Verteilung. Führen wir den Einstichproben-Gaußtest durch, so erhalten wir einen Testfunktionswert von $\tau = \frac{18-19}{2}\sqrt{20} = -2,24$. Der kritische Wert lautet $c = -z_{0,95} = -1,6449$. Wegen $\tau < c$ wird H_0 verworfen.

3.5.2 Zweistichprobentests

Voraussetzung für die Anwendung von Zweistichprobentests ist das Vorliegen *zweier unabhängiger einfacher Stichproben* vom Umfang n_1 bzw. n_2. Die zugehörigen Stichprobenvariablen bezeichnen wir mit $X_1, \ldots, X_{n_1}$ bzw. $Y_1, \ldots, Y_{n_2}$. Mit $\bar{X}$ und S_1^2 bzw. $\bar{Y}$ und S_2^2 seien ferner die Stichprobenmittel und Stichprobenvarianzen, mit μ_1 und σ_1^2 bzw. μ_2 und σ_2^2 die Erwartungswerte und Varianzen der Zufallsvariablen X_i bzw. Y_i bezeichnet.

3.5 Parametrische Tests

Nullhypothese	Test	Voraussetzungen	$T =$	$T \sim$	Verwerfe H_0, falls
$\mu = \mu_0$	Einstichproben-Gaußtest	$X_i \sim N(\mu; \sigma)$, σ bekannt	$\dfrac{\bar{X} - \mu_0}{\sigma} \sqrt{n}$	$N(0;1)$	$\|\tau\| > z_{1-\alpha/2}$ $\tau < -z_{1-\alpha}$ $\tau > z_{1-\alpha}$
$\mu = \mu_0$	Einstichproben-t-Test	$X_i \sim N(\mu; \sigma)$, σ unbekannt	$\dfrac{\bar{X} - \mu_0}{S} \sqrt{n}$	$t(n-1)$	$\|\tau\| > t_{1-\alpha/2}$ $\tau < -t_{1-\alpha}$ $\tau > t_{1-\alpha}$
$\mu = \mu_0$	Approximativer Einstichproben-Gaußtest	X_i beliebig verteilt, $n > 30$, σ bekannt	$\dfrac{\bar{X} - \mu_0}{\sigma} \sqrt{n}$	$N(0;1)$	$\|\tau\| > z_{1-\alpha/2}$ $\tau < -z_{1-\alpha}$ $\tau > z_{1-\alpha}$
$\mu = \mu_0$	Approximativer Einstichproben-Gaußtest	X_i beliebig verteilt, $n > 30$, σ unbekannt	$\dfrac{\bar{X} - \mu_0}{S} \sqrt{n}$	$N(0;1)$	$\|\tau\| > z_{1-\alpha/2}$ $\tau < -z_{1-\alpha}$ $\tau > z_{1-\alpha}$
$p = p_0$	Approximativer Einstichproben-Gaußtest	$X_i \sim B(1;p)$, $5 \leq \Sigma x_i \leq n-5$	$\dfrac{\bar{X} - p_0}{\sqrt{p_0(1-p_0)}} \sqrt{n}$	$N(0;1)$	$\|\tau\| > z_{1-\alpha/2}$ $\tau < -z_{1-\alpha}$ $\tau > z_{1-\alpha}$
$p = p_0$	Binomialtest	$X_i \sim B(1;p)$	$\sum_{i=1}^{n} X_i$	$B(n; p_0)$	$\tau \leq b_{\alpha/2} \lor \tau \geq b_{1-\alpha/2}$ $\tau \leq b_{\alpha}$ $\tau \geq b_{1-\alpha}$
$\sigma^2 = \sigma_0^2$	χ^2-Test für die Varianz	$X_i \sim N(\mu; \sigma)$	$\dfrac{(n-1)S^2}{\sigma_0^2}$	$\chi^2(n-1)$	$\tau < \chi^2_{\alpha/2} \lor \tau > \chi^2_{1-\alpha/2}$ $\tau < \chi^2_{\alpha}$ $\tau > \chi^2_{1-\alpha}$

Tabelle 3.4: Überblick über wichtige Einstichprobentests

Nullhypothese	Test	Voraussetzungen	$T =$	$T \sim$	Verwerfe H_0, falls
$\mu_1 = \mu_2$	Zweistichproben-Gaußtest	$X_i \sim N(\mu_1; \sigma_1)$, $Y_i \sim N(\mu_2; \sigma_2)$, σ_1, σ_2 bekannt	$\dfrac{\bar{X} - \bar{Y}}{\sqrt{\dfrac{\sigma_1^2}{n_1} + \dfrac{\sigma_2^2}{n_2}}}$	$N(0;1)$	$\|\tau\| > z_{1-\alpha/2}$ $\tau < -z_{1-\alpha}$ $\tau > z_{1-\alpha}$
$\mu_1 = \mu_2$	Zweistichproben-t-Test	$X_i \sim N(\mu_1; \sigma_1)$, $Y_i \sim N(\mu_2; \sigma_2)$, σ_1, σ_2 unbekannt, $\sigma_1 = \sigma_2$	$\dfrac{\bar{X} - \bar{Y}}{\sqrt{\dfrac{(n_1-1)S_1^2 + (n_2-1)S_2^2}{n_1+n_2-2} \cdot \dfrac{n_1+n_2}{n_1 \cdot n_2}}}$	$t(n_1+n_2-2)$; falls $n_1+n_2-2 > 30$: approximativ $N(0;1)$	$\|\tau\| > t_{1-\alpha/2}$ bzw. $z_{1-\alpha/2}$ $\tau < -t_{1-\alpha}$ bzw. $-z_{1-\alpha}$ $\tau > t_{1-\alpha}$ bzw. $z_{1-\alpha}$
$p_1 = p_2$	Approximativer Zweistichproben-Gaußtest	$X_i \sim B(1; p_1)$, $Y_i \sim B(1; p_2)$, $5 \leq \Sigma x_i \leq n_1 - 5$, $5 \leq \Sigma y_i \leq n_2 - 5$	$\dfrac{\bar{X} - \bar{Y}}{\sqrt{\dfrac{(\Sigma X_i + \Sigma Y_i)(n_1+n_2-\Sigma X_i - \Sigma Y_i)}{(n_1+n_2) \cdot n_1 \cdot n_2}}}$	approximativ $N(0;1)$	$\|\tau\| > z_{1-\alpha/2}$ $\tau < -z_{1-\alpha}$ $\tau > z_{1-\alpha}$
$\mu_1 = \mu_2$	Approximativer Zweistichproben-Gaußtest	X_i, Y_i beliebig verteilt, $n_1, n_2 > 30$, σ unbekannt	$\dfrac{\bar{X} - \bar{Y}}{\sqrt{\dfrac{S_1^2}{n_1} + \dfrac{S_2^2}{n_2}}}$	approximativ $N(0;1)$	$\|\tau\| > z_{1-\alpha/2}$ $\tau < -z_{1-\alpha}$ $\tau > z_{1-\alpha}$
$\sigma_1^2 = \sigma_2^2$	Zweistichproben-F-Test	$X_i \sim N(\mu_1; \sigma_1)$, $Y_i \sim N(\mu_2; \sigma_2)$	$\dfrac{S_1^2}{S_2^2}$	$f_{1-\alpha}, f_{1-\alpha/2}$ aus $F(n_1-1; n_2-1)$, $f_{1-\alpha}^*, f_{1-\alpha/2}^*$ aus $F(n_2-1; n_1-1)$	$\tau < 1/f_{1-\alpha/2}^* \vee \tau > f_{1-\alpha/2}$ $\tau < 1/f_{1-\alpha}^*$ $\tau > f_{1-\alpha}$

Tabelle 3.5: Überblick über wichtige Zweistichprobentests

3.5 Parametrische Tests

Im Rahmen von Zweistichprobentests werden diese Erwartungswerte bzw. Varianzen paarweise verglichen. Zu Grunde liegen die folgenden Hypothesenpaare:

1. H_0: $\vartheta_1 = \vartheta_2$ gegen H_1: $\vartheta_1 \neq \vartheta_2$,

2. H_0: $\vartheta_1 \geq \vartheta_2$ gegen H_1: $\vartheta_1 < \vartheta_2$,

3. H_0: $\vartheta_1 \leq \vartheta_2$ gegen H_1: $\vartheta_1 > \vartheta_2$.

Die wichtigsten Zweistichprobentests sind in Tabelle 3.5 zusammengefasst.

Beispiel 3.24
Dem Unternehmer aus Beispiel 3.16 kommen Zweifel, ob der von ihm als bekannt vorausgesetzte Erwartungswert der bisherigen Waschmittelverbrauchsmenge in Höhe von 19,0 tatsächlich richtig ist. Er zieht daher stattdessen 15 Verbrauchswerte des Vorgängerproduktes zur Überprüfung der Hypothesen heran. Auf Basis der Werte

$$20,\ 17,\ 16,\ 17,\ 19,\ 19,\ 18,\ 21,\ 16,\ 22,\ 20,\ 22,\ 18,\ 19,\ 21$$

errechnet der Hersteller eine mittlere Verbrauchsmenge des Vorgängerproduktes in Höhe von $\bar{x} = 19,0$. Des Weiteren geht er davon aus, dass die Varianz über die Zeit stabil gleich 4,0 ist und dass die Verbrauchsmengen normalverteilt sind. Zur Überprüfung des Hypothesenpaares H_0: $\mu_1 \leq \mu_2$ gegen H_1: $\mu_1 > \mu_2$ (wobei μ_1 die erwartete Verbrauchsmenge des Vorgängerproduktes bezeichnet und μ_2 diejenige des Neuproduktes) verwendet er den Zweistichproben-Gaußtest, wobei er als Signifikanzniveau 5 % festlegt. Da der nun einschlägige Testfunktionswert

$$\tau = \frac{19,0 - 18,0}{\sqrt{\frac{4,0}{15} + \frac{4,0}{20}}} = 1,46$$

nicht größer als $c = z_{0,95} = 1,6449$ ist, kann die Nullhypothese nicht verworfen werden.

In vielen Statistiksoftwarepaketen stehen zur Überprüfung von Hypothesen lediglich Zweistichproben-t-Tests zur Verfügung, die es sowohl für die eben diskutierten unabhängigen Stichproben als auch für abhängige Stichproben gibt.

Gelegentlich ist man mit *zwei verbundenen einfachen Stichproben* konfrontiert. Ein solcher Fall liegt vor, falls aus einer Grundgesamtheit eine zweidimensionale einfache Stichprobe vom Umfang n gezogen wird, d.h. wenn je Objekt genau zwei Merkmale beobachtet werden. Man behilft sich dann dadurch, dass man die Stichprobenvariablen X_i und Y_i durch Differenzenbildung in neue Stichprobenvariablen $\Delta_i = X_i - Y_i$ überführt. Die derart gebildeten Δ_i sind dann unabhängig und identisch verteilt. Sodann setzt man

$$\mu = \mu_1 - \mu_2$$

und erhält für die bisherigen Hypothesen $\mu_1 = \mu_2$ bzw. $\mu_1 \geq \mu_2$, $\mu_1 \leq \mu_2$ als Analoga $\mu = 0$, $\mu \geq 0$ und $\mu \leq 0$. Letztere entsprechen den aus Abschnitt 3.5.1 bekannten Hypothesen der Einstichprobentests mit $\mu_0 = 0$, so dass diese Signifikanztests geeignete Verfahren zur Überprüfung der Hypothesen bzgl. μ_1 und μ_2 darstellen. Da sie auf Differenzen von Merkmalausprägungen beruhen, sind sie auch unter dem Namen *Differenzentests* bekannt. Tabelle 3.6 fasst die wichtigsten Testsituationen zusammen.

Nullhypothese	Differenzentest	Voraussetzungen	$T=$	$T \sim$	Verwerfe H_0, falls
$\mu_1 = \mu_2$	Einstichproben-t-Test	$\Delta_i \sim N(\mu; \sigma)$, σ unbekannt	$T = \dfrac{\bar{\Delta}}{\sqrt{\dfrac{1}{n-1}\sum\limits_{i=1}^{n}(\Delta_i - \bar{\Delta})^2}}\sqrt{n}$	$t(n-1)$	$\|\tau\| > t_{1-\alpha/2}$ $\tau < -t_{1-\alpha}$ $\tau > t_{1-\alpha}$
$\mu_1 = \mu_2$	Approximativer Gaußtest	Δ_i beliebig verteilt, $n > 30$, σ unbekannt	$T = \dfrac{\bar{\Delta}}{\sqrt{\dfrac{1}{n-1}\sum\limits_{i=1}^{n}(\Delta_i - \bar{\Delta})^2}}\sqrt{n}$	$N(0;1)$	$\|\tau\| > z_{1-\alpha/2}$ $\tau < -z_{1-\alpha}$ $\tau > z_{1-\alpha}$
$p_1 = p_2$	Approximativer Gaußtest	$X_i \sim B(1; p_1)$, $Y_i \sim B(1; p_2)$, $5 \leq \Sigma x_i \leq n - 5$, $5 \leq \Sigma y_i \leq n - 5$	$T = \dfrac{\sum\limits_{i=1}^{n}\Delta_i}{\sqrt{\sum\limits_{i=1}^{n}\Delta_i^2}}$	$N(0;1)$	$\|\tau\| > z_{1-\alpha/2}$ $\tau < -z_{1-\alpha}$ $\tau > z_{1-\alpha}$

Tabelle 3.6: Überblick über wichtige Differenzentests

3.5 Parametrische Tests

Beispiel 3.25
Um eine weitere mögliche Veränderung im Verbraucherverhalten zu untersuchen, werden dieselben 20 Probanden wie in Beispiel 3.16 nochmals hinsichtlich ihrer durchschnittlichen Verbrauchsmengen befragt. Es ergeben sich die folgenden Ergebnisse:

13, 17, 16, 15, 21, 17, 18, 17, 17, 18, 16, 16, 20, 14, 17, 16, 19, 17, 17, 19.

Nun liegt eine verbundene Stichprobe vor, da zweimal dieselben Probanden befragt wurden. Geht man wieder von der Annahme normalverteilter Verbrauchsmengen (wie in Beispiel 3.19) aus, so bietet sich zur Überprüfung des Hypothesenpaares H_0: $\mu_1 \leq \mu_2$ gegen H_1: $\mu_1 > \mu_2$ ein Differenzentest auf der Basis des Einstichproben-t-Tests an. Der Testfunktionswert errechnet sich mit

$$\bar{\delta} = \tfrac{1}{20} \cdot [(15 - 13) + \cdots + (18 - 19)] = 1$$

gemäß

$$\tau = \frac{1}{\sqrt{\tfrac{1}{19} \cdot \{[(15 - 13) - 1]^2 + \cdots + [(18 - 19) - 1]^2\}}} \sqrt{20} = 2{,}94 \,.$$

Da der Testfunktionswert von 2,94 größer als das 95%-Quantil der $t(19)$-Verteilung, $t_{0,95} = 1{,}7291$, ist, kann die Nullhypothese zum Signifikanzniveau 5% verworfen werden.

Im Folgenden beschäftigen wir uns mit Situationen, in denen mehr als zwei unabhängige Stichproben vorliegen.

3.5.3 Varianzanalyse

Die *Varianzanalyse* (*analysis of variance*, ANOVA) zählt zur Klasse der multivariaten Verfahren, auch wenn sie im einfachsten Fall der *einfaktoriellen Varianzanalyse* noch als univariates Verfahren angesehen werden kann. Wir beginnen mit dieser univariaten Variante.

Bei Vorliegen von $r > 2$ unabhängigen Stichproben bietet sich eine Doppelindizierung der Stichprobenvariablen an. X_{ij} steht dann für die j-te Stichprobenvariable innerhalb der i-ten Stichprobe. Die Stichprobenumfänge seien $n_1, \ldots, n_r$, so dass die Gesamtzahl aller Beobachtungen durch

$$n = \sum_{i=1}^{r} n_i$$

gegeben ist. Wir unterstellen weiter, dass die Stichprobenvariablen X_{ij} jeweils einer $N(\mu_i; \sigma)$-Verteilung mit unbekanntem Erwartungswert μ_i und unbekannter, aber für alle r Stichproben identischer Varianz σ^2 entstammen. In dieser Situation soll das Hypothesenpaar

H_0: $\mu_1 = \mu_2 = \cdots = \mu_r = \mu$ gegen
H_1: mindestens zwei der μ_i sind verschieden

getestet werden. Zur Herleitung einer geeigneten Testfunktion benötigen wir die Stichprobenmittel der einzelnen Messreihen

$$\bar{X}_i = \frac{1}{n_i} \sum_{j=1}^{n_i} X_{ij}$$

sowie das Gesamtmittel aller Messwerte

$$\bar{X}_{\text{ges}} = \frac{1}{n} \sum_{i=1}^{r} n_i \bar{X}_i \,.$$

Ferner nutzen wir aus, dass zwischen den Quadratsummen

$$SSG = \sum_{i=1}^{r} \sum_{j=1}^{n_i} (X_{ij} - \bar{X}_{\text{ges}})^2, \quad SSE = \sum_{i=1}^{r} n_i (\bar{X}_i - \bar{X}_{\text{ges}})^2, \quad SSI = \sum_{i=1}^{r} \sum_{j=1}^{n_i} (X_{ij} - \bar{X}_i)^2$$

der folgende unter dem Namen *Quadratsummenzerlegung* bekannte Zusammenhang besteht:

$$SSG = SSE + SSI.$$

SSG (*grand sum of squares*) bezeichnet dabei die Summe aller quadratischen Abweichungen vom Gesamtmittelwert, *SSE* (*external sum of squares*) die Summe der quadratischen Abweichungen zwischen den Messreihen und *SSI* (*internal sum of squares*) die Summe der quadratischen Abweichungen von den Mittelwerten in den einzelnen Messreihen.

Beispiel 3.26
Ein Süßwarenhersteller plant die Neueinführung des Schokoriegels „Creamy". In diesem Rahmen soll eine Werbeagentur drei verschiedene ansprechende Verpackungsdesigns entwerfen. Im Anschluss daran soll mittels Produkttests untersucht werden, ob die verschiedenen Designs zu verschiedenen Preiseinschätzungen bei den Verbrauchern führen. Dazu werden 30 Probanden aus der Zielgruppe ausgewählt und nach ihrer Preiseinschätzung befragt. Man erhält die folgenden Antworten (in Cent):

Design	Geschlecht									
	weiblich					männlich				
1	60	65	65	60	70	60	70	75	60	65
2	55	60	65	65	55	50	60	70	65	55
3	65	70	75	65	65	70	75	70	70	75

Zunächst soll der Einfluss des Designs auf die Preiseinschätzung untersucht werden. Dazu berechnen wir die Klassenmittelwerte $\bar{x}_1 = 65$, $\bar{x}_2 = 60$ und $\bar{x}_3 = 70$ sowie den Gesamtmittelwert $\bar{x}_{\text{ges}} = 65$. Die Gesamtsumme der quadratischen Abweichungen, also die Realisation von *SSG*, beträgt $ssg = 1\,250$. Abschließend bestimmen wir noch die Realisation von *SSE* gemäß

$$sse = 10 \cdot (65 - 65)^2 + 10 \cdot (60 - 65)^2 + 10 \cdot (70 - 65)^2 = 500$$

und damit $ssi = ssg - sse = 1\,250 - 500 = 750$.

Unter der Gültigkeit der Nullhypothese ist die Prüfgröße

$$\boxed{T = \frac{(n-r) \cdot SSE}{(r-1) \cdot SSI}}$$

$F(r-1; n-r)$-verteilt. Dies lässt sich wie folgt begründen: Bei Gültigkeit von H_0 sind alle Stichprobenvariablen X_{ij} gemäß $N(\mu; \sigma)$ verteilt. Folglich gilt $\bar{X}_i \sim N(\mu; \sigma/\sqrt{n_i})$. Betrachten wir die Prüfgröße

$$T = \frac{(n-r) \cdot SSE}{(r-1) \cdot SSI} = \frac{(n-r) \cdot \sum_{i=1}^{r} n_i (\bar{X}_i - \bar{X}_{\text{ges}})^2}{(r-1) \cdot \sum_{i=1}^{r} \sum_{j=1}^{n_i} (X_{ij} - \bar{X}_i)^2} = \frac{\frac{1}{r-1} \sigma^2 \sum_{i=1}^{r} \left(\frac{\bar{X}_i - \bar{X}_{\text{ges}}}{\sigma/\sqrt{n_i}}\right)^2}{\frac{1}{n-r} \sigma^2 \sum_{i=1}^{r} \sum_{j=1}^{n_i} \left(\frac{X_{ij} - \bar{X}_i}{\sigma}\right)^2},$$

3.5 Parametrische Tests

so können wir sehen, dass im Zähler wie Nenner hinter den Summenzeichen quadrierte $N(0;1)$-verteilte Zufallsvariablen stehen. Damit sind die Summen $\chi^2(r-1)$- bzw. $\chi^2(n-r)$-verteilt. Kürzt man nun noch σ^2 in Zähler und Nenner, so folgt die angegebene F-Verteilung für die Prüfgröße unmittelbar. Da die $\bar{X}_i$ erwartungstreu für μ_i sind, ist unter Gültigkeit von H_0 ein kleiner Wert von SSE und mithin auch ein kleiner Testfunktionswert zu erwarten. Folglich wird die Nullhypothese H_0 genau dann zum Signifikanzniveau α verworfen, wenn die Realisation von T größer als das $(1-\alpha)$-Quantil der $F(r-1;n-r)$-Verteilung ist.

Beispiel 3.27
Auf der Basis der im vorigen Beispiel berechneten Quadratsummen erhalten wir den folgenden Testfunktionswert:
$$\tau = \frac{(30-3)\cdot 500}{(3-1)\cdot 750} = 9.$$
Nun prüfen wir zum Signifikanzniveau 5 %, ob das Design einen Einfluss auf die Preiseinschätzung ausübt. Da das benötigte 95 %-Quantil der $F(2;27)$-Verteilung nicht vertafelt vorliegt, lesen wir in der Tabelle A.7 die benachbarten Quantile ab. Verglichen mit $f_{0,95} = 3{,}49$ aus der $F(2;20)$-Verteilung und $f_{0,95} = 3{,}32$ aus der $F(2;30)$-Verteilung ist $\tau = 9{,}0$ sogar größer als das 95 %-Quantil der $F(2;30)$-Verteilung, weswegen wir die Nullhypothese verwerfen und den vermuteten Einfluss des Designs auf die Preiseinschätzung bestätigen.

Anwendungen der Varianzanalyse z.B. in der Agrarwissenschaft, der Medizin, der Biologie und im Marketing laufen in der Regel folgendermaßen ab: Die Untersuchungsobjekte werden zufällig in mehrere Gruppen eingeteilt und diese Gruppen verschiedenen Behandlungen (*treatments*) ausgesetzt. Mithilfe der Varianzanalyse soll dann geklärt werden, ob die Behandlungsarten zu unterschiedlichen Ergebnissen führen. Unter diesem Gesichtspunkt rekapitulieren wir im Folgenden das Modell der Varianzanalyse.

Bislang sind wir davon ausgegangen, dass die X_{ij} jeder Messreihe ein und derselben Normalverteilung entstammen und dass damit ihre Realisationen zufällig mit der unbekannten Varianz σ^2 um μ_i schwanken. Dies entspricht dem Modell $X_{ij} = \mu_i + U_{ij}$ mit $U_{ij} \sim N(0;\sigma)$. Nun führen wir die folgende Reparametrisierung durch:
$$X_{ij} = \mu + \alpha_i + U_{ij} \quad \text{mit} \quad \alpha_1 + \cdots + \alpha_r = 0.$$

Wir nehmen also an, dass jede der r Behandlungen zu einem differenziellen Effekt α_i als Abweichung vom Gesamtmittel μ führt. Diese Effekte werden noch durch einen zufälligen Fehler $U_{ij} \sim N(0;\sigma)$ überlagert. SSE gibt damit denjenigen Teil der Gesamtstreuung SSG an, der durch die Behandlungseffekte erklärt werden kann, während SSI die durch das Modell nicht erklärbare Reststreuung beziffert. Wir können damit das einschlägige Hypothesenpaar auch wie folgt formulieren:
$$H_0: \alpha_1 = \alpha_2 = \cdots = \alpha_r = 0 \quad \text{gegen} \quad H_1: \text{mindestens ein } \alpha_i \text{ ist } \neq 0.$$

Im Folgenden soll überlegt werden, wie ein Modell für mehrere verschiedene Behandlungskomponenten (*Faktoren*) aussehen könnte. Um die Notation überschaubar zu halten, gehen wir dabei von gleich langen Messreihen der Länge m aus. Einerseits kann jeder dieser Faktoren durch seine verschiedenen Behandlungseffekte zu Abweichungen vom Gesamtmittel μ führen. Darüber hinaus ist denkbar, dass sich unterschiedliche Behandlungsarten, die so genannten *Faktorstufen*, verschiedener Faktoren gegenseitig verstärken oder kompensieren. Wir nennen solche Einwirkungen der Faktoren aufeinander *Wechselwirkungseffekte*. Ein Modell für zwei Faktoren A, B, die *zweifaktorielle Varianzanalyse*, nimmt somit die folgende Gestalt an:

$$X_{ijk} = \mu + \alpha_i + \beta_j + (\alpha\beta)_{ij} + U_{ijk}$$

mit $i = 1, \ldots, r$, $j = 1, \ldots, p$, $k = 1, \ldots, m$ sowie $U_{ijk} \sim N(0; \sigma)$. Die Varianz σ^2 sei wieder für alle Messreihen gleich und es gelte

$$\alpha_1 + \cdots + \alpha_r = 0,$$
$$\beta_1 + \cdots + \beta_p = 0,$$
$$(\alpha\beta)_{i1} + \cdots + (\alpha\beta)_{ip} = 0 \quad \text{für alle} \quad i = 1, \ldots, r$$

sowie $(\alpha\beta)_{1j} + \cdots + (\alpha\beta)_{rj} = 0 \quad \text{für alle} \quad j = 1, \ldots, p$.

Von Interesse sind die folgenden Hypothesenpaare:

1. H_0: alle α_i sind $= 0$ gegen H_1: mindestens ein α_i ist $\neq 0$.
   („Geht ein signifikanter Einfluss von Faktor A aus?")

2. H_0: alle β_j sind $= 0$ gegen H_1: mindestens ein β_j ist $\neq 0$.
   („Geht ein signifikanter Einfluss von Faktor B aus?")

3. H_0: alle $(\alpha\beta)_{ij}$ sind $= 0$ gegen H_1: mindestens ein $(\alpha\beta)_{ij}$ ist $\neq 0$.
   („Gibt es signifikante Wechselwirkungen zwischen den Faktoren A und B?")

Als Schätzer für die Modellgrößen μ, α_i, β_j und $(\alpha\beta)_{ij}$ erhalten wir:

$$\hat{M} = \bar{X}_{\text{ges}}, \quad \hat{A}_i = \bar{X}_{i\cdot} - \hat{M}, \quad \hat{B}_j = \bar{X}_{\cdot j} - \hat{M}, \quad \widehat{(AB)}_{ij} = \bar{X}_{ij} - \hat{A}_i - \hat{B}_j - \hat{M}$$

$$\text{mit} \quad \bar{X}_{\text{ges}} = \frac{1}{rpm} \sum_{i=1}^{r} \sum_{j=1}^{p} \sum_{k=1}^{m} X_{ijk}, \quad \bar{X}_{i\cdot} = \frac{1}{rm} \sum_{i=1}^{r} \sum_{k=1}^{m} X_{ijk},$$

$$\bar{X}_{ij} = \frac{1}{m} \sum_{k=1}^{m} X_{ijk}, \quad \bar{X}_{\cdot j} = \frac{1}{pm} \sum_{j=1}^{p} \sum_{k=1}^{m} X_{ijk}.$$

Bei diesem Modell gilt folgende Quadratsummenzerlegung:

$$SSG = \underbrace{SSA + SSB + SS(AB)}_{= SSE} + SSI.$$

Dabei bezeichnet SSG wieder die Gesamtabweichung, SSA die durch Faktor A erklärte, SSB die durch Faktor B erklärte, $SS(AB)$ die durch beide Faktoren gemeinsam erklärte und SSI die durch keinen der beiden Faktoren erklärte Streuung, jeweils ausgedrückt als Quadratsumme. Auf Basis dieser Größen erhält man das in der an Hartung et al. (2009) angelehnten Tabelle 3.7 zusammengestellte Varianzanalysetableau oder kurz *ANOVA-Tableau*, deren erste drei Zeilen die Tests für die oben formulierten Hypothesenpaare beschreiben. Als kritischer Wert ist jeweils das $(1 - \alpha)$-Quantil der in der letzten Spalte angegebenen F-Verteilung zu verwenden und H_0 zu verwerfen, falls die Realisation von T dieses übersteigt.

3.5 Parametrische Tests

Beispiel 3.28
Der Süßwarenhersteller aus Beispiel 3.26 vermutet neben dem Verpackungsdesign (Faktor A) als weiteren die Preiseinschätzung beeinflussenden Faktor B das Geschlecht der Probanden. Wir führen daher eine zweifaktorielle Varianzanalyse durch, wobei $ssg = 1\,250$ und $ssa = 500$ bereits bekannt sind. Zur Berechnung der fehlenden Quadratsummen ermitteln wir zunächst die Gruppenmittelwerte:

	Geschlecht	
Design	weiblich	männlich
1	64	66
2	60	60
3	68	72

Mithilfe dieser Zahlen errechnet man

$$ssb = 15 \cdot (64 - 65)^2 + 15 \cdot (66 - 65)^2 = 30,$$
$$ss(ab) = 5 \cdot [(64 - 0 + 1 - 65)^2 + \cdots + (72 - 5 - 1 - 65)^2] = 20,$$
$$ssi = ssg - ssa - ssb - ss(ab) = 1\,250 - 500 - 30 - 20 = 700$$

sowie

$$msa = \frac{500}{3-1} = 250, \qquad msb = \frac{30}{2-1} = 30,$$
$$ms(ab) = \frac{20}{(3-1)\cdot(2-1)} = 10, \quad msi = \frac{700}{2 \cdot 3 \cdot (5-1)} = 29{,}17$$

und daraus die Prüfgrößen

$$\frac{msa}{msi} = \frac{250}{29{,}17} = 8{,}57, \quad \frac{msb}{msi} = \frac{30}{29{,}17} = 1{,}03, \quad \frac{ms(ab)}{msi} = \frac{10}{29{,}17} = 0{,}34.$$

Da die 95 %-Quantile der $F(2;24)$- bzw. $F(1;24)$-Verteilung nicht vertafelt sind, müssen wir wie zuvor mit in der Tabelle benachbarten Werten arbeiten. Hierbei genügt es zu sehen, dass die vertafelten 95 %-Quantile der $F(2;30)$- bzw. $F(1;30)$-Verteilung bereits größer als die jeweiligen Testfunktionswerte sind. Da für festes m die Quantile der $F(m;n)$-Verteilung mit wachsendem n abnehmen, sind die 95 %-Quantile der $F(2;24)$- bzw. $F(1;24)$-Verteilung ebenfalls größer als die jeweiligen Testfunktionswerte. Somit kann weder ein signifikanter Einfluss des Geschlechts noch ein signifikanter Wechselwirkungseffekt nachgewiesen werden. Der Einfluss des Designs auf die Preiseinschätzung bleibt weiterhin signifikant, d.h. es ergibt sich diesbezüglich keine Änderung zum Ergebnis aus Beispiel 3.27.

Effekt	Quadratsumme	Mittlere Quadratsumme	$T=$	$T \sim$
Faktor A	$SSA = pm \sum_{i=1}^{r} \hat{A}_i^2$	$MSA = \dfrac{SSA}{r-1}$	$\dfrac{MSA}{MSI}$	$F(r-1;\, pr(m-1))$
Faktor B	$SSB = rm \sum_{j=1}^{p} \hat{B}_j^2$	$MSB = \dfrac{SSB}{p-1}$	$\dfrac{MSB}{MSI}$	$F(p-1;\, pr(m-1))$
Wechselwirkung	$SS(AB) = m \sum_{i=1}^{r} \sum_{j=1}^{p} \widehat{(AB)}_{ij}^2$	$MS(AB) = \dfrac{SS(AB)}{(r-1)(p-1)}$	$\dfrac{MS(AB)}{MSI}$	$F((r-1)(p-1);\, pr(m-1))$
Fehler	$SSI = SSG - SSA - SSB - SS(AB)$	$MSI = \dfrac{SSI}{pr(m-1)}$		
Gesamt	$SSG = \sum_{i=1}^{r} \sum_{j=1}^{p} \sum_{k=1}^{m} (X_{ijk} - \bar{X}_{\text{ges}})^2$			

Tabelle 3.7: Tableau für die zweifaktorielle Varianzanalyse

3.6 Nichtparametrische Tests

In diesem Abschnitt besprechen wir einige ausgewählte Vertreter aus der Klasse der *nichtparametrischen* oder *verteilungsfreien Testverfahren*. Aus Platzgründen beschränken wir uns auf einen Auszug aus der großen Menge dieser Tests, behandeln sie aber im Vergleich zu den parametrischen Tests ausführlicher. Viele nichtparametrische Testverfahren beruhen auf so genannten *Rangstatistiken*, weshalb wir diese zunächst kurz erläutern. Der *Rang* $R_{X_i} = R(X_i)$ einer vom Stichprobenumfang n unabhängigen, beliebig stetig verteilten Stichprobenvariablen X_i (mit $i = 1, \ldots, n$) ist selbst eine Zufallsvariable, deren Realisation r_{x_i} einen Wert aus $\{1, \ldots, n\}$ annimmt. Ränge besitzen folgende Eigenschaften:

- $P(R_{X_i} = r_{x_i}) = \frac{1}{n}$ für alle $r_{x_i} \in \{1, \ldots, n\}$,

- $P(R_{X_1} = r_{x_1}, \ldots, R_{X_n} = r_{x_n}) = \frac{1}{n!}$ für alle Permutationen $r_{x_1}, \ldots, r_{x_n}$ von $1, \ldots, n$,

- $E(R_{X_i}) = \frac{n+1}{2}$,

- $\text{Var}(R_{X_i}) = \frac{n^2-1}{12}$.

Sind die Stichprobenvariablen nicht stetig verteilt, so kann es vorkommen, dass zwei Zufallsvariablen X_i und X_j dieselbe Realisation x annehmen. Mit diesem uns bereits als *Bindungsproblem* bekannten Phänomen ist man in der Praxis auf Grund von Messungenauigkeiten auch bei stetigen Zufallsvariablen konfrontiert. Aus Vereinfachungsgründen gehen wir jedoch im Folgenden davon aus, dass keine Bindungen vorliegen.

Bei der Formulierung der Nullhypothese unterscheidet man generell, ob sie sich auf einen Vergleich zweier Verteilungen, wie z.B. $F(x) = F_0(x)$, oder auf einen Vergleich von Werten eines Verteilungsparameters, wie z.B. $x_{\text{med}} = x_{\text{med}}^0$, bezieht. Wir beginnen mit dem Wilcoxon-Vorzeichen-Rangtest für den Median, der nach dem Chemiker Frank Wilcoxon (1892–1965) benannt ist.

3.6.1 Wilcoxon-Vorzeichen-Rangtest

Der Median x_{med} ist ein Verteilungsparameter, der keinerlei Annahmen über die konkrete Gestalt der Verteilung benötigt. Getestet werden die folgenden Hypothesenpaare:

1. $H_0: x_{\text{med}} = x_{\text{med}}^0$ gegen $H_1: x_{\text{med}} \neq x_{\text{med}}^0$,

2. $H_0: x_{\text{med}} \geqq x_{\text{med}}^0$ gegen $H_1: x_{\text{med}} < x_{\text{med}}^0$,

3. $H_0: x_{\text{med}} \leqq x_{\text{med}}^0$ gegen $H_1: x_{\text{med}} > x_{\text{med}}^0$.

Vorausgesetzt wird, dass die Stichprobenvariablen $X_1, \ldots, X_n$ unabhängig und identisch verteilt sind und die Verteilung der X_i stetig und symmetrisch um den Median ist. Mithilfe der Abweichungen $D_i = X_i - x_{\text{med}}^0$ vom hypothetischen Median formulieren wir die Prüfgröße

$$W^+ = \sum_{i=1}^{n} V_i \cdot R_{|D_i|}$$

wobei $R_{|D_i|}$ den Rang von $|D_i|$ bezeichnet und

$$V_i = \begin{cases} 1, & \text{falls } D_i > 0 \\ 0, & \text{falls } D_i < 0 \end{cases}$$

die Vorzeichenfunktion für die Abweichungen vom hypothetischen Median darstellt. Bei Gültigkeit der Nullhypothese H_0: $x_{\text{med}} = x_{\text{med}}^0$ ist W^+ symmetrisch um den Erwartungswert

$$E(W^+) = E\left(\sum_{i=1}^{n} V_i \cdot R_{|D_i|}\right) = \frac{n(n+1)}{4}$$

verteilt. Die Verteilung selbst erhalten wir aus folgender kombinatorischer Überlegung, wobei w^+ die Realisation von W^+ bezeichnet, also die Rangsumme aller Beobachtungen, die größer als der hypothetische Median sind. Auf Grund der Unabhängigkeit der n Stichprobenvariablen ist die Wahrscheinlichkeit $P(W^+ = w^+)$ für eine konkrete Rangsumme w^+ gleich der Anzahl unterschiedlicher Möglichkeiten $a(w^+)$, durch Addition von Rangziffern diese Summe w^+ zu erhalten, dividiert durch die Anzahl aller (bzgl. der Summanden) unterschiedlicher Summen, die aus den Rangziffern gebildet werden können. Für letzteren Wert gilt:

$$\sum_{i=0}^{n} \binom{n}{i} = \sum_{i=0}^{n} \frac{n!}{i!(n-i)!} = 2^n.$$

Damit erhalten wir insgesamt

$$P(W^+ = w^+) = \frac{a(w^+)}{2^n}.$$

Die Bestimmung von $a(w^+)$ ist für größere n sehr aufwändig. Wir verdeutlichen deshalb das Prinzip anhand eines einfachen Beispiels.

Beispiel 3.29
Von Interesse ist die Zeitdauer, innerhalb der ein typischer Jugendlicher im Alter von 12–15 Jahren eine 100 $m\ell$-Tube der Zahnpastamarke „Crelm" verbraucht. Auf Grund von Erfahrungswerten aus der Vergangenheit vermutet der Hersteller, dass der Median 15 Wochen beträgt. Nun startet der Hersteller eine Werbekampagne mit dem Ziel, die Zahnputzhäufigkeit von Personen der Zielgruppe zu erhöhen. Insbesondere soll untersucht werden, ob die Kampagne zu einer Verhaltensveränderung geführt hat. Zu diesem Zweck wird eine Stichprobe vom Umfang $n = 5$ gezogen, die die beobachteten Zeitdauern 10, 19, 13, 12 und 21 Wochen liefert. Bildet man die Abweichungen vom hypothetischen Median 15 und vergibt basierend auf den betragsmäßigen Abweichungen Rangziffern, so resultiert:

i	1	2	3	4	5
x_i	10	19	13	12	21
d_i	-5	4	-2	-3	6
$|d_i|$	5	4	2	3	6
$r_{|d_i|}$	4	3	1	2	5
v_i	0	1	0	0	1

Daraus errechnet sich der Wert

$$w^+ = \sum_{i=1}^{5} v_i \cdot r_{|d_i|} = 0 \cdot 4 + 1 \cdot 3 + \cdots + 1 \cdot 5 = 8.$$

3.6 Nichtparametrische Tests

Diese Zahl ist die Summe der Rangziffern $r_{|d_2|} = 3$ und $r_{|d_5|} = 5$. Die gleiche Summe würde man auch erhalten, wenn man die Rangziffern $r_{|d_1|} = 4, r_{|d_2|} = 3, r_{|d_3|} = 1$ bzw. $r_{|d_3|} = 1, r_{|d_4|} = 2, r_{|d_5|} = 5$ addieren würde. Weitere Möglichkeiten, die Summe 8 zu erhalten, existieren nicht, so dass $a(8) = 3$ ist. Damit erhalten wir insgesamt die Wahrscheinlichkeit

$$P(W^+ = 8) = \frac{a(8)}{2^5} = \frac{3}{32}.$$

Die Testentscheidung lautet nun wie folgt:

Verwerfe H_0, falls $\begin{cases} \tau \leq w^+_{\alpha/2} \vee \tau \geq w^+_{1-\alpha/2} & \text{im Fall 1}, \\ \tau \leq w^+_{\alpha} & \text{im Fall 2}, \\ \tau \geq w^+_{1-\alpha} & \text{im Fall 3}, \end{cases}$

wobei als Testfunktionswert $\tau = w^+$ zu verwenden ist, w^+_α den größten ganzzahligen Wert c_1 mit $P(W^+ \leq c_1) \leq \alpha$ und $w^+_{1-\alpha}$ den kleinsten Wert c_2 mit $P(W^+ \geq c_2) \leq \alpha$ bezeichnet. Diese kritischen Werte sind in Tabelle A.8 im Anhang für $n \leq 20$ vertafelt.

Beispiel 3.30
Wir überprüfen mit den Daten des vorigen Beispiels das Hypothesenpaar

$$H_0: x_{\text{med}} \geq 15 \quad \text{gegen} \quad H_1: x_{\text{med}} < 15$$

zum Signifikanzniveau 5 %. Da der Testfunktionswert $w^+ = 8$ größer als der kritische Wert $w^+_{0,05} = 0$ ist, kann die Nullhypothese nicht verworfen werden.

Da sich zeigen lässt, dass W^+ für $n > 20$ asymptotisch normalverteilt ist und wir den Erwartungswert von W^+ sowie die Varianz

$$\text{Var}(W^+) = \frac{n(n+1)(2n+1)}{24}$$

kennen, können wir die dann approximativ standardnormalverteilte Prüfgröße

$$\boxed{T = \frac{W^+ - \frac{n(n+1)}{4}}{\sqrt{\frac{n(n+1)(2n+1)}{24}}}}$$

ermitteln und die Testentscheidung für die drei Hypothesenformulierungen 1, 2, 3 dem Einstichproben-Gaußtest (vgl. Tabelle 3.4 auf S. 71) entnehmen.

3.6.2 Wilcoxon-Rangsummentest

Im Folgenden beschäftigen wir uns mit dem Wilcoxon-Rangsummentest, einem sehr bekannten Test für zwei unabhängige Stichproben. Betrachtet werden die beiden Stichproben $X_1, \ldots, X_m$ und $Y_1, \ldots, Y_n$ zu zwei mindestens ordinal skalierten Merkmalen. Weiter sei vorausgesetzt, dass die Stichprobenvariablen $X_1, \ldots, X_m$ unabhängig und identisch verteilt mit der Verteilungsfunktion F_X sowie die $Y_1, \ldots, Y_n$ unabhängig und identisch verteilt mit der Verteilungsfunktion F_Y sind. Zu testen ist, ob die beiden Verteilungen übereinstimmen oder nicht, genauer:

$$H_0: F_Y(x) = F_X(x) \quad \text{gegen} \quad H_1: F_Y(x) = F_X(x - \vartheta) \quad \text{mit} \quad \begin{cases} \vartheta \neq 0 & \text{im Fall 1}, \\ \vartheta < 0 & \text{im Fall 2}, \\ \vartheta > 0 & \text{im Fall 3}, \end{cases}$$

für alle $x \in \mathbb{R}$. Der Wilcoxon-Rangsummen-Test ist das nichtparametrische Analogon zum Zweistichproben-t-Test und sollte diesem immer dann vorgezogen werden, wenn dessen Normalverteilungsannahme (vgl. Tabelle 3.5 auf S. 72) nicht begründbar ist.

Zur Durchführung des Tests ordnen wir die Beobachtungen beider Stichproben in einem $(m+n)$-Tupel aufsteigend an. Darüber hinaus führen wir ein Tupel $(V_1, \ldots, V_{m+n})$ ein, das angibt, welche Positionen des obigen Tupels mit Werten aus der ersten Stichprobe $X_1, \ldots, X_m$ besetzt sind. An diesen Stellen setzen wir $V_i = 1$ und ansonsten $V_i = 0$. Die auf diese Weise resultierende Folge von Binärziffern stellt die Ausgangsbasis für die weiteren Überlegungen dar. Ein Beispiel soll die Vorgehensweise verdeutlichen.

Beispiel 3.31
Eine Restaurantkette mit 25 Betrieben möchte untersuchen, ob die Anzahl der Bestellungen eines bestimmten Gerichtes von seiner Positionierung auf der Tageskarte abhängt. Dazu wird in 15 ausgewählten Restaurants das Gericht in der oberen Hälfte der Tageskarte aufgeführt und bei den restlichen zehn in der unteren. Anschließend werden die Bestellungen (in tausend) über vier Wochen registriert:

Positionierung	Bestellungen													
oben	65	68	69	70	73	74	77	78	79	82	85	86	87	88	89
unten	66	67	71	72	75	76	80	81	83	84					

Wir fassen diese 25 Zahlen zusammen, sortieren sie aufsteigend und erstellen anschließend das Tupel

$$(v_1, \ldots, v_{25}) = (1, 0, 0, 1, 1, 1, 0, 0, 1, 1, 0, 0, 1, 1, 1, 0, 0, 1, 0, 0, 1, 1, 1, 1, 1).$$

Demnach entstammt die kleinste beobachtete Anzahl Bestellungen (65) einem Restaurant der Messreihe „oben" (d.h. mit Positionierung des Gerichtes in der oberen Hälfte der Tageskarte), die zweitkleinste Anzahl Bestellungen (66) einem Restaurant der Messreihe „unten" usw.

Trifft die Nullhypothese $F_Y(x) = F_X(x)$ für alle $x \in \mathbb{R}$ zu, so sind offenkundig

$$\mathrm{E}(V_i) = \frac{m}{m+n} \quad \text{und} \quad \mathrm{Var}(V_i) = \frac{mn}{(m+n)^2}.$$

Der Wilcoxon-Rangsummentest verwendet – wie es sein Name bereits andeutet – als Testfunktion die Summe der Rangziffern der Stichprobenvariablen der ersten Stichprobe $X_1, \ldots, X_m$ im gemeinsam geordneten $(m+n)$-Tupel aller Beobachtungen, also $W = R_{X_1} + \cdots + R_{X_m}$. Mithilfe der V_i kann diese Größe auch wie folgt formuliert werden:

$$\boxed{W = \sum_{i=1}^{m+n} i V_i}$$

Wie man leicht nachrechnen kann, sind

$$\mathrm{E}(W) = \frac{m(m+n+1)}{2} \quad \text{und} \quad \mathrm{Var}(W) = \frac{mn(m+n+1)}{12}.$$

Die exakte Verteilung von W lässt sich wieder aus kombinatorischen Überlegungen erschließen: Es gibt genau $\binom{m+n}{n}$ verschiedene Tupel $(v_1, \ldots, v_{m+n})$, die bei Gültigkeit der Nullhypothese alle gleich wahrscheinlich sind. Ermitteln wir nun die Anzahl $a(w)$ der Rangkombinationen für $X_1, \ldots, X_m$, deren Summe gleich w ist, so kennen wir auch die Wahrscheinlichkeit

$$P(W = w) = \frac{a(w)}{\binom{m+n}{n}}.$$

Da für große bzw. kleine Testfunktionswerte $F_X(x) < F_Y(x)$ bzw. $F_X(x) > F_Y(x)$ und damit $\vartheta < 0$ bzw. $\vartheta > 0$ zu vermuten ist, lautet die Testentscheidung für die Fälle 1, 2, 3 wie folgt:

$$\text{Verwerfe } H_0, \text{ falls } \begin{cases} w \leq w_{\alpha/2} \vee w \geq w_{1-\alpha/2} & \text{im Fall 1,} \\ w \geq w_{1-\alpha} & \text{im Fall 2,} \\ w \leq w_\alpha & \text{im Fall 3,} \end{cases}$$

wobei die kritischen Werte für das Signifikanzniveau α, w_α, in der Tabelle A.9 im Anhang nachgeschlagen werden können. Dabei ist folgender Zusammenhang auszunutzen:

$$w_{1-\alpha} = m \cdot (m + n + 1) - w_\alpha.$$

Beispiel 3.32
Wir greifen das letzte Beispiel auf und bestimmen zunächst den Testfunktionswert

$$w = 1 + 4 + \cdots + 25 = 210.$$

Die Restaurantkette will die Hypothese „Die Anzahl der Bestellungen bei einer Positionierung in der oberen Hälfte der Tageskarte ist größer als bei einer Positionierung in der unteren" stützen, wählt diese daher als Gegenhypothese und überprüft mithin das Hypothesenpaar 2. Legt man ferner als Signifikanzniveau 5 % zu Grunde, so erhält man den kritischen Wert $w_{0,95} = 15 \cdot (15 + 10 + 1) - w_{0,05} = 390 - 164 = 226$. Da dieser größer als $w = 210$ ist, kann die Nullhypothese nicht verworfen werden.

Da der Rechenaufwand mit wachsenden m, n enorm ansteigt, empfiehlt es sich, falls m oder n größer als 25 ist, die transformierte asymptotisch standardnormalverteilte Testgröße

$$\boxed{T = \frac{W - \dfrac{m(m+n+1)}{2}}{\sqrt{\dfrac{mn(m+n+1)}{12}}}}$$

zu verwenden. Dann lautet die Testentscheidung wie folgt:

$$\text{Verwerfe } H_0, \text{ falls } \begin{cases} |\tau| > z_{1-\alpha/2} & \text{im Fall 1,} \\ \tau > z_{1-\alpha} & \text{im Fall 2,} \\ \tau < -z_{1-\alpha} & \text{im Fall 3.} \end{cases}$$

Häufig wird an Stelle des Wilcoxon-Rangsummentests der *Mann-Whitney-U-Test* eingesetzt. Da W und die Teststatistik U des Mann-Whitney-U-Tests mithilfe der linearen Transformation

$$U = W - \frac{m(m+1)}{2}$$

ineinander überführt werden können, verlaufen beide Tests analog. Wir verzichten deshalb auf eine ausführlichere Diskussion des Mann-Whitney-U-Tests und verweisen den interessierten Leser auf die einschlägige Literatur, wie z.B. Hollander/Wolfe (1999).

3.6.3 Vorzeichentest

Der Vorzeichentest setzt das Vorliegen zweier einfacher Stichproben $X_1, \ldots, X_n$ bzw. $Y_1, \ldots, Y_n$ zu den Merkmalen X bzw. Y voraus. Ob die beiden Stichproben verbunden oder unabhängig sind, ist dabei nicht von Belang. Die Stichprobenumfänge müssen jedoch übereinstimmen. Darüber hinaus wird vorausgesetzt, dass X und Y mindestens ordinal skaliert sind. Im Falle ordinal skalierter Merkmale wertet der Vorzeichentest die Anzahl der Beobachtungspaare (x_i, y_i) mit $x_i > y_i$ aus und bei kardinal skalierten Daten die Anzahl der Differenzen $x_i - y_i$ mit positivem Vorzeichen. Dies erklärt auch seinen Namen. Getestet werden die folgenden Hypothesenpaare:

1. H_0: $P(X > Y) = P(X < Y)$ gegen H_1: $P(X > Y) \neq P(X < Y)$,
2. H_0: $P(X > Y) \geq P(X < Y)$ gegen H_1: $P(X > Y) < P(X < Y)$,
3. H_0: $P(X > Y) \leq P(X < Y)$ gegen H_1: $P(X > Y) > P(X < Y)$.

Da das Ereignis $X = Y$ hierbei nicht berücksichtigt wird, sind gegebenenfalls vorliegende Paare (x_i, y_i) mit $x_i = y_i$ aus den Stichproben zu entfernen und n um die Anzahl derartiger Paare zu reduzieren. Mithilfe der Vorzeichenfunktion

$$V_i = \begin{cases} 1, & \text{falls } X_i > Y_i \\ 0, & \text{falls } X_i < Y_i \end{cases}$$

können wir dann die Prüfgröße

$$T = \sum_{i=1}^{n} V_i$$

formulieren, die die Anzahl der Paare mit $x_i > y_i$ zählt. Da die Zufallsvariablen V_i offenkundig unabhängig und identisch $B(1; p)$-verteilt sind, wobei $p = P(X_i > Y_i)$ ist, gilt $T \sim B(n; p)$. Trifft die Nullhypothese zu, so ist $p = \frac{1}{2}$. Damit ist der Vorzeichentest ein spezieller Binomialtest angewandt auf $V_1, \ldots, V_n$ mit $p_0 = \frac{1}{2}$. Es ergibt sich die folgende Testentscheidung:

Verwerfe H_0, falls $\begin{cases} \tau \leq b_{\alpha/2} \vee \tau \geq n - b_{\alpha/2} & \text{im Fall 1}, \\ \tau \leq b_\alpha & \text{im Fall 2}, \\ \tau \geq n - b_\alpha & \text{im Fall 3}. \end{cases}$

Die benötigten kritischen Werte $b_{\alpha/2}$ bzw. b_α sind der $B(n; \frac{1}{2})$-Verteilung zu entnehmen. Da es sich bei der Binomialverteilung um eine diskrete Verteilung handelt, sind diese Werte analog zur Vorgehensweise auf S. 70 zu bestimmen, wobei die für $p = \frac{1}{2}$ gültige Symmetrieeigenschaft $b_{1-\alpha} = n - b_\alpha$ ausgenutzt werden kann.

Beispiel 3.33
Ein Automobilhersteller möchte untersuchen, ob die Einführung eines neuen Spitzenmodells, das auch als Technologieträger vermarktet wird, sich auf den Absatz seiner Mittelklassewagen positiv auswirkt. Er beobachtet zu diesem Zweck die folgenden monatlichen Absatzzahlen der Mittelklassewagen x_i in den zehn Monaten vor und y_i in den zehn Monaten nach der Einführung des neuen Spitzenmodells:

	Absatzzahlen									
x_i	3 200	1 200	485	2 100	685	1 120	470	760	980	2 650
y_i	3 600	1 230	480	2 250	690	1 020	390	810	995	2 820
v_i	0	0	1	0	0	1	1	0	0	0

Die letzte Zeile der Tabelle enthält die jeweils resultierenden Werte v_i der Vorzeichenfunktion. Addiert man diese, so erhält man den Testfunktionswert

$$\tau = 0 + 0 + 1 + 0 + 0 + 1 + 1 + 0 + 0 + 0 = 3.$$

Der Hersteller will nachweisen, dass der Kleinwagenabsatz gestiegen ist und legt deshalb dem Test das Hypothesenpaar 2 zu Grunde. Als Signifikanzniveau wählt er 10 %. Das benötigte 10 %-Quantil der $B(10; \frac{1}{2})$-Verteilung ist zwar nicht eindeutig bestimmbar. Da aber $F(2) = 0{,}0547 < 0{,}1$ und $F(3) = 0{,}1719 > 0{,}1$ sind, führt ein Testfunktionswert von $\tau = 3$ nicht zu einer Verwerfung der Nullhypothese.

Der Vorzeichentest ist eines der gebräuchlichsten Analoga zu den Differenzentests (vgl. Tabelle 3.6 auf S. 74). Für Differenzen $X_i - Y_i$, die einer stetigen und um den Median symmetrischen Verteilung entstammen, lässt sich alternativ zum Vorzeichentest auch der Wilcoxon-Vorzeichen-Rangtest (vgl. Abschnitt 3.6.1) anwenden. In den dort formulierten Hypothesen setzt man dann $x_{\text{med}}^0 = 0$ und ersetzt die Differenzen D_i zum hypothetischen Median durch die Differenzen $X_i - Y_i$. Da dieser Test auf den Rangziffern der Differenzen basiert, findet das Ausmaß – und nicht nur die Richtung – der Abweichungen Berücksichtigung. Er ist deshalb insbesondere bei größeren Stichprobenumfängen dem Vorzeichentest vorzuziehen. Daneben existieren noch weitere Gründe für den Wilcoxon-Vorzeichen-Rangtest. Auf diese gehen wir jedoch nicht näher ein und verweisen den interessierten Leser beispielsweise auf Büning/Trenkler (1994).

Wir haben damit nichtparametrische Analoga sowohl zu den Einstichproben- als auch zu den Zweistichprobentests kennen gelernt. Anschließend wenden wir uns nun der Klasse der Unabhängigkeitstests zu.

3.6.4 Korrelationstest

Im Kapitel zur deskriptiven Statistik haben wir bereits den Rangkorrelationskoeffizienten von Spearman

$$r_s = 1 - \frac{6 \sum_{i=1}^{n} (r_{x_i} - r_{y_i})^2}{(n-1)n(n+1)}$$

kennen gelernt. Dieser basiert auf den Rangnummern r_{x_i} bzw. r_{y_i}, welche den beobachteten Ausprägungen x_i bzw. y_i der Merkmale X bzw. Y zugeordnet wurden. Im Folgenden interpretieren wir die Messreihen $x_1, \ldots, x_n$ bzw. $y_1, \ldots, y_n$ als Ergebnisse zweier verbundener Stichproben zu X bzw. Y und r_{x_i} bzw. r_{y_i} als Realisationen der zugehörigen Rangstatistiken. Überprüft werden soll, ob die beiden Merkmale X und Y in der relevanten Grundgesamtheit korreliert sind, also

H_0: X und Y sind unkorreliert   gegen H_1: X und Y sind korreliert.

Eine geeignete Teststatistik zu diesem Hypothesenpaar ist der Rangkorrelationskoeffizient, nun interpretiert als Stichprobenfunktion R_s. Seine Verteilung ergibt sich wieder aus elementaren kombinatorischen Überlegungen, auf die wir aber nicht näher eingehen wollen. Nimmt die Realisation von R_s betragsmäßig große Werte an, so ist die Gültigkeit der Nullhypothese infrage zu stellen. Für $|r_s| \geq r_{\text{krit}}$ kann die Nullhypothese abgelehnt werden. Die kritischen Werte r_{krit} zum Signifikanzniveau α können für $4 \leq n \leq 10$ der Tabelle 3.8 entnommen werden.

n	$\alpha =$				
	0,01	0,02	0,05	0,10	0,20
4	–	–	–	1,0000	1,0000
5	–	1,0000	1,0000	0,9000	0,8000
6	1,0000	0,9429	0,8857	0,8286	0,6571
7	0,9286	0,8929	0,7857	0,7143	0,6071
8	0,8810	0,8333	0,7381	0,6429	0,5238
9	0,8333	0,7833	0,7000	0,6000	0,4833
10	0,7939	0,7455	0,6485	0,5636	0,4545

Tabelle 3.8: Kritische Werte für den Korrelationstest

Beispiel 3.34
Ein Hersteller von Vollwertprodukten vermutet, dass ein Zusammenhang zwischen der Sportlichkeit von Verbrauchern und ihren Ernährungsgewohnheiten besteht. Um diesen Zusammenhang zu untersuchen, bittet er zehn Probanden, sich selbst auf einer Skala von -5 bis $+5$ hinsichtlich ihrer Sportlichkeit (Merkmal X) und bzgl. der Ausgewogenheit ihrer Ernährung (Merkmal Y) einzustufen. Die beobachteten Werte sowie die zugehörigen Rangnummern sind:

Selbsteinschätzungen										
x_i	-2	4	3	0	-3	5	-4	-1	1	2
r_{x_i}	8	2	3	6	9	1	10	7	5	4
y_i	-3	3	2	-1	1	5	-5	4	-2	0
r_{y_i}	9	3	4	7	5	1	10	2	8	6

Der auf Basis dieser Rangnummern berechnete Rangkorrelationskoeffizient

$$r_s = 1 - \frac{6 \cdot [(8-9)^2 + (2-3)^2 + \cdots + (4-6)^2]}{9 \cdot 10 \cdot 11} = 0{,}6485$$

deutet auf eine vergleichsweise starke positive Korrelation hin und wird vom Hersteller als ein Indiz für die Korrektheit seiner Vermutung gewertet. Deshalb führt der Hersteller einen Korrelationstest zum Signifikanzniveau 10 % durch. Da der zugehörige kritische Wert $r_{\text{krit}} = 0{,}5636$ kleiner als $|r_s|$ ist, kann der Hersteller die Nullhypothese verwerfen und seine Vermutung als „statistisch untermauert" ansehen.

Für $n > 20$ bietet sich die transformierte Prüfgröße

$$\boxed{T = R_s \cdot \sqrt{n-1}}$$

an, welche approximativ $N(0;1)$-verteilt ist. Für kleinere Stichprobenumfänge $10 < n \leq 20$ kann die Prüfgröße

$$\tilde{T} = R_s \cdot \sqrt{\frac{n-2}{1-R_s^2}}$$

verwendet werden, welche $t(n-2)$-verteilt ist. Die Nullhypothese ist jeweils dann zu verwerfen, wenn $|\tau| > z_{1-\alpha/2}$ bzw. $|\tilde{\tau}| > t_{1-\alpha/2}$ gilt, wobei $z_{1-\alpha/2}$ bzw. $t_{1-\alpha/2}$ das $(1-\frac{\alpha}{2})$-Quantil der $N(0;1)$-Verteilung (bei T) bzw. der $t(n-2)$-Verteilung (bei $\tilde{T}$) bezeichnet.

3.6.5 Kontingenztest

Der Kontingenztest setzt das Vorliegen zweier verbundener einfacher Stichproben vom Umfang n voraus und basiert – wie sein Name bereits andeutet – auf dem aus der deskriptiven Statistik bekannten Konzept der Kontingenztabelle. Diese dient in der deskriptiven Statistik als Hilfsmittel zur Messung der Abhängigkeit zweier Merkmale X und Y. Analog dazu überprüft der Kontingenztest, ob X und Y in der Grundgesamtheit unabhängig sind. Das einschlägige Hypothesenpaar lautet:

H_0: X und Y sind unabhängig   gegen H_1: X und Y sind abhängig.

Der Kontingenztest verwendet als Testfunktion die bereits aus Abschnitt 2.2.1 bekannte Größe Chi-Quadrat, die nun als Stichprobenfunktion interpretiert wird. Deshalb rekapitulieren wir kurz die χ^2 zu Grunde liegenden Basisgrößen: Bezeichnet man die k unterschiedlichen Ausprägungen von Merkmal X mit $a_1, \ldots, a_k$ und die ℓ unterschiedlichen Ausprägungen von Merkmal Y mit $b_1, \ldots, b_\ell$, so gibt h_{ij} die absolute Häufigkeit an, mit der die Ausprägungskombination (a_i, b_j) beobachtet worden ist (mit $i = 1, \ldots, k$ und $j = 1, \ldots, \ell$). Mithilfe der Randhäufigkeiten

$$h_{i.} = \sum_{j=1}^{\ell} h_{ij} \quad \text{und} \quad h_{.j} = \sum_{i=1}^{k} h_{ij}$$

können dann die bei Unabhängigkeit von X und Y resultierenden Häufigkeiten

$$\tilde{h}_{ij} = \frac{h_{i.} h_{.j}}{n}$$

bestimmt werden. Trifft die Nullhypothese zu, sind also X und Y in der Tat unabhängig, so ist $h_{ij} = \tilde{h}_{ij}$ für alle $i = 1, \ldots, k$ und $j = 1, \ldots, \ell$ zu erwarten und die Größe

$$\chi^2 = \sum_{i=1}^{k} \sum_{j=1}^{\ell} \frac{(h_{ij} - \tilde{h}_{ij})^2}{\tilde{h}_{ij}}$$

sollte einen kleinen Wert annehmen. Sind außerdem alle h_{ij} (oder auch alle $\tilde{h}_{ij}$) mindestens gleich 5, so kann die Verteilung von Chi-Quadrat hinreichend genau durch die $\chi^2((k-1)(\ell-1))$-Verteilung approximiert werden, weshalb Chi-Quadrat dann als Testfunktion T geeignet ist. Da große Werte von $\tau = \chi^2$ gegen die Gültigkeit der Nullhypothese sprechen, verwerfen wir H_0 genau dann, wenn $\tau > \chi^2_{1-\alpha}$ gilt, wobei $\chi^2_{1-\alpha}$ das $(1-\alpha)$-Quantil der $\chi^2((k-1)(\ell-1))$-Verteilung bezeichnet. Abschließend sei noch darauf hingewiesen, dass der Testfunktionswert im Spezialfall $k = \ell = 2$ auch gemäß

$$\tau = \chi^2 = \frac{n(h_{11}h_{22} - h_{12}h_{21})^2}{h_{1.}h_{2.}h_{.1}h_{.2}}$$

berechnet werden kann. Die $\tilde{h}_{ij}$ müssen dann nicht explizit bestimmt werden.

Beispiel 3.35
Der Reinigungsgerätehersteller interessiert sich dafür, ob die Anzahl der Reparaturen während der Lebenszeit seiner Gerätereihe „Putzteufel" einen Einfluss auf die Markentreue seiner Kunden hat. Um dies zu

klären, lässt er 760 Kunden, die in den letzten zehn Jahren einen „Putzteufel" erworben haben, befragen, wie oft das Gerät repariert werden musste und ob der Kunde noch einmal einen „Putzteufel" kaufen würde. Die Antworten wurden in der folgenden Tabelle zusammengetragen:

Wiederkauf?	Anzahl Reparaturen				
	0	1	2	3	≥ 4
ja	450	115	35	8	2
nein	50	35	45	12	8

Betrachtet man die Markentreue als Merkmal X und die Anzahl Reparaturen als Merkmal Y, so erhält man folgende Kontingenztafel inklusive Randhäufigkeiten:

h_{ij}	0	1	2	3	≥ 4	$h_{i.}$
ja	450	115	35	8	2	610
nein	50	35	45	12	8	150
$h_{.j}$	500	150	80	20	10	760

Der Hersteller testet nun zum Signifikanzniveau 5 %, ob „Markentreue" und „Reparaturhäufigkeit" unabhängig sind oder nicht. Die für die Berechnung des Testfunktionswertes benötigten bei Unabhängigkeit zu erwartenden Häufigkeiten $\tilde{h}_{ij}$ sammelt er in der folgenden Tabelle, deren Aufbau sich an der obigen Kontingenztafel orientiert:

$\tilde{h}_{ij}$	0	1	2	3	≥ 4
ja	401,32	120,39	64,21	16,05	8,03
nein	98,68	29,61	15,79	3,95	1,97

Als Testfunktionswert ergibt sich

$$\tau = \frac{(450 - 401,32)^2}{401,32} + \frac{(115 - 120,39)^2}{120,39} + \cdots + \frac{(8 - 1,97)^2}{1,97} = 141,89.$$

Wegen $k = 2$, $\ell = 5 \Rightarrow (k-1)(\ell-1) = 4$ wird das benötigte 95 %-Quantil der $\chi^2(4)$-Verteilung entnommen. Man erhält $\chi^2_{0,95} = 9,4877$ und lehnt wegen $\tau > \chi^2_{0,95}$ die Hypothese der Unabhängigkeit von „Markentreue" und „Reparaturhäufigkeit" ab.

3.6.6 Kolmogorov-Smirnov-Test

Der *Kolmogorov-Smirnov-Test*, welcher nach den beiden russischen Mathematikern Andrei Nikolajewitsch Kolmogorov (1903–1987) und Wladimir Iwanowitsch Smirnov (1887–1974) benannt wurde, soll eine Antwort auf die Frage geben, ob ein Merkmal in der Grundgesamtheit eine bestimmte (stetige) Verteilungsfunktion $F_0(x)$ besitzen kann. Das Hypothesenpaar lautet dementsprechend:

$$H_0: F(x) = F_0(x) \quad \forall x \in \mathbb{R} \quad \text{gegen} \quad H_1: F(x) \neq F_0(x) \quad \text{für mind. ein } x \in \mathbb{R}.$$

Aus Vereinfachungsgründen beschränken wir unsere Betrachtung auf diesen Fall, weisen jedoch darauf hin, dass auch hier zwei weitere Hypothesenpaare – in Analogie zu den Fällen 2 und 3 bei den meisten anderen Tests – formuliert werden können. Darüber hinaus kann ein Kolmogorov-

3.6 Nichtparametrische Tests

Smirnov-Test auch als Zweistichprobentest zum Vergleich zweier Verteilungen herangezogen werden. Eine ausführliche Darstellung hierzu ist beispielsweise bei Büning/Trenkler (1994) oder Sachs/Hedderich (2009) zu finden.

Der Kolmogorov-Smirnov-Test macht sich folgende Tatsache zu Nutze: Die empirische Verteilungsfunktion, welche wir bereits in der deskriptiven Statistik kennen gelernt haben und die wir hier, um sie von der wahren (aber unbekannten) Verteilungsfunktion $F(x)$ optisch unterscheiden zu können, $F_n(x)$ nennen, ist ein erwartungstreuer und konsistenter Schätzer für $F(x)$. Folglich kann erwartet werden, dass die Abweichungen zwischen der theoretischen und der empirischen Verteilungsfunktion genau dann klein sind, wenn die theoretische Verteilungsfunktion mit der wahren übereinstimmt.

Die Testgröße des Kolmogorov-Smirnov-Tests basiert dementsprechend auf der maximalen senkrechten Differenz zwischen der theoretischen und der empirischen Verteilungsfunktion. Werden die Beobachtungswerte aufsteigend sortiert, so ergibt sich für das oben genannte Hypothesenpaar die Testfunktion

$$T = \max_i \{\Delta_i : i \text{ mit } x_i > x_{i-1}\}$$

wobei Δ_i gemäß

$$\Delta_i = \max\{|F_0(x_i) - F_n(x_i)|; |F_0(x_i) - F_n(x_{i-1})|\}$$

berechnet wird. Dabei ist $x_0 = -\infty$ zu setzen. Die Nullhypothese ist immer dann abzulehnen, falls $\tau > \tau_{\text{krit}}$ gilt, wobei τ_{krit} den zu α passenden kritischen Wert darstellt. Gängige kritische Werte sind in Tabelle A.10 im Anhang vertafelt. Für $n > 40$ können insbesondere folgende Approximationen verwendet werden:

α	0,01	0,02	0,05	0,10	0,20
τ_{krit}	$1{,}63/\sqrt{n}$	$1{,}52/\sqrt{n}$	$1{,}36/\sqrt{n}$	$1{,}22/\sqrt{n}$	$1{,}07/\sqrt{n}$

Beispiel 3.36
Zum stetig verteilten Merkmal $X =$ „von einer zufällig ausgewählten Person für einen bestimmten Arbeitsvorgang benötigte Zeit" wurde eine einfache Stichprobe vom Umfang fünf erhoben. Die dabei registrierten Zeiten sind:

$$0{,}4, \quad 0{,}3, \quad 2{,}4, \quad 0{,}2, \quad 0{,}6.$$

Im Folgenden soll untersucht werden, ob X exponentialverteilt mit dem Parameter $\lambda = 0{,}5$ ist, d.h. ob die Verteilungsfunktion von X für $x > 0$ die Gestalt $F_0(x) = 1 - e^{-x/2}$ besitzt. Dies kann mit dem Kolmogorov-Smirnov-Test überprüft werden. In der nachfolgenden Tabelle notieren wir für jeden beobachteten Wert x_i die zugehörigen Werte der theoretischen Verteilungsfunktion $F_0(x_i)$ und der empirischen Verteilungsfunktion $F_n(x_i)$ sowie den nächstkleineren Wert $F_n(x_{i-1})$. Die δ_i bezeichnen die Realisationen der senkrechten Differenzen Δ_i.

x_i	$F_0(x_i)$	$F_n(x_i)$	$F_n(x_{i-1})$	δ_i
0,2	0,0952	0,2000	0,0000	0,1048
0,3	0,1393	0,4000	0,2000	0,2617
0,4	0,1813	0,6000	0,4000	0,4187
0,6	0,2592	0,8000	0,6000	0,5408
2,4	0,6988	1,0000	0,8000	0,3012

Damit ergibt sich ein Testfunktionswert von $\tau = \max_i\{\delta_i\} = 0{,}5408$. Für $n = 5$ lautet der kritische Wert $\tau_{\text{krit}} = 0{,}5633$. Wegen $\tau < \tau_{\text{krit}}$ kann $F_0(x)$ als wahre Verteilungsfunktion nicht ausgeschlossen werden.

3.7 Aufgaben

Die nachfolgende Übersicht gibt Auskunft über die Zuordnung der Aufgaben zu den Themengebieten:

Themengebiet	Aufgaben
Wahrscheinlichkeitsrechnung	3.1, 3.2, 3.3, 3.4, 3.5, 3.8, 3.10, 3.11, 3.13, 3.14, 3.15
Zufallsvariablen, Verteilungen	3.4, 3.8, 3.10, 3.11, 3.13, 3.14, 3.15, 3.16, 3.17, 3.18
Verteilungsparameter	3.5, 3.6, 3.7, 3.9, 3.10, 3.12, 3.13, 3.14
Punktschätzung	3.19, 3.20
Parametrische Tests	3.21, 3.22, 3.23, 3.24, 3.25, 3.26, 3.27, 3.28, 3.29, 3.30, 3.36
Nichtparametrische Tests	3.31, 3.32, 3.33, 3.34, 3.35, 3.36, 3.37

Aufgabe 3.1
Ein Motor werde aus zwölf voneinander unabhängigen Einzelteilen montiert und funktioniere genau dann, wenn alle Einzelteile einwandfrei sind. Sobald mindestens ein Einzelteil ein Ausschussstück ist, gilt der gesamte Motor als Ausschuss. Zwei der Einzelteile weisen erfahrungsgemäß einen Ausschussanteil von 2 % auf, zwei weitere einen Ausschussanteil von 1 %, während die restlichen acht Einzelteile sogar nur einen Ausschussanteil von 0,1 % aufweisen. Wie groß ist der Ausschussanteil der Motoren?

Aufgabe 3.2
Im Lohnbüro eines Betriebes wurden für alle 25 Mitarbeiter neue Gehaltsabrechnungen erstellt und in einzelne, an den jeweils zutreffenden Mitarbeiter adressierte Kuverts gesteckt. Dabei sei garantiert, dass jede Abrechnung in den richtigen Umschlag gelangt ist. Die Kuverts wurden auf einen Stapel gelegt. Nacheinander betreten nun zwei beliebige Mitarbeiter das Lohnbüro. Der Bürogehilfe möchte dem ersten Ankommenden das oberste Kuvert und dem zweiten das nächste Kuvert geben. Wie groß ist dann die Wahrscheinlichkeit, dass auf diese Weise

  a) keiner der beiden Mitarbeiter das richtige Kuvert erhält,

  b) genau einer der beiden das richtige Kuvert erhält,

  c) beide die richtigen Kuverts erhalten?

Aufgabe 3.3
Ein Winzer, der seine Weine selbst abfüllt, bezieht die dafür benötigten Korken von einem preiswerten, aber wenig zuverlässigen Lieferanten. Dem Winzer ist bekannt, dass die gelieferten Korken eine hohe, mittlere oder schlechte Qualität aufweisen können, die optisch aber nicht erkennbar ist. Wird eine Flasche mit einem Korken schlechter Qualität verkorkt, so wird der Korken mit einer Wahrscheinlichkeit von 80 % eine Verbindung mit dem Wein eingehen, was dazu führt, dass der Wein verdirbt („Korkkrankheit"). Dagegen wird ein Korken mittlerer Qualität mit einer Wahrscheinlichkeit von 70 % keine Verbindung mit dem Wein eingehen.

Auf Grund langjähriger Erfahrung weiß der Winzer, dass 20 % der Korken von schlechter Qualität sind, 40 % eine hohe Qualität aufweisen und dass 30 % der Flaschen von der Korkkrankheit befallen werden.

a) Mit welcher Wahrscheinlichkeit wird eine Flasche von der Korkkrankheit befallen, obwohl ein Korken hoher Qualität verwendet wurde?

b) Eine Flasche enthält korkkranken Wein. Mit welcher Wahrscheinlichkeit wurde ein Korken hoher Qualität verwendet?

Aufgabe 3.4

Ein Budenbesitzer geht nach langer Beobachtung davon aus, dass die Zeit X (in Sekunden) zwischen dem Eintreffen zweier aufeinander folgender Kunden die Dichtefunktion

$$f(x) = \begin{cases} \dfrac{c}{x^2}, & \text{für } x \geq 1 \\ 0, & \text{sonst} \end{cases}$$

besitzt, wobei $c > 0$ eine noch festzulegende Konstante ist.

a) Ist die Verteilung von X diskret oder stetig?

b) Legen Sie den unbekannten Parameter c fest.

c) Ermitteln Sie die Verteilungsfunktion von X.

d) Mit welcher Wahrscheinlichkeit beträgt der Zeitabstand zwischen dem Eintreffen zweier Kunden höchstens 10 Sekunden?

e) Für welchen Wert t gilt $P(X \leq 60 | X \geq t) = \frac{1}{2}$?

Aufgabe 3.5

Von der zweidimensionalen Zufallsvariablen (X, Y) sind die in folgender Tabelle stehenden gemeinsamen Wahrscheinlichkeiten und Randwahrscheinlichkeiten bekannt:

x \ y	−1	0	1	
0	0,2		0,5	
2		0,2		
	0,3	0,4		1

Berechnen Sie

a) die fehlenden Wahrscheinlichkeiten,

b) den Erwartungswert und die Varianz von X sowie Y,

c) den Erwartungswert von $X \cdot Y$,

d) die Kovarianz $\text{Cov}(X, Y)$,

e) die Varianz von $X + 2 \cdot Y$.

Aufgabe 3.6

Eine Anlegerin mit einem Planungshorizont von zwei Jahren möchte 12 000 Euro investieren. Sie zieht dafür einen Aktien- und einen Rentenfonds in Betracht. Deren zugehörige Renditen R_A bzw. R_R bewirken, dass aus einem investierten Euro nach zwei Jahren $1 + R_A$ bzw. $1 + R_R$ Euro werden. Es sind folgende Daten bekannt: $E(R_A) = 0{,}14$, $E(R_R) = 0{,}10$, $Var(R_A) = 0{,}40$, $Var(R_R) = 0{,}20$ und $Cov(R_A, R_R) = -0{,}10$.

a) Der Lebensgefährte der Anlegerin schlägt vor, den Betrag jeweils zu gleichen Teilen in die beiden Fonds zu investieren. Welche Gesamtrendite kann die Anlegerin dann erwarten und wie groß ist die zugehörige Varianz?

b) Die Anlegerin erhält den Hinweis, dass bei einer Investition in Aktien der Prinzip Hoffnung AG eine erwartete Rendite von 200 % und eine Rendite-Varianz von 4 (ebenfalls auf die gesamten zwei Jahre bezogen) angenommen werden kann. Sie entschließt sich, 2 000 Euro in die Prinzip Hoffnung AG zu investieren und den Rest zu gleichen Teilen auf die beiden Fonds aufzuteilen. Berechnen Sie erneut den Erwartungswert und die Varianz der Gesamtrendite, wenn angenommen werden kann, dass die Rendite R_H der Prinzip Hoffnung AG von denen der beiden Fonds unabhängig ist.

c) Neben den obigen Anlagealternativen werden nun noch die beiden Möglichkeiten betrachtet, den Gesamtbetrag in den Aktienfonds bzw. den Gesamtbetrag in den Rentenfonds zu investieren. Kann die Anlageentscheidung aus Teil b) im Vergleich mit den drei anderen Alternativen als vernünftig gelten?

Aufgabe 3.7

Mittels einer Abfüllmaschine werden X Gramm einer Flüssigkeit in Y Gramm schwere Dosen gefüllt. Sodann werden 100 gefüllte Dosen in eine Z Gramm schwere Kiste verpackt. Dabei seien X, Y und Z sowie ihre Wiederholungen unabhängige Zufallsvariablen mit $E(X) = 155$, $Sta(X) = 4$, $E(Y) = 45$, $Sta(Y) = 3$, $E(Z) = 1\,000$ und $Sta(Z) = 20$.

a) Bestimmen Sie den Erwartungswert und die Standardabweichung des Gewichts einer aus der Produktion zufällig ausgewählten gefüllten Dose.

b) Berechnen Sie den Erwartungswert und die Varianz des Gewichts einer gefüllten Kiste.

Aufgabe 3.8

Eine Unternehmung kann ein spezielles Produkt momentan nicht herstellen, da zwei Vorprodukte nicht verfügbar sind. Diese werden bei zwei Herstellern geordert, wobei Lieferfristen von X bzw. Y in Kauf zu nehmen sind. Die Produktion wird wieder aufgenommen, sobald beide Lieferanten ihr jeweiliges Vorprodukt geliefert haben. Die beiden Lieferfristen seien unabhängig und jeweils exponentialverteilt mit demselben Parameter λ.

a) Bestimmen Sie die Wahrscheinlichkeit des Ereignisses „$X \leqq t$ und $Y \leqq t$" für $t \geqq 0$.

b) Berechnen Sie die Verteilungsfunktion und die Dichtefunktion der Dauer des Produktionsstillstandes.

Aufgabe 3.9

Von einer zweidimensionalen Zufallsvariablen (X_1, X_2) sind die folgenden Eigenschaften bekannt: X_1 besitzt den Erwartungswert μ_1 und die Varianz σ_1^2. X_2 besitzt den Erwartungswert μ_2 und die Varianz σ_2^2. Der Korrelationskoeffizient von X_1 und X_2 wird mit ϱ bezeichnet.

a) Man beweise:
$$\operatorname{Cov}(aX_1, bX_2) = ab\varrho\sigma_1\sigma_2 \quad \text{mit} \quad a, b \in \mathbb{R}.$$

b) Nun wird $\mu_1 = 20$, $\mu_2 = 10$, $\sigma_1 = 1$, $\sigma_2 = 2$, $\varrho = \frac{1}{2}$ unterstellt. Man bestimme zur Zufallsvariablen $Y = 2X_1 + 3X_2 + 5$ den Erwartungswert und die Standardabweichung sowie die Kovarianz von X_1 und Y.

Aufgabe 3.10
Bei einer Multiple-Choice-Klausur werden zehn Fragen gestellt. Jeder Frage sind in zufälliger Reihenfolge eine richtige und vier falsche Antworten zugeordnet. Bei jeder Frage darf der Prüfling nur eine einzige Antwort als richtig ankreuzen. Die Prüfung gilt als bestanden, falls bei mindestens vier Fragen die richtige Antwort angekreuzt wird. Ein unvorbereiteter Prüfling setzt seine Kreuzchen rein zufällig.

a) Mit welcher Wahrscheinlichkeit kreuzt er alle richtigen Antworten an?

b) Wie groß ist die erwartete Anzahl der richtig angekreuzten Antworten?

c) Mit welcher Wahrscheinlichkeit besteht er die Klausur?

Aufgabe 3.11
Beim Elfmeterschießen in einem Fußballturnier kann der Schütze entweder nach links oder nach rechts schießen. In 25 % der Fälle kommt es vor, dass ein Schütze nach links schießt und trifft. Insgesamt werden 30 % der Elfmeter nach links geschossen.

a) Wie groß ist die Wahrscheinlichkeit dafür, dass der Elfmeter nach links geschossen wird und nicht im Tor landet?

Geben Sie die maximale Wahrscheinlichkeit dafür an, dass

b) der Elfmeter ins Tor gehen wird, wenn bekannt ist, dass der Schütze nach rechts zielt,

c) der Elfmeter nach rechts geschossen wurde, wenn der Schuss ein Treffer war.

Gehen Sie im Folgenden davon aus, dass der Schütze bei jedem Schuss unabhängig von den anderen Versuchen mit einer Wahrscheinlichkeit von 85 % das Tor trifft. Wie groß ist dann die Wahrscheinlichkeit dafür, dass bei zehn Schüssen

d) mindestens zwei, jedoch höchstens acht Treffer erzielt werden,

e) insgesamt höchstens sechs Treffer erzielt werden, wenn bekannt ist, dass unter den ersten drei Schüssen genau zwei Treffer sind?

Aufgabe 3.12
In einem Betrieb mit 25 Beschäftigten weiß der für Getränke verantwortliche Bürogehilfe, dass jeder der Beschäftigten mit einer Wahrscheinlichkeit von 10 % mittags Kaffee trinken möchte, unabhängig davon, ob auch jemand von den Kolleginnen oder Kollegen Kaffee möchte. Der Bürogehilfe kocht täglich drei Tassen Kaffee, wobei jede Tasse 25 Cent kostet und für 90 Cent angeboten wird. Kosten und Gewinn übernimmt eine so genannte Kaffeekasse. Wie hoch ist der zu erwartende Tagesgewinn?

Aufgabe 3.13
Ein Hersteller von Überraschungseiern wirbt mit folgender Aussage:

„In jedem zehnten Ei ist jetzt ein kleiner Schlumpf."

In allen anderen Eiern befinden sich für Schlumpf-Sammler wertlose Plastikbausätze. Gehen Sie davon aus, dass die Wahrscheinlichkeit, einen Schlumpf zu enthalten, für jedes Überraschungsei gleich groß ist. Max ist passionierter Schlumpf-Sammler. Um seine Schlumpfsammlung zu vergrößern, will er eine bestimmte Anzahl Überraschungseier kaufen. Im Supermarkt findet er einen Bestand von insgesamt 20 Eiern vor.

a) Bestimmen Sie die erwartete Anzahl Überraschungseier „mit Schlumpf" im Bestand des Supermarktes.

Gehen Sie im Folgenden davon aus, dass der in Teil a) bestimmte Erwartungswert mit der tatsächlichen Anzahl Überraschungseier „mit Schlumpf" im Bestand des Supermarktes übereinstimmt.

b) Nehmen Sie an, dass Max drei Überraschungseier kauft, die er zufällig aus den 20 im Supermarkt angebotenen auswählt. Wie groß ist die Standardabweichung der Anzahl von Max gekaufter Überraschungseier „mit Schlumpf"?

c) Wie viele Überraschungseier müsste Max kaufen, wenn die Wahrscheinlichkeit, dass sich darunter mindestens ein Überraschungsei „mit Schlumpf" befindet, nicht kleiner als 95 % sein soll?

Weit verbreitet unter den Sammlern von Überraschungseiern ist der so genannte „Schütteltest": Kräftiges Schütteln des Überraschungseis liefert Anhaltspunkte bzgl. des potenziellen Inhalts. Als Ergebnisse dieses Schütteltests kommen hier nur „Schlumpf-positiv" (vermutlich befindet sich ein Schlumpf im Ei) und „Schlumpf-negativ" (vermutlich kein Schlumpf im Ei) infrage. Leider ist der Schütteltest nur eingeschränkt verlässlich: Mit einer Wahrscheinlichkeit von jeweils 20 % wird ein Ei, das einen Schlumpf beinhaltet, als „Schlumpf-negativ" bzw. ein Ei ohne Schlumpf als „Schlumpf-positiv" eingestuft.

Nachdem Max von dem Schütteltest erfahren hat, ändert er seine Einkaufsstrategie: Er wählt im Supermarkt zufällig ein Ei aus und schüttelt dieses. Fällt der Schütteltest positiv aus, so kauft Max das Ei, anderenfalls legt er es in das Regal zurück. Diese Prozedur wiederholt er solange, bis er ein Ei mit Testergebnis „Schlumpf-positiv" gefunden hat.

d) Mit welcher Wahrscheinlichkeit enthält das erste getestete Ei keinen Schlumpf?

e) Wie wahrscheinlich ist es, dass Max den Schütteltest mindestens zweimal anwendet?

Aufgabe 3.14
Bei einem neu erschienenen Statistik-Lehrbuch sei die Anzahl X der Druckfehler pro Seite poissonverteilt mit dem Parameter $\lambda = 1$.

a) Wie wahrscheinlich ist es, dass sich auf einer Seite mehr als zwei Druckfehler befinden?

b) Es sei k die kleinste Zahl mit der Eigenschaft $P(X \geq k) \leq 0{,}01$. Wie groß ist k?

c) Wie groß ist die erwartete Anzahl aller Fehler, falls das Lehrbuch 197 Seiten umfasst?

Aufgabe 3.15
Es sei X eine normalverteilte Zufallsvariable mit $\mu = 30$ und $\sigma = 10$.

a) Bestimmen Sie die Zahl a so, dass gilt:
$$P(a \leqq X \leqq 35) = 0{,}2393\,.$$

b) Berechnen Sie die Wahrscheinlichkeit $P(X \leqq 25 | X \leqq 35)$.

c) Bestimmen Sie die Zahl b so, dass auf das Ereignis
$$|X - 30| < b$$
eine Wahrscheinlichkeit von 99,7 % entfällt.

Aufgabe 3.16
Für den zukünftigen unbekannten Kurs X eines heute zu 100 notierenden Wertpapieres werde
$$X = 100 \cdot e^R$$
angenommen, wobei R standardnormalverteilt ist. Berechnen Sie das 67 %-Quantil von X.

Aufgabe 3.17
Bestimmen Sie den Verteilungsfunktionswert $F(0{,}5)$ für den Fall, dass die zu Grunde liegende Zufallsvariable X

a) standardnormalverteilt ist,

b) binomialverteilt mit $n = 2$ und $p = 0{,}6$ ist,

c) im Intervall $[-1; 1]$ gleichverteilt ist,

d) gemäß folgender Dichtefunktion verteilt ist:
$$f(x) = \begin{cases} xe^x, & \text{für } x \in [0; 1] \\ 0, & \text{sonst}\,. \end{cases}$$

Aufgabe 3.18
Der Erwartungswert sowie die Standardabweichung einer stetigen Zufallsvariablen X seien jeweils gleich 10. Ermitteln Sie für die nachfolgenden Fälle a) bis d) die Wahrscheinlichkeit $P(2 \leqq X \leqq 18)$, soweit dies möglich ist. Sollte eine exakte Berechnung nicht möglich sein, ist die gesuchte Wahrscheinlichkeit mithilfe einer Ungleichung abzuschätzen und die Qualität der resultierenden Abschätzung zu kommentieren.

a) X ist normalverteilt.

b) X ist exponentialverteilt.

c) X ist gleichverteilt.

d) Die Verteilung von X ist nicht bekannt.

Aufgabe 3.19
Gegeben sei eine einfache Stichprobe $X_1, \ldots, X_n$ aus einer Grundgesamtheit mit unbekanntem Erwartungswert μ. Zur Schätzung von μ wird der Einsatz von linearen Stichprobenfunktionen der Gestalt

$$\widehat{\Theta} = \frac{1}{n-1} \sum_{i=1}^{n-1} X_i + \alpha \cdot X_n \quad \text{mit} \quad \alpha \in [-1; 1]$$

erwogen.

a) Bestimmen Sie α so, dass $\widehat{\Theta}$ erwartungstreu für μ ist. Ist die resultierende Schätzfunktion konsistent?

b) Der Erwartungswert soll (bei fest vorgegebenem Stichprobenumfang n) mithilfe einer möglichst wirksamen linearen erwartungstreuen Schätzfunktion geschätzt werden. Würden Sie hierzu $\widehat{\Theta}$ verwenden?

Aufgabe 3.20
Die beiden Analysten A und B arbeiten in verschiedenen Brokerhäusern und beurteilen laufend dieselbe börsennotierte Unternehmung. Beide Analysten „liegen im Mittel richtig", was durch $E(X) = E(Y) = \mu$ präzisiert sei. Dabei bezeichnen X bzw. Y die von Analyst A bzw. B verwendete Schätzfunktion für den erwarteten Periodengewinn μ. Ferner ist bekannt, dass A volatilere Schätzungen als B produziert, was durch $\text{Var}(X) = 1{,}5 \cdot \text{Var}(Y)$ präzisiert sei. Ferner seien X und Y unkorreliert. Anlageberater Müller bildet aus X und Y mithilfe der Gewichte a und b die neue Schätzfunktion $Z = a \cdot X + b \cdot Y$.

a) Bei welcher Wahl der Gewichte a, b ist Z erwartungstreu für μ?

b) Welche unter den für μ erwartungstreuen Schätzfunktionen besitzt die kleinste Varianz?

Aufgabe 3.21
Eine Blind-Date-Agentur will den Erfolg ihrer Vermittlungen testen. Zu diesem Zweck werden zwölf Paare nach dem Treffen befragt, ob dieses für sie ein Erfolg war. Ein Erfolg liegt dann vor, wenn beide Teilnehmer bestätigen, dass das Blind-Date den eigenen Erwartungen entsprach bzw. diese übertraf. Die Zufallsvariable X_i beschreibe den Erfolg des Blind-Dates von Paar i (mit $X_i = 0 \,\widehat{=}\,$ „kein Erfolg" und $X_i = 1 \,\widehat{=}\,$ „Erfolg"). Die X_i können als unabhängig und $B(1; p)$-verteilt angenommen werden. Getestet wird nun das Hypothesenpaar

$$H_0\colon p \leq \tfrac{1}{2} \quad \text{gegen} \quad H_1\colon p > \tfrac{1}{2}.$$

Das Signifikanzniveau betrage 5 %. Es soll kein approximativer Test verwendet werden.

a) Welcher Verteilung genügt die zu verwendende Testfunktion T?

b) Bestimmen Sie den kritischen Wert des Tests.

c) Geben Sie den Parameterbereich Θ sowie die Teilmengen Θ_0 und Θ_1 an, die die Null- bzw. die Gegenhypothese repräsentieren.

d) Wie groß ist die maximale Wahrscheinlichkeit für die Fehler 1. bzw. 2. Art?

Aufgabe 3.22

Die Mensa einer Hochschule steht im Verdacht an den ausgegebenen Portionen zu sparen. Die Mensa war in die Kritik geraten, nachdem sich mehrere Studierende über die auffällig geringe Marmeladenfüllung der Germknödel beschwerten. Auch der Studierendenvertretung ist dies zu Ohren gekommen. Diese bringt in Erfahrung, dass ein „guter" Germknödel nicht weniger als 40 Gramm Marmelade enthalten sollte. Daraufhin wird beschlossen, statistisch zu überprüfen, ob die Germknödel in der Mensa „zu wenig" Marmelade enthalten. Hierzu wurden n Germknödel zufällig ausgewählt und deren Füllungsmenge (in Gramm) gemessen. Es ergaben sich folgende Werte:

$$\bar{x} = 38 \quad \text{und} \quad \frac{1}{n-1} \sum_{i=1}^{n} (x_i - \bar{x})^2 = 100.$$

Der Küchenchef ist über die Vorwürfe empört und behauptet seinerseits, die Mensa fülle sogar mehr als 40 Gramm in die Germknödel.

a) Wie groß muss n mindestens sein, damit zum Signifikanzniveau 10 % die Behauptung des Küchenchefs bestätigt werden kann?

Gehen Sie nun von $n = 50$ aus.

b) Lässt sich zum Signifikanzniveau 5 % statistisch bestätigen, dass die Germknödel zu wenig Marmelade enthalten?

c) Für welche Signifikanzniveaus können die Vorwürfe gegenüber der Mensa statistisch bestätigt werden?

Aufgabe 3.23

In den letzten Jahren hört man oft die Behauptung, die Temperatur in den Sommermonaten sei atypisch niedrig, d.h. die Sommer seien zu kalt. Um zu prüfen, ob die Hypothese „der Anteil der zu kalten Tage liegt über 50 %" bestätigt werden kann, soll ein Signifikanztest durchgeführt werden. Eine einfache Stichprobe vom Umfang n ergibt, dass 60 % der untersuchten Tage zu kalt waren.

a) Welcher Verteilung gehorchen die benutzten Stichprobenvariablen?

b) Geben Sie ein Ihnen bekanntes für obige Fragestellung geeignetes Testverfahren sowie das zu überprüfende Hypothesenpaar an.

c) Wie lauten die Voraussetzungen an das Stichprobenergebnis, damit der Test durchgeführt werden kann und welche Folgerungen ergeben sich daraus für den Stichprobenumfang?

d) Wie hoch muss der Stichprobenumfang n mindestens gewesen sein, damit für einen approximativen Test die obige Hypothese zum Signifikanzniveau 10 % statistisch bestätigt werden kann?

Aufgabe 3.24

Die Inhaberin eines kleinen Ladens hat ihre Geschäftszeiten geändert. Nachdem die neuen Öffnungszeiten seit drei Monaten gelten, möchte sie wissen, ob ihre Kunden mit den neuen Zeiten zufrieden sind. Für eine Überprüfung werden 30 zufällig ausgewählte Kunden befragt. Bei mindestens 65 % zufriedener Kunden würde die Inhaberin die neuen Öffnungszeiten beibehalten. Deshalb soll getestet werden, ob der Anteil p unzufriedener Kunden kleiner als 35 % ist oder nicht.

a) Wie muss das Hypothesenpaar lauten, um $p < 0{,}35$ statistisch bestätigen zu können?

b) Die Inhaberin verwendet ein Signifikanzniveau von 10 %. Wie viele der 30 befragten Kunden dürfen dann höchstens unzufrieden sein, damit die neuen Öffnungszeiten beibehalten werden?

c) Eine Kundenbefragung ergab vier unzufriedene Kunden. Zu welchem Signifikanzniveau kann die Nullhypothese aus Teil a) gerade noch verworfen werden?

Aufgabe 3.25

Ein Teigwarenhersteller bringt Packungen auf den Markt, in denen sich laut Aufdruck jeweils 500 Gramm Nudeln befinden sollen. Aus der gesamten Produktionsserie solcher Packungen wurde eine einfache Stichprobe vom Umfang acht gezogen. Für den Inhalt ergaben sich folgende Werte (in Gramm):

$$484, \quad 486, \quad 472, \quad 519, \quad 497, \quad 487, \quad 495, \quad 480.$$

Die Daten können als Realisierungen normalverteilter Zufallsvariablen angesehen werden.

a) Kann die Hypothese, dass der erwartete Packungsinhalt weniger als 500 Gramm beträgt, zum Signifikanzniveau 2,5 % statistisch bestätigt werden?

b) Nun sei mit p der Anteil derjenigen Packungen in der gesamten Produktionsserie bezeichnet, die mindestens 500 Gramm Nudeln beinhalten. Mithilfe des obigen Stichprobenergebnisses soll das Hypothesenpaar H_0: $p \geq \frac{1}{2}$ gegen H_1: $p < \frac{1}{2}$ zum Signifikanzniveau 5 % getestet werden. Begründen Sie, weshalb kein approximativer Test verwendbar ist und führen Sie einen geeigneten nicht-approximativen Test durch.

Aufgabe 3.26

Nach Angaben einer Polizeidirektion wurden im Jahre 2010 in ihrem Zuständigkeitsbereich insgesamt 995 Ladendiebe angezeigt. Eine Aufschlüsselung nach den beiden Merkmalen „Alter" (in Jahren) und „Geschlecht" ergibt folgende Häufigkeitstabelle:

Alter	Geschlecht	
	weiblich	männlich
unter 15	48	163
15 bis unter 30	71	208
30 bis unter 45	85	192
45 und älter	76	152

Können Sie zum Signifikanzniveau 2,5 % statistisch bestätigen, dass der Anteil der mindestens 45-Jährigen unter den weiblichen Ladendieben größer als der Anteil der mindestens 45-Jährigen unter den männlichen Ladendieben ist? Betrachten Sie dazu die Erhebung des Alters der weiblichen bzw. männlichen Ladendiebe als je eine einfache Stichprobe vom Umfang $n_1 = 280$ bzw. $n_2 = 715$ und unterstellen Sie Unabhängigkeit der beiden Stichproben.

3.7 Aufgaben

Aufgabe 3.27

An den beiden Hochschulen X und Y wurden für ein bestimmtes Fach identische Klausuren gestellt und diese nach demselben Bewertungsschema korrigiert. Aus Vereinfachungsgründen unterscheidet das verwendete Bewertungsschema nur die ganzen Noten 1 bis 5.

Die Häufigkeiten der auf diese Weise ermittelten Klausurergebnisse können der folgenden Tabelle entnommen werden:

Note	1	2	3	4	5
Hochschule X	43	78	106	42	31
Hochschule Y	14	37	97	39	13

Interpretieren Sie diese Noten als hinreichend kardinal skalierte Ergebnisse zweier einfacher Stichproben zu den Studienleistungen, die Klausurteilnehmer der beiden Hochschulen (bei jeweils gleichem Klausur-Schwierigkeitsgrad und Bewertungsschema) zu erzielen im Stande sind. Für die Hochschule X wurden bereits das Stichprobenmittel $\bar{x} = 2{,}8$ sowie die Stichprobenvarianz $s_x^2 = 1{,}35$ zu den oben angegebenen Noten errechnet.

Zu welchen Signifikanzniveaus kann (mit obigen Daten) statistisch bestätigt werden, dass

a) sich die erwarteten Studienleistungen zwischen den beiden Hochschulen unterscheiden?

b) Klausurteilnehmer der Hochschule X im Mittel bessere Noten als Klausurteilnehmer der Hochschule Y erzielen?

Aufgabe 3.28

Ein Lehrer versucht mit vier unterschiedlichen Lehrmethoden ein Stoffgebiet vier verschiedenen Gruppen von Schülern zu erklären. Es kann davon ausgegangen werden, dass die Zuordnung der Schüler zu den Gruppen durch eine reine Zufallsauswahl aus der Gesamtheit aller infrage kommenden Schüler erfolgte. Der Erfolg der vier Lehrmethoden wird durch die Gesamtpunktzahl einer Klausur gemessen. Die in der folgenden Tabelle wiedergegebenen Gesamtpunktzahlen können als normalverteilt mit gleicher Varianz σ^2 angesehen werden.

Methode	erreichte Gesamtpunktzahl				
1	307	311	309		
2	306	304	302	308	305
3	305	304	306		
4	308	306	308	310	

a) Überprüfen Sie zum Signifikanzniveau 5 %, ob sich die Lehrmethoden bzgl. der erwarteten Gesamtpunktzahlen unterscheiden.

b) Welche Auswirkung würde es haben, wenn bei unveränderten durchschnittlichen Gesamtpunktzahlen die Gesamtpunktzahl jeweils innerhalb einer Gruppe fast identisch wäre?

c) Zeigen Sie, dass bei r Gruppen mit identischem Umfang n für den Erwartungswert der Summe aller quadrierten Abweichungen von dem jeweiligen Gruppenmittel gilt:

$$\mathrm{E}\left[\sum_{i=1}^{r}\sum_{j=1}^{n}(X_{ij} - \bar{X}_i)^2\right] = r(n-1)\sigma^2.$$

Aufgabe 3.29
Der Hersteller eines Hundefutters möchte wissen, ob von der Farbe des Etiketts ein Einfluss auf die Preiseinschätzung ausgeht. Dazu werden 18 Testpersonen in drei gleich große Gruppen aufgeteilt und jeder Gruppe wird eine andersfarbig etikettierte Dose vorgelegt. Sodann sollen die Testpersonen einer jeden Gruppe angeben, wie viel sie für eine solche Dose Hundefutter zu zahlen bereit wären. Die folgende Tabelle gibt die Antworten der Testpersonen (in Euro) wieder:

Farbe	Preiseinschätzung					
gelb	1,5	1,3	1,8	1,6	2,5	0,9
hellblau	4,0	3,4	3,7	4,3	2,1	4,1
rosa	1,2	2,1	2,8	2,3	1,3	2,3

Betrachten Sie die Erhebung der Preiseinschätzung in jeder Gruppe als eine einfache Stichprobe. Die Preiseinschätzung sei jeweils normalverteilt, wobei die Varianz in allen Gruppen gleich ist.

a) Kann zum Signifikanzniveau 5 % statistisch bestätigt werden, dass die Etikettenfarbe einen Einfluss auf die Preiseinschätzung hat?

Der Hersteller entscheidet sich auf Grund obiger Stichprobe dafür, künftig die hellblauen Etiketten zu benutzen. Er möchte jetzt aber noch wissen, ob auch die Dosenform die Preiseinschätzung beeinflusst. Um diese Frage zu beantworten, präsentiert er jeder Testperson der dritten Gruppe zwei Dosen, die sich nur hinsichtlich ihrer Form („hoch" oder „flach") unterscheiden. Danach werden die Testpersonen gefragt, wie viel sie für die hohe Dose bzw. für die flache Dose auszugeben bereit wären. Dabei ergaben sich folgende Werte (in Euro):

	Person					
Form	1	2	3	4	5	6
hoch	4,0	3,4	3,7	4,3	2,1	4,1
flach	4,0	3,35	3,7	4,1	2,1	4,2

Gehen Sie wieder von normalverteilten Preiseinschätzungen aus.

b) Testen Sie zum Signifikanzniveau 5 %, ob die erwarteten Preiseinschätzungen bei den beiden Dosenformen gleich sind oder nicht.

Aufgabe 3.30
Ein Zeitschriftenverlag möchte ein Verbrauchermagazin einführen und überlegt, wie der Abonnementpreis gewählt werden soll. Um den Effekt des Preises auf den Verkauf der neuen Zeitschrift zu messen, wurden an drei mögliche Käufergruppen „Hausfrauen", „Studenten" und „Geschäftsleute" Briefe mit unterschiedlichem Abonnementpreis versandt, in denen die neue Zeitschrift vorgestellt und angeboten wird. Sodann wurde die Anzahl der Bestellungen x_{ij} pro Gruppe und Preis mit folgendem Ergebnis gemessen:

3.7 Aufgaben

Käufergruppe	Preis		
	100% des Normalpreises	80% des Normalpreises	70% des Normalpreises
Hausfrauen	96	114	165
Studenten	90	110	163
Geschäftsleute	114	136	182

a) Stellen Sie für diese Untersuchung ein entsprechendes varianzanalytisches Modell auf.

Um die Datenbasis zu verbreitern, wurden zwei weitere Versuche nach demselben Schema durchgeführt. Nun liegen insgesamt 27 Beobachtungen mit genau drei Beobachtungen zu jeder Kombination der Faktorstufen vor. Aus den Daten wurden bereits folgende Zwischenergebnisse ermittelt:

$$msa = 510, \quad msb = 285, \quad ms(ab) = 70, \quad msi = 30.$$

b) Führen Sie eine zweifaktorielle Varianzanalyse zum Signifikanzniveau 1% durch. Untersuchen Sie dabei auch mögliche Wechselwirkungseffekte zwischen den beiden Faktoren.

Aufgabe 3.31
Die folgenden Werte sind die der Größe nach geordneten Ergebnisse einer einfachen Stichprobe zu einem stetig und symmetrisch verteilten Merkmal X:

Nr.	Werte				
1 – 5	0,6	0,9	1,0	1,4	1,6
6 – 10	1,8	2,1	2,3	2,5	2,7
11 – 15	2,9	3,2	3,5	3,8	3,9
16 – 20	4,0	4,3	4,8	6,0	6,5

Kann zum Signifikanzniveau 5% statistisch bestätigt werden, dass der Median von X größer als 2 ist?

Aufgabe 3.32
In einer einfachen Stichprobe $X_1, \ldots, X_8$ wurden die tatsächlichen Füllmengen von acht Kartoffelbeuteln eines bestimmten Herstellers, die laut Aufdruck jeweils 2,5 kg Kartoffeln enthalten sollen, gewogen und dabei folgende Ergebnisse x_i registriert:

$$2{,}36, \quad 2{,}51, \quad 2{,}48, \quad 2{,}43, \quad 2{,}38, \quad 2{,}54, \quad 2{,}40, \quad 2{,}47.$$

Lässt sich auf Grund dieser Daten zum Signifikanzniveau 5% statistisch bestätigen, dass der Median des Untersuchungsmerkmals kleiner als 2,5 ist? Gehen Sie zur Untersuchung dieser Frage davon aus, dass die X_i stetig und symmetrisch verteilt sind.

Aufgabe 3.33
Franz hat an fünf zufällig ausgewählten Tagen für den Weg zum Arbeitsplatz und zurück die Straßenbahn benutzt und dabei folgende Fahrzeiten x_i (in Minuten) registriert: 46, 42, 50, 61 und 48. An sechs anderen, ebenfalls zufällig ausgewählten Tagen ist Franz mit dem Fahrrad zur Arbeit und zurück gefahren und hat dabei folgende Fahrzeiten y_i (in Minuten) gemessen: 41, 39, 45, 49, 43 und 44.

Überprüfen Sie zum Signifikanzniveau 10 % mithilfe eines geeigneten nichtparametrischen Zweistichprobentests, ob – bezogen auf Franz' Weg zur Arbeit und zurück – die beiden Merkmale

$X =$ „Fahrzeit pro Tag bei Benutzung der Straßenbahn" bzw.

$Y =$ „Fahrzeit pro Tag bei Benutzung des Fahrrades"

dieselbe Verteilung besitzen oder nicht.

Aufgabe 3.34
Ein Vater von Zwillingen leidet unter Schlafentzug, da er die Nächte damit verbringen muss, die Windeln seiner Söhne zu wechseln. Er hat einige Nächte lang genau Buch geführt und sich die Anzahlen der pro Nacht verbrauchten Windeln notiert:

Anzahl Windeln	Nacht Nr.				
	1	2	3	4	5
Baby L.	4	3	3	6	3
Baby F.	3	2	4	2	4

Nehmen Sie an, dass diese Daten die Realisierungen zweier einfacher Stichproben darstellen.

Der Vater stellt die Hypothese auf, es sei wahrscheinlicher, dass L. pro Nacht mehr Windeln als F. braucht, als umgekehrt. Lässt sich diese Hypothese mit obigen Daten statistisch bestätigen, wenn als Signifikanzniveau 5 % gewählt wird?

Aufgabe 3.35
In einem Biergarten wurden an acht aus der vergangenen Saison zufällig ausgewählten Tagen die Beobachtungspaare (x_i, y_i) zu den beiden Merkmalen

$X =$ „um 10:00 Uhr vormittags im Biergarten gemessene Temperatur" (in Grad Celsius) bzw.

$Y =$ „im Biergarten erzielter Tages-Getränkeumsatz" (in tausend Euro)

erhoben mit folgenden Ergebnissen:

i	1	2	3	4	5	6	7	8
x_i	17	24	28	29	34	26	18	16
y_i	1,7	2,0	1,8	3,3	3,2	2,2	2,3	1,9

Testen Sie das Hypothesenpaar

H_0: X, Y sind unabhängig   gegen H_1: X, Y sind abhängig

zum Signifikanzniveau 10 %.

Aufgabe 3.36

Ein Telekommunikationskonzern hat eine Studie zur Akzeptanz neuer Kommunikationswege durch ältere Personen in Auftrag gegeben. Im Rahmen dieser Studie wurden 1 000 zufällig ausgewählten älteren Personen zwei Fragen vorgelegt, nämlich ob sie (mindestens) ein Handy besitzen bzw. ob sie das Internet nutzen. Die Antworten können der nachfolgenden Tabelle entnommen werden:

	Handy	
Internet	nein	ja
nein	737	109
ja	85	69

a) Der Vorstandsvorsitzende des Telekommunikationskonzerns vermutet, dass unter den älteren Personen der Anteil der Internetnutzer kleiner als der Anteil der Handybesitzer ist. Zu welchen Signifikanzniveaus kann diese Vermutung statistisch bestätigt werden?

b) Überprüfen Sie, ob die beiden Merkmale „Handybesitz" und „Internetnutzung" bei älteren Personen voneinander unabhängig sind. Stellen Sie dabei sicher, dass die Wahrscheinlichkeit für einen Fehler 1. Art 0,5 % nicht übersteigt.

Aufgabe 3.37

Zum Wasserverbrauch (in 100 m^3) pro Person und Jahr in einer Großstadt liegen folgende Realisierungen x_i einer einfachen Stichprobe $X_1, \ldots, X_5$ vor:

$$0{,}90, \quad 0{,}75, \quad 0{,}84, \quad 1{,}50, \quad 1{,}00.$$

Testen Sie zum Signifikanzniveau 5 %, ob für die stetige Verteilungsfunktion $F(x)$ der X_i folgende Verteilungsfunktion $F_0(x)$ infrage kommt oder nicht:

$$F_0(x) = \begin{cases} 0, & \text{für } x < 0 \\ \frac{2x}{3}, & \text{für } 0 \leqq x < 1 \\ \frac{1}{3}[2x - (x-1)^2], & \text{für } 1 \leqq x < 2 \\ 1, & \text{für } x \geqq 2. \end{cases}$$

4 Regressionsanalyse

4.1 Grundmodell

Die Regressionsanalyse ist ein Teilgebiet der Statistik, welches den funktionalen Zusammenhang zwischen einem abhängigen Merkmal, dem so genannten *Regressanden*, und einem oder mehreren unabhängigen Merkmalen, den so genannten *Regressoren*, untersucht. Den einfachsten Fall, nämlich den einer unabhängigen Variablen, haben wir bereits in der deskriptiven Statistik behandelt.

Bevor wir ein Regressionsmodell explizit formulieren, treffen wir einige Annahmen: Der Regressand ist eine beobachtbare, kardinal skalierte Zufallsvariable, während die Regressoren deterministisch sind. Zwischen den Regressoren und dem Regressanden besteht ein fester funktionaler Zusammenhang f. Alle nicht kontrollierbaren bzw. nicht erfassbaren Einflüsse werden auf einen *Störterm* ausgelagert, der damit eine Zufallsvariable darstellt. Erhebt man nun eine Stichprobe vom Umfang n, so erhält man für die m Regressoren jeweils n Beobachtungswerte x_{ij} sowie für den Regressanden Y_i genau n Realisationen y_i (mit $i = 1, \ldots, n$ und $j = 1, \ldots, m$). Damit ergibt sich in allgemeiner Form das Modell

$$Y_i = f(x_{i1}, \ldots, x_{im}; U_i),$$

wobei U_i den zu Y_i gehörenden Störterm bezeichnet. Im Fall $m = 1$ liegt nur ein Regressor vor, weshalb wir dann auf den Index j verzichten und dessen Beobachtungswerte mit x_i bezeichnen. Folgendes Beispiel verdeutlicht verschiedene mögliche funktionale Zusammenhänge.

Beispiel 4.1
Ein Unternehmer, der im Exportgeschäft tätig ist, vermutet einen Zusammenhang zwischen seinen Auftragsbeständen Y und dem US-Dollarkurs x. Er geht dabei von zwei verschiedenen Funktionstypen aus:

$$f_1(x_i; U_i) = \beta_0 + \beta_1 x_i + U_i \quad \text{bzw.} \quad f_2(x_i; U_i) = \beta_0 \, e^{(\beta_1 x_i - \beta_2) \cdot U_i}.$$

Mithilfe einer Regressionsanalyse soll untersucht werden, welches Modell die aus der Vergangenheit bekannten Auftragsbestände besser durch den Dollarkurs zu erklären im Stande ist.

An diesem Beispiel lässt sich erkennen, dass einer Regressionsanalyse verschiedene Zielsetzungen zu Grunde liegen können. So kann das Ziel einerseits in der Identifikation einer geeigneten funktionalen Beziehung f bestehen oder aber bei Kenntnis der funktionalen Beziehung im Schätzen der Modellparameter bzw. der Prognose zukünftiger Ausprägungen des Regressanden bei gegebenen Ausprägungen der Regressoren.

In vielen Anwendungen unterstellt man einen linearen funktionalen Zusammenhang f. Das zu analysierende Modell lautet dann

$$\boxed{Y_i = \beta_0 + \beta_1 x_{i1} + \cdots + \beta_m x_{im} + U_i}$$

für $i = 1, \ldots, n$, wobei die $\beta_0, \ldots, \beta_m$ feste unbekannte Parameter, die so genannten *Regressionskoeffizienten*, darstellen. $\beta_1, \ldots, \beta_m$ beschreibt den Einfluss von Regressor $1, \ldots, m$ auf den

Regressanden; β_0 ist ein Absolutglied. Die Aufgabe der Regressionsanalyse besteht darin, mithilfe der erhobenen Werte x_{ij} und y_i Schätzwerte $\hat{\beta}_0, \ldots, \hat{\beta}_m$ für die Regressionskoeffizienten zu berechnen. Für $m = 1$ sprechen wir von einem *einfachen linearen Regressionsmodell*, für $m > 1$ von einem *multiplen linearen Regressionsmodell*. Wir stellen beide Modelltypen anhand zweier Beispiele vor.

Beispiel 4.2
Einem monopolistischen Anbieter liegen aus den vergangenen zwei Jahren Quartalsdaten für die Preise x_i (in Euro) eines Produktes und die dazugehörigen Absatzmengen y_i (in tausend Stück) vor:

Jahr	Quartal	x_i	y_i
2009	I	45	312
	II	43	451
	III	39	501
	IV	48	401
2010	I	54	268
	II	52	398
	III	51	350
	IV	40	438

Es wird ein linearer Zusammenhang unterstellt, wobei der Preis das vom Unternehmen zu beeinflussende Merkmal darstellt. Damit kann das folgende einfache lineare Regressionsmodell aufgestellt werden:

$$Y_i = \beta_0 + \beta_1 x_i + U_i \,.$$

Dieses Modell, allerdings ohne explizite Störterme, ist uns bereits aus der deskriptiven Statistik vertraut.

Beispiel 4.3
Ein Unternehmen möchte den Absatz für ein bestimmtes Produkt prognostizieren. Dazu soll der Zusammenhang zwischen dem Absatz, dem eigenen Preis (Regressor Nr. 1), dem Preis des stärksten Konkurrenten (Regressor Nr. 2), den eigenen Werbeausgaben (Regressor Nr. 3) und den Werbeausgaben des stärksten Konkurrenten (Regressor Nr. 4) untersucht werden. Folgende Daten (jeweils in tausend Euro) liegen vor:

Jahr	Quartal	x_{i1}	x_{i2}	x_{i3}	x_{i4}	y_i
2009	I	45	46	49	100	2 250
	II	57	53	52	80	2 248
	III	69	63	67	123	2 234
	IV	63	59	45	78	2 243
2010	I	40	43	39	78	2 256
	II	52	52	56	38	2 267
	III	53	53	67	89	2 258
	IV	65	56	55	78	2 238

Das Unternehmen unterstellt dabei folgendes multiples lineares Regressionsmodell:

$$Y_i = \beta_0 + \beta_1 x_{i1} + \cdots + \beta_4 x_{i4} + U_i \,.$$

Insbesondere wenn die Anzahl Regressoren im multiplen linearen Regressionsmodell relativ groß ist, so bietet sich eine Modellformulierung in Matrixschreibweise an.

4.2 Parameterschätzung

In diesem Fall setzen wir

$$\mathbf{Y} = \begin{pmatrix} Y_1 \\ Y_2 \\ \vdots \\ Y_n \end{pmatrix}, \quad \mathbf{X} = \begin{pmatrix} 1 & x_{11} & x_{12} & \cdots & x_{1m} \\ 1 & x_{21} & x_{22} & \cdots & x_{2m} \\ \vdots & \vdots & \vdots & \ddots & \vdots \\ 1 & x_{n1} & x_{n2} & \cdots & x_{nm} \end{pmatrix}, \quad \boldsymbol{\beta} = \begin{pmatrix} \beta_0 \\ \beta_1 \\ \vdots \\ \beta_m \end{pmatrix}, \quad \mathbf{U} = \begin{pmatrix} U_1 \\ U_2 \\ \vdots \\ U_n \end{pmatrix}$$

und erhalten das multiple lineare Regressionsmodell:

$$\boxed{\mathbf{Y} = \mathbf{X}\boldsymbol{\beta} + \mathbf{U}}$$

Liegen Erkenntnisse vor, die einen nichtlinearen funktionalen Zusammenhang nahe legen, so muss eine nichtlineare Regression durchgeführt werden. Auf die mit nichtlinearen Zusammenhängen verbundenen Probleme werden wir am Ende dieses Kapitels kurz eingehen.

4.2 Parameterschätzung

4.2.1 Schätzung der Regressionskoeffizienten

Unter der Vielzahl von Möglichkeiten, Schätzwerte $\hat{\beta}_0, \ldots, \hat{\beta}_m$ für die unbekannten Regressionskoeffizienten $\beta_0, \ldots, \beta_m$ aus einer vorliegenden Stichprobe zu berechnen, ist das *Prinzip der kleinsten Quadrate* (KQ-Prinzip) am weitesten verbreitet. Die Gründe dafür sind, neben der relativ leichten Rechenbarkeit, die günstigen statistischen Eigenschaften der nach diesem Prinzip konstruierten Schätzfunktionen, auf die wir später noch genauer eingehen werden. Mit der geschätzten Regressionsfunktion

$$\hat{y}_i = \hat{\beta}_0 + \hat{\beta}_1 x_{i1} + \cdots + \hat{\beta}_m x_{im}$$

erhalten wir zu den Beobachtungen y_i die theoretischen (durch die Regression erklärten) Werte $\hat{y}_i$ und damit die *Residuen* $\hat{u}_i = y_i - \hat{y}_i$. Nach dem Prinzip der kleinsten Quadrate soll die Summe der quadrierten Residuen minimiert werden:

$$\sum_{i=1}^n \hat{u}_i^2 = \sum_{i=1}^n (y_i - \hat{y}_i)^2 = \sum_{i=1}^n (y_i - \hat{\beta}_0 - \hat{\beta}_1 x_{i1} - \cdots - \hat{\beta}_m x_{im})^2 \to \min .$$

Mit den Vektoren $\hat{\boldsymbol{\beta}} = (\hat{\beta}_0, \hat{\beta}_1, \ldots, \hat{\beta}_m)^\top$ und $\mathbf{y} = (y_1, y_2, \ldots, y_n)^\top$ lautet dieses Minimierungsproblem in Matrixschreibweise:

$$\sum_{i=1}^n \hat{u}_i^2 = \sum_{i=1}^n (y_i - \hat{y}_i)^2 = (\mathbf{y} - \hat{\mathbf{y}})^\top (\mathbf{y} - \hat{\mathbf{y}}) = (\mathbf{y} - \mathbf{X}\hat{\boldsymbol{\beta}})^\top (\mathbf{y} - \mathbf{X}\hat{\boldsymbol{\beta}}) \to \min ,$$

wobei die Beziehung $\hat{\mathbf{y}} = \mathbf{X}\hat{\boldsymbol{\beta}}$ verwendet wurde. Differentiation und Nullsetzen ergibt:

$$\frac{\partial (\mathbf{y} - \mathbf{X}\hat{\boldsymbol{\beta}})^\top (\mathbf{y} - \mathbf{X}\hat{\boldsymbol{\beta}})}{\partial \hat{\boldsymbol{\beta}}} = \frac{\partial (\mathbf{y}^\top \mathbf{y} - 2\hat{\boldsymbol{\beta}}^\top \mathbf{X}^\top \mathbf{y} + \hat{\boldsymbol{\beta}}^\top \mathbf{X}^\top \mathbf{X}\hat{\boldsymbol{\beta}})}{\partial \hat{\boldsymbol{\beta}}} = -2\mathbf{X}^\top \mathbf{y} + 2\mathbf{X}^\top \mathbf{X}\hat{\boldsymbol{\beta}} = \mathbf{0} .$$

Letztere Bedingung ist äquivalent zu den so genannten *Normalgleichungen*

$$\mathbf{X}^\top \mathbf{X} \hat{\boldsymbol{\beta}} = \mathbf{X}^\top \mathbf{y}.$$

Dieses Gleichungssystem kann nur dann nach $\hat{\boldsymbol{\beta}}$ aufgelöst werden, wenn $(\mathbf{X}^\top \mathbf{X})^{-1}$ existiert. Wir treffen deshalb folgende Annahme:

Annahme 4.1
$\mathbf{X}^\top \mathbf{X}$ besitzt den vollen Rang $m+1$. Dann existiert auch $(\mathbf{X}^\top \mathbf{X})^{-1}$.

Ist die Annahme 4.1 erfüllt, so können wir die Normalgleichungen von beiden Seiten mit der Inversen von $\mathbf{X}^\top \mathbf{X}$ multiplizieren und erhalten die folgende Schätzung für die Regressionskoeffizienten $\boldsymbol{\beta}$:

$$\boxed{\hat{\boldsymbol{\beta}} = (\mathbf{X}^\top \mathbf{X})^{-1} \mathbf{X}^\top \mathbf{y}}$$

Für $m=1$ erhalten wir die aus der deskriptiven Statistik bekannten Schätzer $\hat{\beta}_0$ und $\hat{\beta}_1$, wie sich leicht verifizieren lässt. Dazu fassen wir die Ausgangsdaten in dem Beobachtungsvektor $\mathbf{y}$ und der Matrix $\mathbf{X}$ zusammen:

$$\mathbf{y} = \begin{pmatrix} y_1 \\ y_2 \\ \vdots \\ y_n \end{pmatrix} \quad \text{und} \quad \mathbf{X} = \begin{pmatrix} 1 & x_1 \\ 1 & x_2 \\ \vdots & \vdots \\ 1 & x_n \end{pmatrix}.$$

Wir bilden $\mathbf{X}^\top \mathbf{X}$ sowie $\mathbf{X}^\top \mathbf{y}$:

$$\mathbf{X}^\top \mathbf{X} = \begin{pmatrix} n & \sum_{i=1}^n x_i \\ \sum_{i=1}^n x_i & \sum_{i=1}^n x_i^2 \end{pmatrix}, \quad \mathbf{X}^\top \mathbf{y} = \begin{pmatrix} \sum_{i=1}^n y_i \\ \sum_{i=1}^n x_i y_i \end{pmatrix}.$$

Im nächsten Schritt invertieren wir $\mathbf{X}^\top \mathbf{X}$:

$$(\mathbf{X}^\top \mathbf{X})^{-1} = \frac{1}{n \sum_{i=1}^n x_i^2 - \left(\sum_{i=1}^n x_i\right)^2} \begin{pmatrix} \sum_{i=1}^n x_i^2 & -\sum_{i=1}^n x_i \\ -\sum_{i=1}^n x_i & n \end{pmatrix}.$$

Zur Berechnung der Schätzfunktionen multiplizieren wir dieses Ergebnis von rechts mit $\mathbf{X}^\top \mathbf{y}$ und erhalten schließlich:

$$\hat{\beta}_1 = \frac{n \sum_{i=1}^n x_i y_i - \sum_{i=1}^n x_i \sum_{i=1}^n y_i}{n \sum_{i=1}^n x_i^2 - \left(\sum_{i=1}^n x_i\right)^2} = \frac{\sum_{i=1}^n x_i y_i - n \bar{x} \bar{y}}{\sum_{i=1}^n x_i^2 - n \bar{x}^2} \quad \text{und}$$

$$\hat{\beta}_0 = \frac{\sum_{i=1}^n x_i^2 \sum_{i=1}^n y_i - \sum_{i=1}^n x_i \sum_{i=1}^n x_i y_i}{n \sum_{i=1}^n x_i^2 - \left(\sum_{i=1}^n x_i\right)^2} = \bar{y} - \hat{\beta}_1 \bar{x}.$$

4.2 Parameterschätzung

Beispiel 4.4
Die Schätzung der Regressionskoeffizienten des multiplen linearen Regressionsmodells aus Beispiel 4.3 ergibt

$$\mathbf{X}^\top \mathbf{X} = \begin{pmatrix} 8 & 444 & 425 & 430 & 664 \\ 444 & 25\,342 & 24\,028 & 24\,225 & 37\,344 \\ 425 & 24\,028 & 22\,873 & 23\,106 & 35\,606 \\ 430 & 24\,225 & 23\,106 & 23\,790 & 36\,234 \\ 664 & 37\,344 & 35\,606 & 36\,234 & 59\,146 \end{pmatrix}$$

sowie

$$(\mathbf{X}^\top \mathbf{X})^{-1} = \begin{pmatrix} 23{,}819 & 0{,}592 & -1{,}085 & 0{,}032 & -0{,}008 \\ 0{,}592 & 0{,}025 & -0{,}039 & 0{,}001 & -0{,}000 \\ -1{,}085 & -0{,}039 & 0{,}066 & -0{,}004 & 0{,}000 \\ 0{,}032 & 0{,}001 & -0{,}004 & 0{,}002 & 0{,}000 \\ -0{,}008 & 0{,}000 & 0{,}000 & 0{,}000 & 0{,}000 \end{pmatrix}.$$

Folglich ist

$$\hat{\boldsymbol{\beta}} = (\mathbf{X}^\top \mathbf{X})^{-1} \mathbf{X}^\top \mathbf{y} = (\mathbf{X}^\top \mathbf{X})^{-1} \begin{pmatrix} 179 \\ 9\,981 \\ 9\,556 \\ 9\,670 \\ 14\,922 \end{pmatrix} = \begin{pmatrix} 2\,266{,}61 \\ -1{,}81 \\ 1{,}58 \\ 0{,}42 \\ -0{,}28 \end{pmatrix}.$$

Damit erhält man die Regressionsfunktion

$$\hat{y} = 2\,266{,}61 - 1{,}81 x_1 + 1{,}58 x_2 + 0{,}42 x_3 - 0{,}28 x_4.$$

Wir erkennen, dass der Absatz bei sinkendem eigenen Preis x_1 und/oder Werbebudget des Konkurrenten x_4 bzw. steigendem Preis des Konkurrenten x_2 und/oder eigenem Werbebudget x_3 ansteigt. Kennt das Unternehmen die Werte der Preise sowie der Werbebudgets für das folgende Quartal, so kann es den Absatz prognostizieren.

4.2.2 Güte der Schätzung

Die durch die Regression erklärten Werte $\hat{y}_i$ weichen im Allgemeinen von den beobachteten empirischen Werten y_i ab. Um ein Maß für die Güte der Anpassung zu erhalten, führen wir – ähnlich wie bei der Varianzanalyse – eine Quadratsummenzerlegung durch. Es gilt der folgende Zusammenhang:

$$\underbrace{\sum_{i=1}^{n}(y_i - \bar{y})^2}_{\substack{\text{Gesamtvarianz} \\ \downarrow \\ \text{aus Daten gegeben}}} = \underbrace{\sum_{i=1}^{n}(\hat{y}_i - \bar{y})^2}_{\substack{\text{erklärte Varianz} \\ \downarrow \\ \text{als Restgröße maximal}}} + \underbrace{\sum_{i=1}^{n}(y_i - \hat{y}_i)^2}_{\substack{\text{Residualvarianz} \\ \downarrow \\ \text{durch Ansatz minimiert}}}$$

Damit liegt es nahe, die Güte der Anpassung durch das Verhältnis aus erklärter Quadratsumme zu gesamter Quadratsumme zu erfassen:

$$R^2 = \frac{\sum_{i=1}^{n}(\hat{y}_i - \bar{y})^2}{\sum_{i=1}^{n}(y_i - \bar{y})^2} = 1 - \frac{\sum_{i=1}^{n}(y_i - \hat{y}_i)^2}{\sum_{i=1}^{n}(y_i - \bar{y})^2} = 1 - \frac{\sum_{i=1}^{n}\hat{u}_i^2}{\sum_{i=1}^{n}(y_i - \bar{y})^2}$$

R^2 ist uns bereits als *Determinationskoeffizient* bekannt. Im Kontext der multiplen Regression wird diese Größe auch als *multiples Bestimmtheitsmaß* bezeichnet. Für ihren Wertebereich gilt $0 \leq R^2 \leq 1$. Wie in der deskriptiven Statistik nimmt R^2 den Wert 1 an, falls die Restvarianz verschwindet, d.h. wenn $\hat{u}_1 = \cdots = \hat{u}_n = 0$. Je kleiner (größer) die Residuen $\hat{u}_i$ sind, desto größer (kleiner) ist R^2. Deshalb kann die Anpassungsgüte mithilfe von R^2 beurteilt werden.

Bei Hinzunahme weiterer Regressoren steigt R^2 an. Dieser Einfluss wird beim so genannten *korrigierten multiplen Bestimmtheitsmaß* $\bar{R}^2$ (adjusted R^2) eliminiert:

$$\bar{R}^2 = 1 - \frac{n-1}{n-(m+1)} \cdot (1 - R^2)$$

$\bar{R}^2$ ist in der Regel kleiner als R^2 und kann auch negativ werden.

Beispiel 4.5
Für die Daten aus Beispiel 4.3 bestimmen wir R^2 sowie $\bar{R}^2$. Dazu verwenden wir die folgende Tabelle:

y_i	$\hat{y}_i$	$\hat{u}_i$	$\hat{u}_i^2$	$y_i - \bar{y}$	$(y_i - \bar{y})^2$
2 250	2 250,13	−0,13	0,02	0,75	0,56
2 248	2 246,46	1,54	2,37	−1,25	1,56
2 234	2 234,64	−0,64	0,41	−15,25	232,56
2 243	2 242,73	0,27	0,07	−6,25	39,06
2 256	2 256,49	−0,49	0,24	6,75	45,56
2 267	2 267,56	−0,56	0,31	17,75	315,06
2 258	2 257,43	0,57	0,32	8,75	76,56
2 238	2 238,56	−0,56	0,31	−11,25	126,56
		Summe	4,05		837,48

Aus der Tabelle können R^2 und $\bar{R}^2$ unmittelbar bestimmt werden:

$$R^2 = 1 - \frac{4{,}05}{837{,}48} = 0{,}9952 \quad \text{bzw.} \quad \bar{R}^2 = 1 - \frac{8-1}{8-(4+1)} \cdot (1 - 0{,}9952) = 0{,}9888.$$

4.2.3 Statistische Eigenschaften

Im Folgenden werden die statistischen Eigenschaften des KQ-Schätzers untersucht. Als Erstes prüfen wir, ob dieser Schätzer erwartungstreu für die Koeffizienten $\boldsymbol{\beta}$ ist, wobei wir den Zufallsvektor der Regressionskoeffizienten mit $\hat{\mathbf{B}}$ bezeichnen:

$$\begin{aligned} \mathrm{E}(\hat{\mathbf{B}}) &= \mathrm{E}[(\mathbf{X}^\top\mathbf{X})^{-1}\mathbf{X}^\top\mathbf{Y}] = \mathrm{E}[(\mathbf{X}^\top\mathbf{X})^{-1}\mathbf{X}^\top\mathbf{X}\boldsymbol{\beta} + (\mathbf{X}^\top\mathbf{X})^{-1}\mathbf{X}^\top\mathbf{U}] \\ &= \mathrm{E}[\boldsymbol{\beta} + (\mathbf{X}^\top\mathbf{X})^{-1}\mathbf{X}^\top\mathbf{U}] = \boldsymbol{\beta} + (\mathbf{X}^\top\mathbf{X})^{-1}\mathbf{X}^\top\mathrm{E}(\mathbf{U}). \end{aligned}$$

$\hat{\boldsymbol{\beta}}$ ist damit genau dann erwartungstreu, wenn wir die folgende Annahme 4.2 treffen.

4.2 Parameterschätzung

Annahme 4.2
$E(\mathbf{U}) = \mathbf{0}$. Dies impliziert insbesondere $E(\mathbf{Y}) = \mathbf{X}\boldsymbol{\beta}$ und $E(\hat{\mathbf{B}}) = \boldsymbol{\beta}$.

Um die Varianz des KQ-Schätzers bestimmen zu können, betrachten wir seine Varianz-Kovarianzmatrix:

$$\begin{aligned}
\text{Var}(\hat{\mathbf{B}}) &= E(\hat{\mathbf{B}}\hat{\mathbf{B}}^\top) - E(\hat{\mathbf{B}})E(\hat{\mathbf{B}})^\top = E\{(\mathbf{X}^\top\mathbf{X})^{-1}\mathbf{X}^\top\mathbf{Y}\,[(\mathbf{X}^\top\mathbf{X})^{-1}\mathbf{X}^\top\mathbf{Y}]^\top\} - \boldsymbol{\beta}\boldsymbol{\beta}^\top \\
&= E\{(\mathbf{X}^\top\mathbf{X})^{-1}\mathbf{X}^\top(\mathbf{X}\boldsymbol{\beta} + \mathbf{U})\,[(\mathbf{X}^\top\mathbf{X})^{-1}\mathbf{X}^\top(\mathbf{X}\boldsymbol{\beta} + \mathbf{U})]^\top\} - \boldsymbol{\beta}\boldsymbol{\beta}^\top \\
&= E[(\boldsymbol{\beta} + (\mathbf{X}^\top\mathbf{X})^{-1}\mathbf{X}^\top\mathbf{U})\,(\boldsymbol{\beta}^\top + \mathbf{U}^\top\mathbf{X}(\mathbf{X}^\top\mathbf{X})^{-1})] - \boldsymbol{\beta}\boldsymbol{\beta}^\top \\
&= E[(\mathbf{X}^\top\mathbf{X})^{-1}\mathbf{X}^\top\mathbf{U}\mathbf{U}^\top\mathbf{X}(\mathbf{X}^\top\mathbf{X})^{-1}] = (\mathbf{X}^\top\mathbf{X})^{-1}\mathbf{X}^\top E(\mathbf{U}\mathbf{U}^\top)\mathbf{X}(\mathbf{X}^\top\mathbf{X})^{-1}.
\end{aligned}$$

Da unter der Annahme 4.2 $E(\mathbf{U}\mathbf{U}^\top) = E(\mathbf{U}\mathbf{U}^\top) - E(\mathbf{U})E(\mathbf{U})^\top = \text{Var}(\mathbf{U})$ gilt, hängt die Varianz-Kovarianzmatrix des Schätzers $\hat{\boldsymbol{\beta}}$ nur von der Varianz-Kovarianzmatrix der Störterme $\mathbf{U}$ ab. Um weitere Aussagen über den KQ-Schätzer treffen zu können, formulieren wir

Annahme 4.3
$\text{Var}(\mathbf{U}) = \sigma^2 \mathbf{I}$, d.h. alle Störterme besitzen dieselbe Varianz σ^2 und sind paarweise unabhängig. $\mathbf{I}$ bezeichnet die n-dimensionale Einheitsmatrix.

Unter dieser Annahme gilt insbesondere auch $\text{Var}(\mathbf{Y}) = \sigma^2 \mathbf{I}$. Mithilfe von Modellannahme 4.3 können wir die Berechnung der Varianz-Kovarianzmatrix des KQ-Schätzers fortsetzen und erhalten:

$$\text{Var}(\hat{\mathbf{B}}) = (\mathbf{X}^\top\mathbf{X})^{-1}\mathbf{X}^\top \sigma^2 \mathbf{I} \mathbf{X}(\mathbf{X}^\top\mathbf{X})^{-1} = \sigma^2 (\mathbf{X}^\top\mathbf{X})^{-1}\mathbf{X}^\top\mathbf{X}(\mathbf{X}^\top\mathbf{X})^{-1} = \sigma^2 (\mathbf{X}^\top\mathbf{X})^{-1}.$$

Für die Varianz eines einzelnen β_j-Schätzers gilt damit die Bestimmungsgleichung

$$\text{Var}(\hat{B}_j) = \sigma^2 d_j,$$

wobei mit d_j ($j = 0, \ldots, m$) die Hauptdiagonalelemente von $(\mathbf{X}^\top\mathbf{X})^{-1}$ bezeichnet werden. Wir verwenden also für β_0 das erste Hauptdiagonalelement, für β_1 das zweite Hauptdiagonalelement usw.

Ohne im Einzelnen einen ausführlichen Nachweis zu erbringen, geben wir im Folgenden noch zwei Eigenschaften der Residuen $\hat{u}_i$ an. Erstens sei festgehalten, dass die Residuen, deren Vektor wir mit $\hat{\mathbf{U}}$ bezeichnen, ebenfalls Erwartungswerte in Höhe von 0 besitzen:

$$E(\hat{\mathbf{U}}) = \mathbf{0}.$$

Diese Eigenschaft hat zur Folge, dass außerdem gilt:

$$E(\hat{\mathbf{U}}^\top \hat{\mathbf{U}}) = [n - (m+1)]\,\sigma^2.$$

Wir lösen diese Gleichung nach σ^2 auf und erhalten $\sigma^2 = E(\hat{\mathbf{U}}^\top\hat{\mathbf{U}})/[n - (m+1)]$. Damit ist offenkundig

$$S^2 = \frac{\hat{\mathbf{U}}^\top \hat{\mathbf{U}}}{n - (m+1)} = \frac{\mathbf{Y}^\top (\mathbf{I} - \mathbf{X}(\mathbf{X}^\top\mathbf{X})^{-1}\mathbf{X}^\top)\mathbf{Y}}{n - (m+1)}$$

eine erwartungstreue Schätzfunktion für die Varianz der Störterme. Dieser Ausdruck wurde hergeleitet unter Verwendung von $\hat{\mathbf{U}} = \mathbf{Y} - \mathbf{X}\hat{\boldsymbol{\beta}}$ in Verbindung mit $\hat{\boldsymbol{\beta}} = (\mathbf{X}^\top\mathbf{X})^{-1}\mathbf{X}^\top\mathbf{Y}$.

4.3 Signifikanztests

Im Folgenden wird zunächst ein Testverfahren vorgestellt, mit dessen Hilfe die im zu untersuchenden Regressionsmodell unterstellten kausalen Zusammenhänge zwischen einzelnen Regressoren und dem Regressanden geprüft werden können. Dazu wird die Nullhypothese H_0: $\beta_j = 0$ getestet. Eine Ablehnung dieser Nullhypothese bedeutet, dass der j-te Regressor einen signifikanten Einfluss auf den Regressanden ausübt. Sind bei einem multiplen Regressionsmodell alle oder nur ein Teil der einzelnen Regressionskoeffizienten nicht signifikant, so ist dies ein Hinweis darauf, dass das Modell bzw. ein Teil davon als falsifiziert betrachtet werden könnte. Es besteht aber noch die Möglichkeit, dass alle Regressoren zusammen einen signifikanten Einfluss auf den Regressanden ausüben. Auch für diesen Fall wird ein Testverfahren vorgestellt, welches die Nullhypothese H_0: $\beta_0 = \cdots = \beta_m = 0$ prüft. Führt dieser globale Test nicht zur Ablehnung der Nullhypothese, so sollte das zu Grunde liegende Modell infrage gestellt werden. Um die angedeuteten Tests durchführen zu können, müssen wir neben den bereits getroffenen Modellannahmen eine Annahme über die Verteilung der Störterme **U** treffen.

Annahme 4.4
$\mathbf{U} \sim N(\mathbf{0}; \sigma^2 \mathbf{I})$, d.h. alle Störterme werden als multivariat normalverteilt angenommen.

Aus dieser Annahme kann auch die Verteilung der KQ-Schätzer erschlossen werden, was die nachfolgenden beiden Signifikanztests ermöglicht.

4.3.1 Einzelne Regressionskoeffizienten

Zur Klärung, ob vom j-ten Regressor ein signifikanter Einfluss auf den Regressanden ausgeht, kann das Hypothesenpaar

$$H_0: \beta_j = 0 \quad \text{gegen} \quad H_1: \beta_j \neq 0$$

mithilfe eines t-Tests überprüft werden. Der Ablauf dieses Tests entspricht der gleichen grundsätzlichen Vorgehensweise, die wir bereits in Abschnitt 3.4 kennen gelernt haben. Die Testfunktion hat die Gestalt

$$\boxed{T = \frac{\hat{\beta}_j}{\sqrt{S^2 d_j}}}$$

und besitzt unter Gültigkeit der Nullhypothese eine $t(n - (m + 1))$-Verteilung. Zu einem vorgegebenen Signifikanzniveau α berechnen wir dann den Testfunktionswert τ und verwerfen die Nullhypothese genau dann, wenn $|\tau| > t_{1-\alpha}$ gilt.

Beispiel 4.6
Für das Regressionsmodell aus Beispiel 4.3 prüfen wir, ob vom eigenen Preis ein signifikanter Einfluss auf den Absatz ausgeht. Mit den Ergebnissen

$$\hat{\beta}_1 = -1{,}81, \quad s^2 = \frac{4{,}05}{8-(4+1)} = 1{,}35 \quad \text{und} \quad d_1 = 0{,}025$$

aus den Beispielen 4.4 und 4.5 erhalten wir

$$\tau = \frac{-1{,}81}{\sqrt{1{,}35 \cdot 0{,}025}} = -9{,}85.$$

Bei einem Signifikanzniveau von 5 % ergibt sich ein aus der $t(3)$-Verteilung stammender kritischer Wert von $t_{0{,}95} = 2{,}3534$. Aus $|\tau| = 9{,}85 > 2{,}3534$ kann geschlossen werden, dass der eigene Preis einen signifikanten Einfluss auf den Absatz ausübt.

4.3.2 Alle Regressionskoeffizienten

Zur Überprüfung des Hypothesenpaares

$$H_0: \beta_0 = \beta_1 = \cdots = \beta_m = 0 \quad \text{gegen} \quad H_1: \text{mindestens ein } \beta_j \text{ ist} \neq 0$$

ist der so genannte F-Test geeignet. Kann die Nullhypothese nicht verworfen – und mithin keinerlei Erklärungswert der Regressoren nachgewiesen – werden, so sollte das zu Grunde liegende Modell infrage gestellt werden. Die Testfunktion genügt einer $F(m; n - (m + 1))$-Verteilung und lautet:

$$T = \frac{[n - (m + 1)] \cdot R^2}{m \cdot (1 - R^2)}$$

Die Nullhypothese ist zu verwerfen, falls $\tau > f_{1-\alpha}$ gilt, wobei $f_{1-\alpha}$ das $(1 - \alpha)$-Quantil der $F(m; n - (m + 1))$-Verteilung bezeichnet.

Beispiel 4.7
Wir greifen wieder das Regressionsmodell aus Beispiel 4.3 auf und testen nun das Gesamtmodell. Aus Beispiel 4.5 ist uns bereits $R^2 = 0{,}9952$ bekannt, so dass wir τ bestimmen können:

$$\tau = \frac{[8 - (4 + 1)] \cdot 0{,}9952}{4 \cdot (1 - 0{,}9952)} = 155{,}5\,.$$

Mit $f_{0,95} = 9{,}12$ aus der $F(4; 3)$-Verteilung gilt für den Testfunktionswert $\tau > f_{1-\alpha}$. Wie nach den Ergebnissen aus Beispiel 4.5 zu erwarten war, kommen wir auch hier zur Ablehnung der Nullhypothese. Damit scheint das unterstellte Modell den Absatzverlauf gut zu erklären und zukünftige Absatzzahlen prognostizieren zu können.

4.4 Überprüfung der Modellannahmen

4.4.1 Multikollinearität

Besitzt die Matrix $\mathbf{X}^\top \mathbf{X}$ nicht den vollen Rang und ist damit die Annahme 4.1 verletzt, so besteht eine lineare Abhängigkeit zwischen zwei oder mehreren Regressoren. In derartigen Fällen kann die Schätzung der Regressionskoeffizienten nicht vorgenommen werden, da $(\mathbf{X}^\top \mathbf{X})^{-1}$ nicht existiert. In der Realität kommen derartige exakte Abhängigkeiten allerdings nur in Ausnahmefällen vor, etwa wenn die Regressoren über Definitionsgleichungen verknüpft sind. Wenn die Regressoren jedoch nicht vollständig, sondern nur annähernd linear abhängig sind, sind die Inverse $(\mathbf{X}^\top \mathbf{X})^{-1}$ und damit auch die Schätzwerte für die Regressionskoeffizienten zwar berechenbar. Diese können dann aber weder sinnvoll interpretiert noch für eine solide Prognose genutzt werden. Außerdem kann es zu nummerischen Problemen bei der Berechnung der Schätzer kommen, so dass Rundungsungenauigkeiten teils erhebliche Schätzfehler bewirken. Man spricht in solchen Fällen von *Multikollinearität*. Einen Hinweis auf paarweise Multikollinearität erhält man aus der Korrelationsmatrix, d.h. der Matrix der paarweisen Korrelationskoeffizienten der Regressoren (vgl. hierzu auch S. 32): Eine hohe Korrelation zwischen zwei Regressoren kann als Indiz für redundante Informationen gewertet werden. Um Rechenungenauigkeiten bei der Ermittlung von $(\mathbf{X}^\top \mathbf{X})^{-1}$ zu vermeiden, sollte dann einer der stark korrelierten Regressoren eliminiert werden.

Zur Aufdeckung einer nahezu linearen Abhängigkeit zwischen mehr als zwei Regressoren ist Folgendes sinnvoll: Für jeden Regressor Nr. $j = 1, \ldots, m$ wird das Regressionsmodell

$$X_{ij} = \beta_0 + \beta_1 x_{i1} + \cdots + \beta_{j-1} x_{i,j-1} + \beta_{j+1} x_{i,j+1} + \cdots + \beta_m x_{im} + U_i$$

aufgestellt und das zugehörige multiple Bestimmtheitsmaß R_j^2 sowie daraus die unter dem Namen *Varianzinflationsfaktor* (kurz: *VIF*) bekannte Prüfgröße

$$VIF_j = \frac{1}{1 - R_j^2}$$

berechnet. Ein hoher Wert des multiplen Bestimmtheitsmaßes R_j^2 und damit auch ein großer Wert von VIF_j bedeutet, dass der j-te Regressor durch die übrigen Regressoren erklärt werden kann. Üblicherweise wird ein $VIF_j > 10$ als ein Hinweis auf Multikollinearität gewertet. In diesem Fall sollte geklärt werden, ob Regressoren aus dem Modell zu nehmen sind oder ob die hinter dem Modell stehende Theorie überprüft werden muss.

Beispiel 4.8
Für die Regressoren aus dem Beispiel 4.3 ergibt sich folgende Korrelationsmatrix:

$$\mathbf{R} = \begin{pmatrix} 1{,}0000 & 0{,}9696 & 0{,}5228 & 0{,}2928 \\ 0{,}9696 & 1{,}0000 & 0{,}5867 & 0{,}3035 \\ 0{,}5228 & 0{,}5867 & 1{,}0000 & 0{,}3291 \\ 0{,}2928 & 0{,}3035 & 0{,}3291 & 1{,}0000 \end{pmatrix}.$$

Erkennbar ist eine hohe Korrelation zwischen den ersten beiden Regressoren ($r_{12} = 0{,}9696$). Damit liegt ein Hinweis auf Multikollinearität vor. Deshalb entfernen wir den zweiten Regressor aus dem Modell. Die Schätzung des verkleinerten Modells ergibt dann die Regressionsfunktion

$$\hat{y} = 2292{,}53 - 0{,}87 x_1 + 0{,}53 x_3 - 0{,}28 x_4 \,.$$

Die Korrelationen liegen nun alle zwischen 0,29 und 0,52. Die R^2-Werte zur Aufdeckung von Multikollinearität zwischen mehreren Regressoren sind für das verkleinerte Modell ebenfalls gering ($R_1^2 = 0{,}2896$, $R_3^2 = 0{,}3072$ und $R_4^2 = 0{,}1283$). Folglich sind keine Indizien für Multikollinearität mehr erkennbar.

4.4.2 Heteroskedastizität

Bei Verletzung der Annahme 4.3 sind die Varianzen nicht für alle Residuen gleich. Dies wird als *Heteroskedastizität* bezeichnet. Sie hat zwar keinerlei Auswirkungen auf die Erwartungstreue der Schätzung, wohl aber auf deren Wirksamkeit. Daher ist es notwendig, Heteroskedastizität aufzuspüren und – sofern möglich – deren Ursache zu beseitigen. Für die Überprüfung der Annahme gleicher Varianzen existieren einige statistische Testverfahren. Die gebräuchlichsten sind der *Goldfeld-Quandt-Test* und der *White-Test* (siehe auch von Auer, 2007). Der Goldfeld-Quandt-Test ist vor allem dann sinnvoll, wenn bereits ein Verdacht besteht, durch welchen Regressor möglicherweise die Annahmenverletzung verursacht sein könnte. Besteht keine solche Vermutung, so kann der White-Test angewendet werden. Dieser Test basiert auf einer Hilfsregression, bei der die Residuen des eigentlichen Regressionsmodells als eine lineare Funktion sämtlicher Modellvariablen, derer Quadrate sowie Kreuzprodukte aufgefasst werden. Große Werte des aus der Hilfsregression stammenden multiplen Bestimmtheitsmaßes werden dann als Indiz für Heteroskedastizität gewertet.

Einen visuellen Hinweis auf Heteroskedastizität liefern auch so genannte *Residuenplots*. Es lässt sich zeigen, dass bei gleichen Varianzen der Residuen der Korrelationskoeffizient zwischen den Residuen $\hat{u}_i$ und den durch die Regression erklärten Werten $\hat{y}_i$ gleich null ist. Trägt man die Wertepaare $(\hat{y}_i, \hat{u}_i)$ in ein Streuungsdiagramm ein und ergeben sich dabei erkennbare Muster, so ist dies ein Hinweis auf das Vorliegen hoher Korrelationen. Ursächlich dafür können Heteroskedastizität oder eine nichtlineare Beziehung zwischen Regressoren und Regressand sein.

4.4.3 Nicht normalverteilte Störterme

Grundlegende Voraussetzung für die Anwendbarkeit der in Abschnitt 4.3 diskutierten Testverfahren ist die Annahme normalverteilter Störterme. Deshalb sollte insbesondere auch überprüft werden, ob diese Annahme erfüllt ist. Ein hierfür nützliches Hilfsmittel ist der so genannte *Quantil-Quantil-Plot*. Um diesen zu erstellen, werden die Residuen $\hat{u}_i$ üblicherweise standardisiert und aufsteigend sortiert. Damit entspricht jedes Residuum einem Quantil. Daraufhin ermittelt man die zugehörigen Quantile der Standardnormalverteilung z_i und trägt die Punkte $(z_i, \hat{u}_i)$ in ein Streuungsdiagramm ein. Auffallende Abweichungen dieser von der 45°-Linie weisen auf eine Verletzung der Normalverteilungsannahme hin.

Neben dieser grafischen Überprüfungsmethode existieren zahlreiche einschlägige Signifikanztests. Bereits aus Abschnitt 3.6.6 ist uns der Kolmogorov-Smirnov-Test bekannt. Dieser ist allerdings ein allgemeiner Anpassungstest. Für den hier vorliegenden speziellen Anwendungsfall eines Tests auf Normalverteilung existieren besser geeignete Alternativen, wie beispielsweise die gelegentlich als *Lilliefors-Test* bezeichnete Modifikation des Kolmogorov-Smirnov-Tests. Weitere bekannte Verfahren sind der *Shapiro-Wilk-Test* sowie der *Anderson-Darling-Test*. Ausführliche Darstellungen dieser Tests sind beispielsweise bei Sachs/Heddrich (2009) und bei Hartung et al. (2009) zu finden. Zu beachten ist jedoch immer, dass bei sämtlichen genannten Testverfahren die Nullhypothese von der Gültigkeit der Normalverteilungsannahme ausgeht, so dass eine Nichtablehnung dieser keineswegs als eine Bestätigung für das Vorliegen normalverteilter Residuen angesehen werden darf.

4.5 Erweiterungen

4.5.1 Nichtlineare Regression

In der bisherigen formalen Darstellung sind wir stets von einem linearen Zusammenhang zwischen dem Regressanden und den Regressoren ausgegangen. Wie wir aber im vorhergehenden Abschnitt gesehen haben, können während der Durchführung einer Regressionsanalyse Indizien für einen nichtlinearen Zusammenhang auftreten. Auch bei vielen in der Wirtschaftstheorie betrachteten Funktionen geht man a priori von nichtlinearen Zusammenhängen aus. Meist wird versucht, diese Funktionen zu linearisieren und sodann die linearisierte Variante mithilfe der KQ-Methode zu schätzen. Das nachfolgende Beispiel soll dies verdeutlichen.

Beispiel 4.9
Eine in der Wirtschaftstheorie häufig benutzte nichtlineare Funktion ist die Cobb-Douglas-Produktionsfunktion. Diese beschreibt formal den Zusammenhang zwischen den in die Produktion eingehenden Faktormengen und dem Produktionsertrag. In der einfachsten Formulierung (mit zwei Produktionsfaktoren und ohne technischen Fortschritt) lautet sie

$$y_i = \beta_0 \, k_i^{\beta_1} \, \ell_i^{\beta_2},$$

wobei k_i den Kapitaleinsatz, ℓ_i den Arbeitseinsatz und y_i den Ertrag in Periode i bezeichnet. Diese Funktion kann durch Logarithmieren linearisiert werden:

$$\ln y_i = \ln \beta_0 + \beta_1 \ln k_i + \beta_2 \ln \ell_i \,.$$

Ersetzt man nun $\tilde{y}_i = \ln y_i$, $\tilde{\beta}_0 = \ln \beta_0$, $\tilde{x}_{i1} = \ln k_i$ und $\tilde{x}_{i2} = \ln \ell_i$, so erhält man die lineare Funktion

$$\tilde{y}_i = \tilde{\beta}_0 + \beta_1 \tilde{x}_{i1} + \beta_2 \tilde{x}_{i2} \,,$$

die mithilfe der KQ-Methode geschätzt werden kann.

Die Regressionsanalyse derartiger linearisierter Funktionen wirft allerdings statistische Probleme unter anderem bzgl. der Tests auf, die an dieser Stelle jedoch nicht weiter diskutiert werden sollen. Außerdem sei darauf hingewiesen, dass obige Vorgehensweise im Allgemeinen keine exakten Lösungen garantiert. Ist eine Linearisierung nicht möglich, so stehen auch Verfahren der nichtlinearen Regression zur Verfügung. Auf diese gehen wir ebenfalls nicht weiter ein und verweisen daher auf weiterführende Literatur, wie z.B. Stock/Watson (2011).

4.5.2 Robuste Regression

Der hier vorgestellte Kleinst-Quadrate-Schätzer $\hat{\boldsymbol{\beta}}$ kann bei Verletzung der Modellannahmen oder bei Vorliegen extremer Ausreißer im Datenmaterial ein schlechter Schätzer für $\boldsymbol{\beta}$ sein. Deshalb sucht man Schätzer, die robust gegenüber derartigen Störungen sind. Ein Beispiel für einen solchen *robusten Schätzer* ist der so genannte *iterativ gewichtete Kleinst-Quadrate-Schätzer*. Zur Berechnung dieses Schätzers werden Verfahren benutzt, die bei jedem Iterationsschritt die Beobachtungen gewichten. Die Regression wird abgebrochen, wenn sich die Regressionsfunktion nicht mehr spürbar ändert. Eine Diskussion der statistischen Eigenschaften solcher robusten Schätzer kann beispielsweise bei Hartung/Elpelt (2007) gefunden werden.

4.6 Aufgaben

Die nachfolgende Übersicht gibt Auskunft über die Zuordnung der Aufgaben zu den Themengebieten:

Themengebiet	Aufgaben
Parameterschätzung	4.1, 4.2, 4.4, 4.5, 4.6, 4.7, 4.8, 4.9, 4.10, 4.11, 4.12, 4.13, 4.17, 4.18
Prognose	4.3, 4.15, 4.18
Signifikanztests	4.14, 4.16, 4.17, 4.18, 4.19

4.6 Aufgaben

Aufgabe 4.1
Aus welchem Grund lässt sich für die folgende Datenmatrix **X** keine multiple lineare Regression durchführen?

$$\mathbf{X} = \begin{pmatrix} 1 & 1 & 2 & 5 & 0 \\ 1 & 3 & 2 & 4 & 3 \\ 1 & 5 & 2 & 3 & 0 \\ 1 & 7 & 2 & 2 & 4 \\ 1 & 9 & 2 & 1 & 7 \\ 1 & 11 & 2 & 0 & 6 \end{pmatrix}$$

Aufgabe 4.2
Zeigen Sie die Gültigkeit der Aussagen

a) „Das multiple Bestimmtheitsmaß R^2 wächst bei Hinzunahme von Regressoren an",

b) „Das multiple Bestimmtheitsmaß R^2 kann bei Hinzunahme von Beobachtungen fallen".

Aufgabe 4.3
Zur Analyse einer Zeitreihe Y_i aus monatlichen Daten werde das multiple lineare Regressionsmodell

$$Y_i = \beta_0 + \beta_1 x_{i1} + \cdots + \beta_{11} x_{i,11} + U_i$$

angenommen, wobei gelte:

$$x_{ij} = \begin{cases} 1, & \text{falls } i \text{ dem Monat } j \text{ entspricht} \\ 0, & \text{sonst.} \end{cases}$$

Solche Regressoren, die nur die Werte 1 oder 0 annehmen können, werden auch *Dummy-Variablen* genannt.

Auf Basis eines mehrere Jahre umfassenden Datensatzes wurden bereits die Schätzwerte $\hat{\beta}_0, \ldots, \hat{\beta}_{11}$ berechnet. Wie lauten dann die Gleichungen für die Prognosewerte $\hat{y}_1, \ldots, \hat{y}_{12}$?

Aufgabe 4.4
In einem Regressionsmodell wird versucht, die jährlichen Ausgaben für Süßigkeiten durch das Absolutglied und eine Dummy-Variable für das Geschlecht (mit „weiblich" $\hat{=}$ 1, „männlich" $\hat{=}$ 0) zu erklären. Weitere Regressoren werden nicht berücksichtigt. Die jährlichen Ausgaben für Süßigkeiten werden für $n = 2\,000$ Personen erhoben, von denen die Hälfte weiblich ist. Die Frauen gaben durchschnittlich 360 Euro für Süßigkeiten aus, die Männer dagegen 160 Euro weniger. Bestimmen Sie die Regressionskoeffizienten $\hat{\beta}_0$ und $\hat{\beta}_1$.

Aufgabe 4.5
Eine Unternehmerin aus der Modebranche hat sich auf Ski- und Bademoden spezialisiert. Leider waren in drei aufeinander folgenden Jahren die Umsätze (in Mio. Euro) deutlich rückläufig, wie der nachfolgenden Tabelle zu entnehmen ist. Wegen der saisonalen Abhängigkeit wird die Absatzstatistik in Halbjahren – mit „Winter" $\hat{=}$ W, „Sommer" $\hat{=}$ S – geführt.

Saison	Jahr		
	2003	2004	2005
W	50	47	44
S	45	42	40

Als Reaktion wurden in den Jahren 2006 bis 2009 die Preise deutlich erhöht, um im exklusiven Markt Kunden zu gewinnen. Die Umsätze in dieser Zeit sind:

	Jahr			
Saison	2006	2007	2008	2009
W	48	53	55	50
S	48	48	50	48

Im Jahre 2010 kehrte man wieder zu niedrigen Preisen zurück. Für 2010 wurde im Winter bzw. Sommer ein Umsatz von 52 bzw. 48 registriert.

a) Die Unternehmerin möchte die Wirkung der Preiserhöhung (von Winter 2006 bis Sommer 2009) und den Saisoneinfluss auf den Umsatz in einem Regressionsmodell abbilden. Wie lautet die Datenmatrix $\mathbf{X}$, wenn die erste (Dummy-)Variable das Preisniveau und die zweite den Saisoneinfluss repräsentiert?

b) Schätzen Sie die Koeffizienten β_0, β_1 und β_2 des Regressionsmodells aus Teil a) mit dem Kleinst-Quadrate-Ansatz, wobei Sie folgendes Zwischenergebnis verwenden können:

$$(\mathbf{X}^\top \mathbf{X})^{-1} = \frac{1}{16} \cdot \begin{pmatrix} 3 & -2 & -2 \\ -2 & 4 & 0 \\ -2 & 0 & 4 \end{pmatrix}.$$

Aufgabe 4.6
Für drei komplette Jahre liegen die Quartalsdaten $y_1, \ldots, y_{12}$ eines Regressanden Y_i vor. Der Regressand werde durch Dummy-Variablen für das erste, zweite und dritte Quartal erklärt; $i = 1$ entspricht dem ersten Quartal des ersten Beobachtungsjahres. Stellen Sie die für die Kleinst-Quadrate-Schätzung benötigten Matrizen $\mathbf{X}^\top \mathbf{y}$ sowie $\mathbf{X}^\top \mathbf{X}$ auf.

Aufgabe 4.7
In einem multiplen linearen Regressionsmodell lässt sich der Vektor $\hat{\mathbf{u}} = \mathbf{y} - \hat{\mathbf{y}}$ der Residuen in der Form $\hat{\mathbf{u}} = \mathbf{H}\mathbf{y}$ darstellen.

a) Wie lässt sich die Matrix $\mathbf{H}$ aus der Datenmatrix $\mathbf{X}$ berechnen?

b) Prüfen Sie nach, ob $\mathbf{H}\mathbf{H} = \mathbf{H}$ gilt.

Aufgabe 4.8
Eine Zeitreihe liege in Form von Monatswerten vor. In einer ersten groben Analyse soll sie unter Verwendung eines multiplen linearen Regressionsmodells mittels Monatsdummies und einem Absolutglied erklärt werden. Wie viele Beobachtungen sind mindestens erforderlich, um

a) die Regressionskoeffizienten,

b) den Schätzer für die Varianz der Störterme

berechnen zu können?

4.6 Aufgaben

Aufgabe 4.9
Gegeben sei die folgende Zeitreihe:

i	1	2	3	4	5
y_i	2	2	5	10	10

Bestimmen Sie die Regressionskoeffizienten mit i als Regressor.

Aufgabe 4.10
Für vier Jahre liegen die Halbjahresdaten $y_1, \ldots, y_8$ eines Regressanden vor; y_1 entspreche der Beobachtung im ersten Halbjahr des ersten Jahres. Der Regressand werde mittels eines multiplen linearen Regressionsmodells durch ein Absolutglied sowie einen Halbjahresdummy für das erste Halbjahr erklärt.

a) Erstellen Sie die für den Kleinst-Quadrate-Schätzer $\hat{\boldsymbol{\beta}}$ benötigten Matrizen $\mathbf{X}^\top \mathbf{y}$ und $\mathbf{X}^\top \mathbf{X}$.

b) Die geschätzte Varianz der Störterme s^2 sei gleich 4. Berechnen Sie die geschätzten Varianzen der beiden Regressionskoeffizienten.

Aufgabe 4.11
Bei einer linearen Regression mit Absolutglied und drei Regressoren sowie zehn Beobachtungen werden folgende Residuen errechnet:

i	1	2	3	4	5	6	7	8	9
$\hat{u}_i$	0	-1	1	-2	-2	1	1	1	1

a) Bestimmen Sie $\hat{u}_{10}$.

b) Berechnen Sie die geschätzte Varianz der Störterme.

c) Es sei ferner bekannt, dass die Stichprobenvarianz des Regressanden gleich 2,5 ist. Berechnen Sie das multiple Bestimmtheitsmaß R^2.

Aufgabe 4.12
Für ein multiples lineares Regressionsmodell bezeichne $\mathbf{X}$ die Datenmatrix und $\hat{\mathbf{u}}$ den Vektor der Residuen. Überprüfen Sie, ob $\hat{\mathbf{u}}^\top \mathbf{X} = \mathbf{0}$ gilt.

Aufgabe 4.13
Auf Basis der Beobachtungswerte

i	1	2	3	4
y_i	3	5	a	8
x_{i1}	1	2	1	2
x_{i2}	2	1	1	-2

wurden für ein multiples lineares Regressionsmodell bereits

$$\mathbf{X}^\top \mathbf{X} = \begin{pmatrix} b & c & d \\ 6 & 10 & 1 \\ 2 & e & 10 \end{pmatrix}, \quad (\mathbf{X}^\top \mathbf{X})^{-1} = \begin{pmatrix} 4{,}95 & -2{,}9 & -0{,}7 \\ -2{,}9 & 1{,}8 & f \\ -0{,}7 & g & 0{,}2 \end{pmatrix} \quad \text{und} \quad \hat{\boldsymbol{\beta}} = \begin{pmatrix} 1{,}3 \\ 2{,}4 \\ -0{,}8 \end{pmatrix}$$

sowie der Schätzer $s^2 = 1{,}8$ der Varianz der Störterme berechnet. Leider sind nach der Berechnung sieben Werte $a, \ldots, g$ verloren gegangen. Rekonstruieren Sie diese fehlenden Werte.

Aufgabe 4.14

Für ein multiples lineares Regressionsmodell mit vier Regressoren wurden auf Basis von 15 Beobachtungen einige (auf drei Nachkommastellen gerundete) Werte errechnet. Der Kleinst-Quadrate-Schätzer, die Hauptdiagonalelemente von $(\mathbf{X}^\top\mathbf{X})^{-1}$ sowie die geschätzte Varianz der Störterme lauten:

$$\hat{\boldsymbol{\beta}} = \begin{pmatrix} 43{,}235 \\ 3{,}046 \\ 0{,}373 \\ 0{,}876 \\ -0{,}260 \end{pmatrix}, \quad \mathbf{d} = \begin{pmatrix} 0{,}502 \\ 0{,}006 \\ 0{,}008 \\ 0{,}003 \\ 0{,}004 \end{pmatrix}, \quad s^2 = 961{,}25.$$

Testen Sie zum Signifikanzniveau 5 % das Hypothesenpaar

$$H_0: \beta_2 = 0 \quad \text{gegen} \quad H_1: \beta_2 \neq 0.$$

Aufgabe 4.15

Für das Modell aus Aufgabe 4.14 werde bzgl. der Periode 16 der Zeilenvektor

$$(1, 20, 35, 42, 38)$$

der unabhängigen Variablen unterstellt. Berechnen Sie den Schätzwert $\hat{y}_{16}$.

Aufgabe 4.16

In der Fragestellung aus Aufgabe 4.8 sei die Prognose des nächsten Januar-Wertes von besonderer Bedeutung. Da hierfür insbesondere der Regressionskoeffizient $\hat{\beta}_{\text{Jan}}$ des Januar-Dummies benötigt wird, soll der Januar-Dummy auf Signifikanz getestet werden. Bei $n = 24$ Monatsdaten wurde bzgl. des zugehörigen Regressionskoeffizienten ein Testfunktionswert von $\tau = -1{,}89$ berechnet. Testen Sie zum Signifikanzniveau 5 % das Hypothesenpaar

$$H_0: \beta_{\text{Jan}} = 0 \quad \text{gegen} \quad H_1: \beta_{\text{Jan}} \neq 0.$$

Aufgabe 4.17

Zur Prognose der Absatzzahlen y_i für Gabelstapler wird ein multiples lineares Regressionsmodell mit fünf Regressoren angesetzt. Die Auswertung von 35 Monatsdaten ergab

$$\sum_{i=1}^{n} \hat{u}_i^2 = 1\,750 \quad \text{und} \quad \sum_{i=1}^{n} (y_i - \bar{y})^2 = 3\,500.$$

Ferner wurden die Hauptdiagonalelemente d_j von $(\mathbf{X}^\top\mathbf{X})^{-1}$ sowie $\hat{\beta}_5$ errechnet:

$$d_0 = d_1 = d_2 = 7, \quad d_3 = d_4 = d_5 = 3, \quad \hat{\beta}_5 = -0{,}1.$$

a) Berechnen Sie das multiple Bestimmtheitsmaß R^2.

b) Testen Sie zum Signifikanzniveau 1 %, ob der fünfte Regressor einen signifikanten Einfluss ausübt.

Aufgabe 4.18

Gegeben sei das multiple lineare Regressionsmodell

$$Y_i = \beta_0 + \beta_1 x_{i1} + \beta_2 x_{i2} + U_i.$$

Dazu seien folgende Messwerte bekannt:

i	1	2	3	4	5
y_i	10	12	10	14	15
x_{i1}	1	3	2	4	5
x_{i2}	3	4	4	2	2

Damit wurden bereits

$$(\mathbf{X}^\top \mathbf{X})^{-1} = \begin{pmatrix} 8{,}45 & -1 & -1{,}75 \\ -1 & \frac{1}{6} & \frac{1}{6} \\ -1{,}75 & \frac{1}{6} & \frac{5}{12} \end{pmatrix} \quad \text{sowie} \quad \mathbf{X}^\top \mathbf{y} = \begin{pmatrix} 61 \\ 197 \\ 176 \end{pmatrix}$$

berechnet.

a) Bestimmen Sie die Regressionskoeffizienten $\hat{\beta}_0$, $\hat{\beta}_1$ und $\hat{\beta}_2$.

b) Berechnen Sie alle Schätzwerte $\hat{y}_i$.

c) Schätzen Sie die Varianz der Störterme.

d) Wie groß ist das multiple Bestimmtheitsmaß R^2?

e) Testen Sie mithilfe des F-Tests zum Signifikanzniveau 5 %, ob das Regressionmodell Erklärungsgehalt besitzt.

Aufgabe 4.19

In einem multiplen linearen Regressionsmodell mit vier Regressoren und 20 Beobachtungen sei mit $\hat{\beta}_1 = 350$ sowie $s^2 d_1 = 22\,500$ das folgende Hypothesenpaar zu testen:

$$H_0\colon \beta_1 = 0 \quad \text{gegen} \quad H_1\colon \beta_1 \neq 0.$$

Zu welcher Entscheidung gelangen Sie bei einem Signifikanzniveau von 5 %?

Lösungen zu den Aufgaben

Lösung zu Aufgabe 1.1
a) Die Frage stellt auf das eigene Verhalten ab, ist also direkt formuliert, und es werden die Antwortmöglichkeiten vorgegeben. Somit handelt es sich um eine geschlossene direkte Fragestellung.

b) Da nicht direkt nach dem eigenen Verhalten gefragt wird, liegt eine indirekte Fragestellung vor. Außerdem werden keine Antwortkategorien vorgegeben, die Frage ist also offen gestellt. Demnach handelt es sich um eine offene indirekte Frageformulierung.

c) Auf Grund der vorgegebenen Antwortmöglichkeiten und der nicht auf das eigene Verhalten bezogenen Fragestellung liegt eine geschlossene indirekte Fragestellung vor.

d) Auch diese Frageformulierung ist, ebenso wie die in Teil c), geschlossen und indirekt.

Lösung zu Aufgabe 1.2
Ein Vorteil einer 5er- bzw. 7er-Skala kann darin gesehen werden, dass die ungerade Anzahl von Skalenabstufungen die Einnahme einer „neutralen Mittelposition" gestattet. Sollen die Probanden hingegen zu einer Tendenz gezwungen werden, so ist eine geradzahlige Skala, hier also die 6er-Skala, zu verwenden. Ein weiterer Vorteil einer 6er-Skala kann in ihrer Verwandtschaft zur allgemein bekannten Schulnotenskala bestehen.

Hinsichtlich der Anzahl der Antwortkategorien gilt es zwei gegenläufige Effekte abzuwägen: Einerseits sollten ausreichend differenzierte Antworten ermöglicht werden, was für eine vergleichsweise größere Anzahl von Abstufungen spricht. Insofern kann beispielsweise eine 5er-Skala für manche Anwendungen zu grob sein. Andererseits sollte aber die Differenzierungsfähigkeit der Probanden nicht überfordert werden, was möglicherweise gegen eine 7er-Skala spricht.

Lösung zu Aufgabe 1.3
Das Merkmal „Alter" besitzt ebenso wie das Merkmal „Gehalt" eine Verhältnisskala. Diese beiden Merkmale sind damit insbesondere auch kardinal skaliert. Das „Geschlecht" ist hingegen ein nominal skaliertes Merkmal. Da es nur zwei Ausprägungen kennt, ist es zudem dichotom. „Familie" und „Nationalität" sind zwar auch nominal skaliert, besitzen jedoch jeweils mehr als zwei verschiedene Ausprägungen und sind dementsprechend polytom. Ähnliches gilt für das Merkmal „Wohnung", welches auch als polytom angesehen werden kann. Andererseits könnte man aber auch den Standpunkt vertreten, die Ausprägungen dieses Merkmals ließen sich in eine Rangordnung bringen (z.B. wenn man „eigenes Haus" gegenüber „Eigentumswohnung" und diese wiederum gegenüber „Mietwohnung" präferiert). In diesem Fall ist das Merkmal „Wohnung" als ordinal skaliert einzustufen. Das Merkmal „Kinder" schließlich besitzt eine Absolutskala, ist also insbesondere auch kardinal skaliert.

Lösung zu Aufgabe 1.4
Aus der Perspektive eines neutralen Wahlforschers können die beobachteten Ausprägungen des Merkmals „Partei" nur dahingehend verglichen werden, ob sie übereinstimmen oder nicht. Insofern handelt es sich um ein nominal skaliertes Merkmal. Da es mehr als zwei verschiedene Ausprägungen besitzt, ist es zudem polytom.

Ein potenzieller Wähler besitzt hingegen Präferenzen bzgl. der möglichen Ausprägungen des Merkmals „Partei" und ist somit in der Lage, eine Rangordnung anzugeben. Dementsprechend liegt aus seiner Sicht ein ordinal skaliertes Merkmal vor.

Lösung zu Aufgabe 1.5
Das Merkmal „Farbe" ist polytom. Somit können dessen Ausprägungen „blau", „gelb", „rot", „weiß" durch vier beliebig wählbare Zahlen (z.B. $1, 2, 3, 4$ oder aber auch $-5, \pi, \sqrt{e}, 17$) kodiert werden. Alternativ ist auch eine Kodierung mithilfe dreier dichotomer Merkmale möglich, beispielsweise wie folgt:

	Binärmerkmal Nr.		
Farbe	1	2	3
blau	1	0	0
gelb	0	1	0
rot	0	0	1
weiß	0	0	0

Lösung zu Aufgabe 1.6
Da nicht davon ausgegangen werden kann, dass alle Hausfrauen mit ein oder zwei Kindern im Alter von fünf bis sieben Jahren zwischen 10:00 Uhr und 12:00 Uhr am Marktplatz anzutreffen sind, ist hier offensichtlich *nicht* sichergestellt, dass theoretisch jedes Element der Grundgesamtheit in die Stichprobe aufgenommen werden kann. Demnach liegt keine Zufallsstichprobe vor.

Lösung zu Aufgabe 1.7
Die Vorgaben in der Aufgabenstellung beschreiben lediglich die Struktur der Grundgesamtheit. Da sich diese in der Auswahlbasis – nämlich in den Listen der Einwohnermeldeämter – widerspiegelt, ist eine einfache Zufallsstichprobe anzuraten. Eventuell kann auch eine nach Bundesländern geschichtete Stichprobe in Erwägung gezogen werden.

Lösung zu Aufgabe 2.1
a) $F(x) = \frac{1}{12} \cdot H(x)$, $F(6{,}75) = F(6) = \frac{10}{12} = \frac{5}{6}$.

b) $x_{\text{mod}} = 2$, $x_{\text{med}} = 2$, $\bar{x} = -10 \cdot \frac{1}{4} + \cdots + 8 \cdot \frac{1}{6} = \frac{3}{8}$.

Lösung zu Aufgabe 2.2
a) $SP = 63 - 18 = 45$, $F(17) = 0$, $F(18) = \frac{2}{5}$, $F(19) = F(18) = \frac{2}{5}$.

b) Da Y nominal skaliert ist, ist $y_{\text{mod}} = C$ geeignet.

Lösungen zu den Aufgaben

Lösung zu Aufgabe 2.3
Beim Werfen eines Würfels kommen als Ausprägungen nur die ganzen Zahlen $1,\ldots,6$ infrage, wobei die Zahl 3 laut Aufgabenstellung nicht und die Zahl 5 zweimal aufgetreten ist. Da die 2 und die 4 Modalwerte sind, müssen sie häufiger als die 5, also mindestens dreimal, geworfen worden sein. Aus der Spannweite von 4 folgt, dass entweder die 1 oder die 6, aber nicht beide, aufgetreten sein müssen. Damit können die 2 und die 4 aber auf keinen Fall mehr als dreimal geworfen worden sein. Denn sonst könnten bei zehn Würfen nicht zusätzlich noch zweimal die 5 sowie die 1 oder die 6 auftreten.

Somit kann festgehalten werden, dass die Augenzahlen 2 und 4 jeweils genau dreimal, die 5 zweimal und die 3 gar nicht geworfen wurden. Da sich die beiden verbleibenden Augenzahlen 1 und 6 gegenseitig ausschließen, muss entweder 1 oder die 6 zweimal aufgetreten sein. Aus $\frac{1}{10} \cdot (1 \cdot 2 + 2 \cdot 3 + 4 \cdot 3 + 5 \cdot 2) = 3 = \bar{x}$ und $\frac{1}{10} \cdot (2 \cdot 3 + 4 \cdot 3 + 5 \cdot 2 + 6 \cdot 2) = 4 \neq \bar{x}$ kann man erkennen, dass die 1 zweimal geworfen worden sein muss. Somit ergibt sich die sortierte Urliste $(1,1,2,2,2,4,4,4,5,5)$.

Lösung zu Aufgabe 2.4
a) $\bar{x} = \frac{1}{2} \cdot (1{,}6 + 1) = 1{,}3$.

b) $\bar{x}_{\text{harm}} = \frac{2}{\frac{1}{1,6} + \frac{1}{1}} = 1{,}23$.

Lösung zu Aufgabe 2.5
$\bar{x} = \frac{\text{Anzahl Mitbewohner}}{\text{Anzahl Bewohner}} = \frac{(2-1)\cdot 2\cdot 10 + (3-1)\cdot 3\cdot 10 + (4-1)\cdot 4\cdot 20 + (6-1)\cdot 6\cdot 10}{2\cdot 10 + 3\cdot 10 + 4\cdot 20 + 6\cdot 10} = \frac{620}{190} = 3{,}26$.

Lösung zu Aufgabe 2.6
$\bar{x}_{\text{harm}} = \frac{2}{\frac{1}{60} + \frac{1}{x}} = 70 \Rightarrow x = \frac{1}{\frac{2}{70} - \frac{1}{60}} = 84$.

Lösung zu Aufgabe 2.7
a) $\bar{x} = \frac{1}{2} \cdot (10 + 30) = 20$.

b) $\bar{x}_{\text{harm}} = \frac{2}{\frac{1}{10} + \frac{1}{30}} = 15$.

Lösung zu Aufgabe 2.8
a) $x_{\text{mod}} = 0$, $x_{\text{med}} = 2$, $\bar{x} = \frac{1}{16} \cdot (4 \cdot 2 + \cdots + 1 \cdot 12) = \frac{7}{2} \Rightarrow$
$MQA = \frac{1}{16} \cdot [(0 - \frac{7}{2})^2 \cdot 5 + \cdots + (12 - \frac{7}{2})^2 \cdot 1] = 12$.

b) $h(4) = H(4) - H(3) = 16 - 13 = 3$, $H(14) - H(2) = 18 - 13 = 5$.

c) $(13 - 7) \cdot 1 + (16 - 13) \cdot 4 + (18 - 16) \cdot 9 + (19 - 18) \cdot 15 = 51$.

Lösung zu Aufgabe 2.9
a) Mit den relativen Häufigkeiten $f(1) = 0{,}4$, $f(2) = 0{,}16$, $f(3) = 0{,}14$ und $f(4) = 0{,}3$ erhält man $x_{\text{mod}} = 1$, $x_{\text{med}} = 2$, $\bar{x} = 1 \cdot 0{,}4 + \cdots + 4 \cdot 0{,}3 = 2{,}34$ und $MQA = (1 - 2{,}34)^2 \cdot 0{,}4 + \cdots + (4 - 2{,}34)^2 \cdot 0{,}3 = 1{,}62$.

b) Da in der Klasse $[0;4)$ 70 % und in der Klasse $[4;6)$ 30 % der Beobachtungen liegen, ergeben sich die Winkel $360° \cdot 0{,}7 = 252°$ und $360° \cdot 0{,}3 = 108°$.

Lösung zu Aufgabe 2.10

a) Da nur die Beobachtungswerte 0 und 1 auftreten können, gilt $x_i^2 = x_i$ und somit

$$MQA = \frac{1}{n}\sum_{i=1}^{n} x_i^2 - \bar{x}^2 = \frac{1}{n}\sum_{i=1}^{n} x_i - \bar{x}^2 = \bar{x} - \bar{x}^2 = \bar{x}(1-\bar{x}).$$

Ferner gilt $\bar{x} = \frac{0 \cdot h_0 + 1 \cdot h_1}{n} = \frac{h_1}{n}$. Nutzt man nun $n = h_0 + h_1$ aus, so erhält man:

$$MQA = \frac{h_1}{h_0 + h_1} \cdot \left(1 - \frac{h_1}{h_0 + h_1}\right) = \frac{h_1}{h_0 + h_1} \cdot \frac{h_0}{h_0 + h_1} = \frac{h_0 \cdot h_1}{(h_0 + h_1)^2}.$$

b) $n = 100, h_1 = 80 \Rightarrow h_0 = 20$.
Damit sind $f(0) = \frac{h_0}{n} = \frac{20}{100} = 0{,}2$, $\bar{x} = \frac{h_1}{n} = \frac{80}{100} = 0{,}8$ und $STA = \sqrt{\frac{20 \cdot 80}{100^2}} = 0{,}4$.

c) $MQA = 0{,}25 = \bar{x} - \bar{x}^2 \Longleftrightarrow \bar{x}^2 - \bar{x} + 0{,}25 = 0 \Rightarrow \bar{x} = \frac{1 \pm \sqrt{1 - 4 \cdot 0{,}25}}{2} = 0{,}5.$

Lösung zu Aufgabe 2.11

a) Kontingenztabelle:

h_{ij}	gültige Stimme	ungültige Stimme	keine Stimme	$h_{i.}$
schwach	4 572	1 524	508	6 604
normal	7 326	2 442	814	10 582
stark	3 195	1 065	355	4 615
$h_{.j}$	15 093	5 031	1 677	21 801

Die beiden Merkmale sind unabhängig, da für alle i, j gilt: $h_{ij} = \tilde{h}_{ij} = h_{i.} h_{.j}/n$.

b) Auf Grund der Unabhängigkeit ist $C_{\text{norm}} = V = 0$.

Lösung zu Aufgabe 2.12

a) Kontingenztabelle und theoretische Häufigkeiten:

h_{ij}	[20; 30)	[30; 45)	[45; 65)	$h_{i.}$
m	2	1	1	4
w	3	4	1	8
$h_{.j}$	5	5	2	12

$\tilde{h}_{ij}$	[20; 30)	[30; 45)	[45; 65)
m	$\frac{5}{3}$	$\frac{5}{3}$	$\frac{2}{3}$
w	$\frac{10}{3}$	$\frac{10}{3}$	$\frac{4}{3}$

$$\chi^2 = \frac{(2-\frac{5}{3})^2}{\frac{5}{3}} + \cdots + \frac{(1-\frac{4}{3})^2}{\frac{4}{3}} = \frac{3}{4} \Rightarrow C = \sqrt{\frac{\frac{3}{4}}{12 + \frac{3}{4}}} = \sqrt{\frac{1}{17}},$$

$M = \min\{2; 3\} = 2 \Rightarrow C_{\max} = \sqrt{\frac{1}{2}} \Rightarrow C_{\text{norm}} = \sqrt{\frac{2}{17}} = 0{,}34.$

Alternativ könnte auch $V = \sqrt{\frac{\frac{3}{4}}{12 \cdot (2-1)}} = \sqrt{\frac{1}{16}} = 0{,}25$ berechnet werden.

b) Mit den absoluten Häufigkeiten $h(0) = 5, h(1) = 3, h(3) = 3$ und $h(18) = 1$ erhält man $\bar{x} = \frac{1}{12} \cdot (0 \cdot 5 + \cdots 18 \cdot 1) = 2{,}5.$

Lösung zu Aufgabe 2.13
Kontingenztabelle und theoretische Häufigkeiten:

h_{ij}	0	1	2	5	10	$h_{i.}$
nachmittags	4	6	2	0	0	12
abends	3	2	4	2	1	12
$h_{.j}$	7	8	6	2	1	24

$\Rightarrow$

$\tilde{h}_{ij}$	0	1	2	5	10
nachmittags	$\frac{7}{2}$	4	3	1	$\frac{1}{2}$
abends	$\frac{7}{2}$	4	3	1	$\frac{1}{2}$

$\chi^2 = \frac{(4-\frac{7}{2})^2}{\frac{7}{2}} + \cdots + \frac{(1-\frac{1}{2})^2}{\frac{1}{2}} = \frac{122}{21} \Rightarrow C = \sqrt{\frac{\frac{122}{21}}{24+\frac{122}{21}}} = \sqrt{\frac{61}{313}}$,

$M = \min\{2;5\} = 2 \Rightarrow C_{\max} = \sqrt{\frac{1}{2}} \Rightarrow C_{\text{norm}} = \sqrt{\frac{122}{313}} = 0{,}62$.

Alternativ könnte auch $V = \sqrt{\frac{\frac{122}{21}}{24 \cdot (2-1)}} = \sqrt{\frac{61}{252}} = 0{,}49$ berechnet werden.

Lösung zu Aufgabe 2.14
Im Folgenden steht S für „Ich bin Mitglied eines Sportvereins" und M für „Ich lerne ein Musikinstrument spielen".

a) Die größtmögliche Anzahl ist zehn, da ansonsten ein Widerspruch zu den 15 Ja-Antworten bei der Frage nach der Sportvereinsmitgliedschaft auftreten würde. Die kleinstmögliche Anzahl ist eins. Null würde nämlich voraussetzen, dass die Kombination „S nein, M ja" zehnmal aufgetreten ist, was im Widerspruch zu neun Ja-Antworten bei der Frage nach dem Musikinstrument steht.

b) Da z.B. die theoretische Häufigkeit für Ja-Antworten bei beiden Fragen, $\frac{15 \cdot 9}{25} = 5{,}4$, nicht ganzzahlig ist, kann keine Unabhängigkeit bestehen.

c) Kontingenztabelle:

S \ M	ja	nein	$h_{i.}$
ja	3	12	15
nein	6	4	10
$h_{.j}$	9	16	25

$\chi^2 = \frac{25 \cdot (3 \cdot 4 - 12 \cdot 6)^2}{15 \cdot 10 \cdot 9 \cdot 16} = \frac{25}{6} \Rightarrow C = \sqrt{\frac{\frac{25}{6}}{25+\frac{25}{6}}} = \frac{1}{\sqrt{7}}$,

$M = \min\{2;2\} = 2 \Rightarrow C_{\max} = \sqrt{\frac{1}{2}} \Rightarrow C_{\text{norm}} = \sqrt{\frac{2}{7}} = 0{,}54$.

Alternativ könnte auch $V = \sqrt{\frac{\frac{25}{6}}{25 \cdot (2-1)}} = \sqrt{\frac{1}{6}} = 0{,}41$ berechnet werden.

Lösung zu Aufgabe 2.15
a)

Studienfach \ Geschlecht	weiblich		männlich	
	zugelassen	abgelehnt	zugelassen	abgelehnt
BWL	270	30	630	270
VWL	280	420	20	80

b) Kontingenztabelle:

h_{ij}	weiblich	männlich	$h_{i.}$
BWL	300	900	1 200
VWL	700	100	800
$h_{.j}$	1 000	1 000	2 000

$\chi^2 = \frac{2\,000 \cdot (300 \cdot 100 - 900 \cdot 700)^2}{1\,200 \cdot 800 \cdot 1\,000 \cdot 1\,000} = 750 \Rightarrow C = \sqrt{\frac{750}{2\,000+750}} = \sqrt{\frac{3}{11}}$,

$M = \min\{2; 2\} = 2 \Rightarrow C_{\max} = \sqrt{\frac{1}{2}} \Rightarrow C_{\text{norm}} = \sqrt{\frac{6}{11}} = 0{,}74$.

Alternativ könnte auch $V = \sqrt{\frac{750}{2\,000 \cdot (2-1)}} = \sqrt{\frac{3}{8}} = 0{,}61$ berechnet werden.

c) Insgesamt wurden $\frac{30+420}{1\,000} = 0{,}45 \,\hat{=}\, 45\,\%$ der Bewerberinnen und $\frac{270+80}{1\,000} = 0{,}35 \,\hat{=}\, 35\,\%$ der Bewerber abgelehnt.

d) Von den BWL-Bewerbern wurden $\frac{270}{900} = 0{,}3 \,\hat{=}\, 30\,\%$, von den BWL-Bewerberinnen aber nur $\frac{30}{300} = 0{,}1 \,\hat{=}\, 10\,\%$ abgelehnt. Analog dazu wurden $\frac{80}{100} = 0{,}8 \,\hat{=}\, 80\,\%$ der VWL-Bewerber, aber nur $\frac{420}{700} = 0{,}6 \,\hat{=}\, 60\,\%$ VWL-Bewerberinnen abgelehnt.

e) Dieser Behauptung ist nicht zuzustimmen: Sowohl in BWL als auch in VWL wurden prozentual mehr Männer als Frauen abgelehnt (vgl. Teil d). Ursächlich für die höhere globale Ablehnungsquote der Frauen (vgl. Teil c) ist deren ausgeprägte Präferenz zu Gunsten der knapperen VWL-Studienplätze (vgl. Teil b).

Lösung zu Aufgabe 2.16

a) Da die Punktzahlen ordinal skaliert sind, ist der Median $x_{\text{med}} = 14$ geeignet.

b) Mit

r_{x_i}	6	3	8	7	1	2	9	5	4
r_{y_i}	5	3	9	8	1	2	6	7	4

folgt

$$r_s = 1 - \frac{6 \cdot (1+0+1+1+0+0+9+4+0)}{8 \cdot 9 \cdot 10} = 1 - \frac{96}{720} = 0{,}87.$$

c) Kontingenztabelle und theoretische Häufigkeiten:

h_{ij}	1	2	3	4	$h_{i.}$
schlecht	0	6	3	1	10
mittel	5	9	1	0	15
gut	5	5	6	9	25
$h_{.j}$	10	20	10	10	50

$\tilde{h}_{ij}$	1	2	3	4
schlecht	2	4	2	2
mittel	3	6	3	3
gut	5	10	5	5

$\chi^2 = \frac{(0-2)^2}{2} + \cdots + \frac{(9-5)^2}{5} = \frac{256}{15} \Rightarrow C = \sqrt{\frac{\frac{256}{15}}{50+\frac{256}{15}}} = \sqrt{\frac{128}{503}}$,

$M = \min\{3; 4\} = 3 \Rightarrow C_{\max} = \sqrt{\frac{2}{3}} \Rightarrow C_{\text{norm}} = \sqrt{\frac{192}{503}} = 0{,}62$.

Alternativ könnte auch $V = \sqrt{\frac{\frac{256}{15}}{50 \cdot (3-1)}} = \sqrt{\frac{64}{375}} = 0{,}41$ berechnet werden.

Lösung zu Aufgabe 2.17

a) Mit $x = $ „Vorbereitungszeit", $y = $ „Note" und

$$\bar{x} = \tfrac{1}{5} \cdot (24 + \cdots + 2{,}5) = 14{,}5, \qquad \bar{y} = \tfrac{1}{5} \cdot (1{,}7 + \cdots + 3{,}7) = 2{,}88,$$

$$\sum_{i=1}^{5} x_i^2 = 24^2 + \cdots + 2{,}5^2 = 1\,428{,}25, \qquad \sum_{i=1}^{5} y_i^2 = 1{,}7^2 + \cdots + 3{,}7^2 = 46{,}36,$$

$$\sum_{i=1}^{5} x_i y_i = 24 \cdot 1{,}7 + \cdots + 2{,}5 \cdot 3{,}7 = 182{,}55$$

erhält man

$$r = \frac{182{,}55 - 5 \cdot 14{,}5 \cdot 2{,}88}{\sqrt{1\,428{,}25 - 5 \cdot 14{,}5^2}\sqrt{46{,}36 - 5 \cdot 2{,}88^2}} = -0{,}61.$$

b) Mit

r_{x_i}	2	1	3	4	5
r_{y_i}	5	3	4	1	2

folgt

$$r_s = 1 - \frac{6 \cdot (9 + 4 + 1 + 9 + 9)}{4 \cdot 5 \cdot 6} = -0{,}6.$$

c) Der Rangkorrelationskoeffizient von Spearman ist aussagekräftiger, da „Note" ein ordinales Merkmal ist und damit die Voraussetzungen für die Berechnung des Bravais-Pearson-Korrelationskoeffizienten streng genommen nicht erfüllt sind.

Lösung zu Aufgabe 2.18

a) „Geschlecht" ist nominal skaliert, „Ausbildungsdauer" ist kardinal skaliert und „Abschlussnote" ist ordinal skaliert.

b) „Geschlecht": $x_{\mathrm{mod}} \in \{\text{weiblich; männlich}\}$.
„Abschlussnote": $x_{\mathrm{mod}} = 2$, $x_{\mathrm{med}} = 2{,}5$.
„Ausbildungsdauer": $x_{\mathrm{mod}} = 10$, $x_{\mathrm{med}} = 13{,}5$, $\bar{x} = \tfrac{1}{12} \cdot (9 + \cdots + 22) = 14$,
$MQA = \tfrac{1}{12} \cdot (9^2 + \cdots + 22^2) - 14^2 = 14{,}5$, $VK = \tfrac{\sqrt{14{,}5}}{14} = 0{,}27$.

c) Für das Merkmalspaar „Geschlecht" – „Abschlussnote" sind der Kontingenzkoeffizient oder Cramér's V und für das Merkmalspaar „Ausbildungsdauer" – „Abschlussnote" der Rangkorrelationskoeffizient von Spearman geeignet.

Lösung zu Aufgabe 2.19

a) „Wirksamkeit" ist ordinal skaliert, „Preis" und „Absatz" sind kardinal skaliert.

b) „Wirkstoff": $x_{\mathrm{mod}} = C$, $x_{\mathrm{med}} = A$.
„Preis": x_{mod}: jeder Preis, $x_{\mathrm{med}} = 9$, $\bar{x} = \tfrac{1}{7} \cdot (8 + \cdots + 5) = 10$.
„Absatz": $x_{\mathrm{mod}} = 22\,000$, $x_{\mathrm{med}} = 9\,500$, $\bar{x} = \tfrac{1}{7} \cdot (22\,000 + \cdots + 500) = 12\,500$.

c) Bravais-Pearson-Korrelationskoeffizient: Mit $x = $ „Preis", $y = $ „Absatz" und

$$\sum_{i=1}^{5} x_i^2 = 8^2 + \cdots + 5^2 = 850, \quad \sum_{i=1}^{5} y_i^2 = 22\,000^2 + \cdots + 500^2 = 1\,517\,750\,000,$$

$$\sum_{i=1}^{5} x_i y_i = 8 \cdot 22\,000 + \cdots + 5 \cdot 500 = 922\,000$$

erhält man

$$r = \frac{922\,000, -7 \cdot 10 \cdot 12\,500}{\sqrt{850 - 7 \cdot 10^2}\sqrt{1\,517\,750\,000 - 7 \cdot 12\,500^2}} = 0{,}19.$$

d) Es liegt eine so genannte *Scheinkorrelation* vor. Die Variable „Wirkstoff" bewirkt, dass „Preis" und „Absatz" positiv korreliert sind. Denn ein wirksameres Medikament wird trotz des höheren Preises stärker nachgefragt als ein weniger wirksames Medikament.

Lösung zu Aufgabe 2.20

a) Mit $x = $ „Wohnfläche", $y = $ „Preis" und

$$\bar{x} = \tfrac{1}{5} \cdot (130 + \cdots + 70) = 100, \quad \bar{y} = \tfrac{1}{5} \cdot (240 + \cdots + 180) = 180,$$

$$\sum_{i=1}^{5} x_i^2 = 130^2 + \cdots + 70^2 = 56\,800, \quad \sum_{i=1}^{5} x_i y_i = 130 \cdot 240 + \cdots + 70 \cdot 180 = 105\,300,$$

$$\hat{\beta}_1 = \frac{105\,300 - 5 \cdot 100 \cdot 180}{56\,800 - 5 \cdot 100^2} = 2{,}25, \quad \hat{\beta}_0 = 180 - 2{,}25 \cdot 100 = -45$$

erhält man

$$\hat{y} = -45 + 2{,}25x.$$

b) $\hat{y} = -45 + 2{,}25x = 90 \iff x = \frac{90+45}{2{,}25} = 60.$

Lösung zu Aufgabe 2.21

a) Mit $h(0) = 3$, $h(1) = 5$, $h(3) = 9$, $h(5) = 2$ und $h(10) = 1$ erhält man $x_{\text{mod}} = 3$.

b) $n = H(10) = 20$.

c) $SP_{\text{Umsatz}} = 25 \cdot SP_{\text{Absatz}} = 25 \cdot (10 - 0) = 250$.

d) $f(2) = 0$.

e) $25 \cdot (1 \cdot 5 + 3 \cdot 9 + 5 \cdot 2 + 10 \cdot 1) = 1\,300$.

f) $\bar{x} = \frac{198{,}8}{50} = 3{,}98$, $\bar{y} = \frac{3047}{50} = 60{,}94$, $\hat{\beta}_1 = \frac{\bar{y}-\hat{\beta}_0}{\bar{x}} = \frac{60{,}94-102{,}79}{3{,}98} = -10{,}52$.

Lösung zu Aufgabe 2.22

a) Mit $x = $ „Monat" (mit Jan. $\hat{=} 1, \ldots,$ Dez. $\hat{=} 12$), $y = $ „Feinstaub-Konzentration" und

$$\bar{x} = \tfrac{1}{12} \cdot (1 + \cdots + 12) = 6{,}5, \quad \bar{y} = \tfrac{1}{12} \cdot (49{,}25 + \cdots + 43{,}30) = 46{,}25,$$

$$\hat{\beta}_0 = 46{,}25 + 0{,}7 \cdot 6{,}5 = 50{,}80$$

erhält man $\hat{y} = 50{,}80 - 0{,}7x$. Die Feinstaub-Konzentration scheint also einen deutlich rückläufigen Trend aufzuweisen.

b) Erstes Halbjahr:

$$\bar{x} = \tfrac{1}{6} \cdot (1 + \cdots + 6) = 3{,}5, \qquad \bar{y} = \tfrac{1}{6} \cdot (49{,}25 + \cdots + 49{,}80) = 49{,}50,$$

$$\sum_{i=1}^{6} x_i^2 = 1^2 + \cdots + 6^2 = 91, \qquad \sum_{i=1}^{6} x_i y_i = 1 \cdot 49{,}25 + \cdots + 6 \cdot 49{,}80 = 1\,048{,}25,$$

$$\hat{\beta}_1 = \frac{1\,048{,}25 - 6 \cdot 3{,}5 \cdot 49{,}50}{91 - 6 \cdot 3{,}5^2} = 0{,}5, \quad \hat{\beta}_0 = 49{,}50 - 0{,}5 \cdot 3{,}5 = 47{,}75$$

$$\Rightarrow \hat{y} = 47{,}75 + 0{,}5x.$$

Zweites Halbjahr:

$$\bar{x} = \tfrac{1}{6} \cdot (7 + \cdots + 12) = 9{,}5, \qquad \bar{y} = \tfrac{1}{6} \cdot (42{,}75 + \cdots + 43{,}30) = 43,$$

$$\sum_{i=1}^{6} x_i^2 = 7^2 + \cdots + 12^2 = 559, \qquad \sum_{i=1}^{6} x_i y_i = 7 \cdot 42{,}75 + \cdots + 12 \cdot 43{,}30 = 2\,459{,}75,$$

$$\hat{\beta}_1 = \frac{2\,459{,}75 - 6 \cdot 9{,}5 \cdot 43}{559 - 6 \cdot 9{,}5^2} = 0{,}5, \quad \hat{\beta}_0 = 43 - 0{,}5 \cdot 9{,}5 = 38{,}25$$

$$\Rightarrow \hat{y} = 38{,}25 + 0{,}5x.$$

An beiden Standorten hat die Feinstaub-Konzentration tendenziell zugenommen.

c) Streuungsdiagramm:

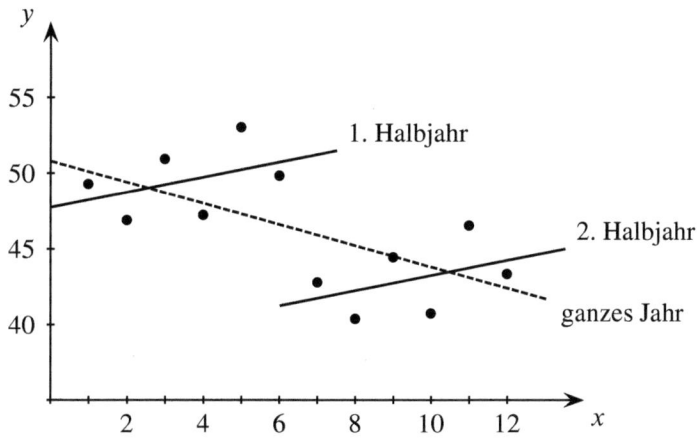

Lösung zu Aufgabe 2.23

a) Aus $100 + 110 + y_3 + y_4 + 125 + 120 = 455 + y_3 + y_4 = 705$ folgt $y_3 + y_4 = 250$. Wir können also $y_4 = 250 - y_3$ substituieren und erhalten weiter

$$100^2 + 110^2 + y_3^2 + (250 - y_3)^2 + 125^2 + 120^2 = 2y_3^2 - 500 y_3 + 114\,625.$$

Die Lösung der resultierenden quadratischen Gleichung $2y_3^2 - 500 y_3 + 31\,200 = 0$ lautet

$$y_3 = \frac{500 - \sqrt{500^2 - 4 \cdot 2 \cdot 31\,200}}{4} = 120.$$

Die zweite Lösung kann auf Grund der Angabe $y_3 < y_4$ ausgeschlossen werden. Die fehlenden Werte sind also $y_3 = 120$ und $y_4 = 250 - 120 = 130$.

b) Mit

$$\bar{x} = \tfrac{1}{6} \cdot (1 + \cdots + 6) = \tfrac{7}{2} = 3{,}5, \qquad \bar{y} = \tfrac{705}{6} = \tfrac{235}{2} = 117{,}5,$$

$$\sum_{i=1}^{6} x_i^2 = 1^2 + \cdots + 6^2 = 91, \qquad \sum_{i=1}^{6} x_i y_i = 1 \cdot 100 + \cdots + 6 \cdot 120 = 2\,545,$$

$$\hat{\beta}_1 = \frac{2\,545 - 6 \cdot 3{,}5 \cdot 117{,}5}{91 - 6 \cdot 3{,}5^2} = \frac{31}{7}, \qquad \hat{\beta}_0 = \frac{235}{2} - \frac{31}{7} \cdot \frac{7}{2} = 102$$

erhält man

$$\hat{y} = 102 + \tfrac{31}{7} \cdot x.$$

Damit ergibt sich für den Zeitpunkt 7 als Prognosewert $102 + \tfrac{31}{7} \cdot 7 = 133$.

c) Durch Einsetzen von $x_1, \ldots, x_6$ in die Regressionsgerade aus Teil b) erhält man die folgenden theoretischen Werte:

x_i	1	2	3	4	5	6
$\hat{y}_i$	$\tfrac{745}{7}$	$\tfrac{776}{7}$	$\tfrac{807}{7}$	$\tfrac{838}{7}$	$\tfrac{869}{7}$	$\tfrac{900}{7}$

Daraus errechnet sich

$$R^2 = \frac{\left(\tfrac{745}{7}\right)^2 + \cdots + \left(\tfrac{900}{7}\right)^2 - 6 \cdot \left(\tfrac{235}{2}\right)^2}{83\,425 - 6 \cdot \left(\tfrac{235}{2}\right)^2} = 0{,}58.$$

d) Da der Wasserstand nicht vom Zeitpunkt, sondern von der Niederschlagsmenge abhängt, ist diese Vorgehensweise nicht sinnvoll.

Lösung zu Aufgabe 2.24

a) Mit $x =$ „Temperatur", $y =$ „Bierabsatz" und

$$\bar{x} = \tfrac{1}{10} \cdot (24 + \cdots + 18) = 25, \qquad \bar{y} = \tfrac{1}{10} \cdot (510 + \cdots + 450) = 580,$$

$$\sum_{i=1}^{10} x_i^2 = 24^2 + \cdots + 18^2 = 6\,404, \qquad \sum_{i=1}^{10} y_i^2 = 510^2 + \cdots + 450^2 = 3\,424\,600,$$

$$\sum_{i=1}^{10} x_i y_i = 24 \cdot 510 + \cdots + 18 \cdot 450 = 147\,760$$

erhält man

$$\hat{\beta}_1 = \frac{147\,760 - 10 \cdot 25 \cdot 580}{6\,404 - 10 \cdot 25^2} = \frac{1\,380}{77} = 17{,}92, \qquad \hat{\beta}_0 = 580 - \frac{1\,380}{77} \cdot 25 = 131{,}95$$

$$\Rightarrow \hat{y} = 131{,}95 + 17{,}92 x.$$

b) Unter Verwendung der Zwischenergebnisse aus Teil a) erhält man

$$R^2 = r^2 = \frac{(147\,760 - 10 \cdot 25 \cdot 580)^2}{(6\,404 - 10 \cdot 25^2) \cdot (3\,424\,600 - 10 \cdot 580^2)} = 0{,}82\,.$$

c) Setzt man in

$$R^2 = r^2 = \frac{\left(\sum\limits_{i=1}^{n} x_i y_i - n\bar{x}\bar{y}\right)^2}{n \cdot MQA_x \cdot n \cdot MQA_y} = \frac{\left[\sum\limits_{i=1}^{n}(x_i - \bar{x})(y_i - \bar{y})\right]^2}{n^2 \cdot MQA_x \cdot MQA_y}$$

für $x_i, y_i, \bar{x}, \bar{y}, MQA_x$ und MQA_y die linear transformierten Ausdrücke $a + bx_i, c + dy_i$, $a + b\bar{x}, c + d\bar{y}, b^2 \cdot MQA_x$ und $d^2 \cdot MQA_y$ (mit $b, d \neq 0$) ein, so erhält man

$$\frac{\left[\sum\limits_{i=1}^{n}(bx_i - b\bar{x})(dy_i - d\bar{y})\right]^2}{n^2 \cdot b^2 \cdot MQA_x \cdot d^2 \cdot MQA_y} = \frac{b^2 \cdot d^2 \cdot \left[\sum\limits_{i=1}^{n}(x_i - \bar{x})(y_i - \bar{y})\right]^2}{b^2 \cdot d^2 \cdot n^2 \cdot MQA_x \cdot MQA_y} = R^2\,.$$

Lösung zu Aufgabe 2.25

a) Durch Ausnutzen von $\hat{y}_i = \hat{\beta}_0 + \hat{\beta}_1 x_i$ und $\bar{y} = \hat{\beta}_0 + \hat{\beta}_1 \bar{x}$ erhält man

$$\hat{y}_i - \bar{y} = \hat{\beta}_0 + \hat{\beta}_1 x_i - (\hat{\beta}_0 + \hat{\beta}_1 \bar{x}) = \hat{\beta}_1 (x_i - \bar{x})\,.$$

b) Einsetzen der in Teil a) hergeleiteten Beziehung in die Definition des Determinationskoeffizienten führt zu

$$R^2 = \frac{\sum\limits_{i=1}^{n}(\hat{y}_i - \bar{y})^2}{\sum\limits_{i=1}^{n}(y_i - \bar{y})^2} = \hat{\beta}_1^2 \cdot \frac{\sum\limits_{i=1}^{n}(x_i - \bar{x})^2}{\sum\limits_{i=1}^{n}(y_i - \bar{y})^2} = \left[\frac{\sum\limits_{i=1}^{n}(x_i - \bar{x})(y_i - \bar{y})}{\sum\limits_{i=1}^{n}(x_i - \bar{x})^2}\right]^2 \cdot \frac{\sum\limits_{i=1}^{n}(x_i - \bar{x})^2}{\sum\limits_{i=1}^{n}(y_i - \bar{y})^2}$$

$$= \frac{\left[\sum\limits_{i=1}^{n}(x_i - \bar{x})(y_i - \bar{y})\right]^2}{\sum\limits_{i=1}^{n}(x_i - \bar{x})^2 \sum\limits_{i=1}^{n}(y_i - \bar{y})^2} = r^2\,.$$

Lösung zu Aufgabe 2.26

Wertet man die Regressionsgerade $\hat{y} = \hat{\beta}_0 + \hat{\beta}_1 x$ an der Stelle $x = \bar{x}$ aus, so erhält man

$$\hat{y} = \hat{\beta}_0 + \hat{\beta}_1 \bar{x} = \underbrace{\bar{y} - \hat{\beta}_1 \bar{x}}_{\hat{\beta}_0} + \hat{\beta}_1 \bar{x} = \bar{y}\,.$$

Lösung zu Aufgabe 2.27

a) Kontingenztabelle:

h_{ij}	b_1	b_2	$h_{i.}$
a_1	0	c	c
a_2	$n-c$	0	$n-c$
$h_{.j}$	$n-c$	c	n

b) Da hier aus der bei Merkmal X vorliegenden Ausprägung diejenige von Merkmal Y völlig zweifelsfrei erschlossen werden kann (et vice versa), liegt eine perfekte Abhängigkeit vor. Damit muss unabhängig von c gelten:

$$C = C_{\max} = \sqrt{\frac{2-1}{2}} = 0{,}71\,.$$

c) Im Fall $n = 2$ verläuft die Regressionsgerade genau durch die beiden Datenpunkte (x_1, y_1) und (x_2, y_2), so dass $\hat{y}_1 = y_1$ sowie $\hat{y}_2 = y_2$ gilt. Somit wird die Streuung durch die Regressionsgerade vollständig erklärt. Also muss $R^2 = 1$ sein.

d) Aus

$$\sum_{i=1}^{120} x_i = \sum_{i=1}^{119} x_i + x_{120} = 43\,000 + x_{120} = 120 \cdot \bar{x} = 120 \cdot 360 = 43\,200$$

folgt $x_{120} = 200$. Somit muss $\hat{\beta}_0 + \hat{\beta}_1 \cdot 200 = 50 \iff \hat{\beta}_0 = 50 - 200 \cdot \hat{\beta}_1$ gelten. Setzt man dies zusammen mit $\bar{y} = \frac{2\,160}{120} = 18$ in $\hat{\beta}_0 = \bar{y} - \hat{\beta}_1 \bar{x}$ ein, so erhält man

$$50 - 200 \cdot \hat{\beta}_1 = 18 - 360 \cdot \hat{\beta}_1 \iff \hat{\beta}_1 = \frac{18 - 50}{360 - 200} = -0{,}2$$

und somit $\hat{\beta}_0 = 18 - 360 \cdot (-0{,}2) = 90$. Die Regressionsgerade lautet also $\hat{y} = 90 - 0{,}2x$.

Lösung zu Aufgabe 2.28

a) Wegen $R^2 = 1$ liegen alle Punkte auf einer Geraden, die z.B. aus den Koordinaten der Punkte $(x_2, y_2) = (12, -42)$ und $(x_4, y_4) = (8, -18)$ bestimmt werden kann:

$$\hat{\beta}_1 = \frac{-18 - (-42)}{8 - 12} = -6 \quad \text{und} \quad \hat{\beta}_0 - 6 \cdot 8 = -18 \Rightarrow \hat{\beta}_0 = 30\,.$$

Die Regressionsgerade lautet also $\hat{y} = 30 - 6x$. Damit sind

$$y_1 = 30 - 6 \cdot (-10) = 90 \quad \text{und} \quad y_5 = 30 - 6 \cdot (-4) = 54$$

sowie

$$x_3 = \frac{-6 - 30}{-6} = 6 \quad \text{und} \quad x_6 = \frac{60 - 30}{-6} = -5\,.$$

b) Aus $R^2 = 1$ in Verbindung mit $\hat{\beta}_1 = -6 < 0$ folgt, dass alle Punkte auf einer fallenden Geraden liegen müssen. Folglich liegt eine perfekt negative lineare Abhängigkeit vor, weshalb $r = -1$ gelten muss. Außerdem verhalten sich die zugehörigen Ränge vollständig gegensinnig, so dass $r_s = -1$ resultiert. Und da sich schließlich die Ausprägung eines Merkmals aus der Ausprägung des jeweils anderen völlig zweifelsfrei erschließen lässt, muss $C_{\text{norm}} = 1$ sein.

Lösungen zu den Aufgaben

Lösung zu Aufgabe 2.29

a) Mit $x =$ „Höhenunterschied", $y =$ „Fahrzeit" und

$$\bar{x} = \tfrac{1}{6} \cdot (850 + \cdots + 1\,300) = 1\,050, \qquad \bar{y} = \tfrac{1}{6} \cdot (10 + \cdots + 7) = 8,$$

$$\sum_{i=1}^{6} x_i^2 = 850^2 + \cdots + 1\,300^2 = 8\,260\,000, \quad \sum_{i=1}^{6} x_i y_i = 850 \cdot 10 + \cdots + 1\,300 \cdot 7 = 55\,650,$$

$$\hat{\beta}_1 = \frac{55\,650 - 6 \cdot 1\,050 \cdot 8}{8\,260\,000 - 6 \cdot 1\,050^2} = \frac{3}{940} = 0{,}003, \ \hat{\beta}_0 = 8 - \frac{3}{940} \cdot 1\,050 = \frac{437}{94} = 4{,}649$$

erhält man $\hat{y} = 4{,}649 + 0{,}003 x$.

b) Da sich der durchschnittliche Höhenunterschied $\bar{x}$ laut Aufgabenstellung nicht ändert, können wir ansetzen:

$$\hat{\beta}_0^{\text{neu}} - \hat{\beta}_0 = \underbrace{\bar{y}^{\text{neu}} - \hat{\beta}_1 \bar{x}}_{\hat{\beta}_0^{\text{neu}}} - \underbrace{(\bar{y} - \hat{\beta}_1 \cdot \bar{x})}_{\hat{\beta}_0} = \bar{y}^{\text{neu}} - \bar{y} = \tfrac{6\bar{y} + y_7}{7} - \bar{y} = \tfrac{y_7 - \bar{y}}{7}.$$

c) $\hat{\beta}_0^{\text{neu}} = \hat{\beta}_0 + \tfrac{1}{7} \cdot (y_7 - \bar{y}) = \tfrac{437}{94} + \tfrac{1}{7} \cdot (7 - 8) = 4{,}51$.

Lösung zu Aufgabe 3.1

Gesucht ist die Wahrscheinlichkeit, dass ein Motor ein Ausschussstück ist, d.h. dass mindestens ein Einzelteil nicht einwandfrei funktioniert:

$$P(\text{Motor Ausschuss}) = 1 - P(\text{Motor funktioniert})$$
$$= 1 - (1 - 0{,}02)^2 \cdot (1 - 0{,}01)^2 \cdot (1 - 0{,}001)^8 = 0{,}0662.$$

Lösung zu Aufgabe 3.2

a) Damit dieses Ereignis eintritt, müssen beide Mitarbeiter falsche Umschläge erhalten. Sollte der erste Mitarbeiter das für den zweiten Mitarbeiter bestimmte Kuvert erhalten, was mit Wahrscheinlichkeit $\tfrac{1}{25}$ passiert, so wird der zweite Mitarbeiter auf jeden Fall, also mit der bedingten Wahrscheinlichkeit 1, ebenfalls einen falschen Umschlag erhalten. Sollte hingegen der erste Mitarbeiter ein anderes falsches Kuvert erhalten, was mit Wahrscheinlichkeit $\tfrac{23}{25}$ passiert, so wird der zweite Mitarbeiter mit der bedingten Wahrscheinlichkeit $\tfrac{23}{24}$ einen falschen Umschlag erhalten (denn unter den 24 noch auf dem Stapel liegenden Kuverts ist dann auch das richtige). Somit errechnet sich die totale Wahrscheinlichkeit

$$P(\text{kein richtiges Kuvert}) = \tfrac{1}{25} \cdot 1 + \tfrac{23}{25} \cdot \tfrac{23}{24} = \tfrac{553}{600} = 0{,}9217.$$

b) Wenn der erste Mitarbeiter das richtige Kuvert erhält, was mit Wahrscheinlichkeit $\tfrac{1}{25}$ passiert, dann muss der zweite Mitarbeiter einen falschen Umschlag erhalten. Da sich in diesem Fall noch 24 Kuverts auf dem Stapel befinden und darunter auch das richtige ist, beträgt die bedingte Wahrscheinlichkeit dafür $\tfrac{23}{24}$. Der andere mögliche Fall besteht darin, dass der erste Mitarbeiter einen falschen Umschlag und der zweite Mitarbeiter das richtige Kuvert erhält. Letztere bedingte Wahrscheinlichkeit liegt bei $\tfrac{1}{24}$. Dies setzt aber voraus, dass der erste Mitarbeiter nicht den für den zweiten Mitarbeiter bestimmten Umschlag erhält. Also muss der erste Mitarbeiter eines von den 23 anderen (für keinen der beiden bestimmten) Kuverts erhalten, was mit Wahrscheinlichkeit $\frac{23}{25}$ passiert. Insgesamt ergibt sich damit die totale Wahrscheinlichkeit

$$P(\text{genau ein richtiges Kuvert}) = \frac{1}{25} \cdot \frac{23}{24} + \frac{23}{25} \cdot \frac{1}{24} = \frac{23}{300} = 0{,}0767\,.$$

c) Nun muss der erste Mitarbeiter den richtigen Umschlag erhalten, was mit Wahrscheinlichkeit $\frac{1}{25}$ passiert, und danach der zweite Mitarbeiter ebenfalls das richtige unter den noch vorhandenen 24 Kuverts, was mit der bedingten Wahrscheinlichkeit $\frac{1}{24}$ passiert. Alternativ kann man ausnutzen, dass sich die drei in den Teilen a), b), c) zu berechnenden Wahrscheinlichkeiten auf die Summe 100 % addieren müssen:

$$P(\text{zwei richtige Kuverts}) = \frac{1}{25} \cdot 124 = 1 - \frac{553}{600} - \frac{23}{300} = \frac{1}{600} = 0{,}0017\,.$$

Lösung zu Aufgabe 3.3

Im Folgenden steht K für das Ereignis „Korkkrankheit", S für „schlechte Korkqualität", M für „mittlere Korkqualität" und H für „hohe Korkqualität". Laut Aufgabenstellung sind bzgl. der Korkqualität die Wahrscheinlichkeiten $P(S) = 0{,}2$, $P(H) = 0{,}4$ und damit auch $P(M) = 1 - P(S) - P(H) = 1 - 0{,}2 - 0{,}4 = 0{,}4$ bekannt. Ferner sind für das Ereignis K die Wahrscheinlichkeit $P(K) = 0{,}3$ sowie die bedingten Wahrscheinlichkeiten $P(K|S) = 0{,}8$ und $P(\bar{K}|M) = 0{,}7 \Rightarrow P(K|M) = 1 - P(\bar{K}|M) = 1 - 0{,}7 = 0{,}3$ gegeben.

a) Aus dem Satz von der totalen Wahrscheinlichkeit

$$P(K) = P(K|S) \cdot P(S) + P(K|M) \cdot P(M) + P(K|H) \cdot P(H)$$

folgt

$$0{,}3 = 0{,}8 \cdot 0{,}2 + 0{,}3 \cdot 0{,}4 + P(K|H) \cdot 0{,}4 \Rightarrow P(K|H) = \frac{0{,}02}{0{,}4} = 0{,}05\,.$$

b) Die Formel von Bayes liefert

$$P(H|K) = \frac{P(K|H) \cdot P(H)}{P(K)} = \frac{0{,}05 \cdot 0{,}4}{0{,}3} = 0{,}0667\,.$$

Lösung zu Aufgabe 3.4

a) Da X eine Dichtefunktion besitzt, ist die Verteilung stetig.

b) Aus

$$\int_1^\infty f(x)\,\mathrm{d}x = \int_1^\infty \frac{c}{x^2}\,\mathrm{d}x = \left[-\frac{c}{x}\right]_1^\infty = 0 - (-c) = c$$

folgt $c = 1$.

c) Mit

$$\int_1^x f(t)\,\mathrm{d}t = \int_1^x \frac{1}{t^2}\,\mathrm{d}t = \left[-\frac{1}{t}\right]_1^x = -\frac{1}{x} - (-1) = 1 - \frac{1}{x}$$

erhält man

$$F(x) = \begin{cases} 1 - \frac{1}{x}, & \text{für } x \geq 1 \\ 0, & \text{sonst}\,. \end{cases}$$

d) $P(X \leq 10) = F(10) = 1 - \frac{1}{10} = 0{,}9$.

e) Aus der Definition der bedingten Wahrscheinlichkeit folgt

$$P(X \leq 60 | X \geq t) = \frac{P(t \leq X \leq 60)}{P(X \geq t)} = \frac{F(60) - F(t)}{1 - F(t)} = \frac{1 - \frac{1}{60} - (1 - \frac{1}{t})}{\frac{1}{t}}$$

$$= \left(\frac{1}{t} - \frac{1}{60}\right) \cdot t = 1 - \frac{t}{60} = \frac{1}{2} \iff t = 30.$$

Lösung zu Aufgabe 3.5

a) Gemeinsame Wahrscheinlichkeiten und Randwahrscheinlichkeiten:

x \ y	−1	0	1	
0	0,2	0,2	0,1	0,5
2	0,1	0,2	0,2	0,5
	0,3	0,4	0,3	1

b) $E(X) = 0 \cdot 0{,}5 + 2 \cdot 0{,}5 = 1$, $\text{Var}(X) = 0^2 \cdot 0{,}5 + 2^2 \cdot 0{,}5 - 1^2 = 1$,
$E(Y) = -1 \cdot 0{,}3 + 0 \cdot 0{,}4 + 1 \cdot 0{,}3 = 0$, $\text{Var}(Y) = (-1)^2 \cdot 0{,}3 + 0^2 \cdot 0{,}4 + 1^2 \cdot 0{,}3 - 0^2 = 0{,}6$.

c) $E(X \cdot Y) = 0 \cdot (-1) \cdot 0{,}2 + 2 \cdot (-1) \cdot 0{,}1 + \cdots + 2 \cdot 1 \cdot 0{,}2 = 0{,}2$.

d) $\text{Cov}(X, Y) = E(X \cdot Y) - E(X) \cdot E(Y) = 0{,}2 - 1 \cdot 0 = 0{,}2$.

e) $\text{Var}(X + 2 \cdot Y) = \text{Var}(X) + 2^2 \cdot \text{Var}(Y) + 2 \cdot 2 \cdot \text{Cov}(X, Y) = 1 + 4 \cdot 0{,}6 + 4 \cdot 0{,}2 = 4{,}2$.

Lösung zu Aufgabe 3.6

a) Die Rendite dieser Anlagestrategie wird durch die Zufallsvariable $X = \frac{1}{2}R_A + \frac{1}{2}R_R$ beschrieben. Damit sind

$$E(X) = E(\tfrac{1}{2}R_A + \tfrac{1}{2}R_R) = \tfrac{1}{2} \cdot E(R_A) + \tfrac{1}{2} \cdot E(R_R) = \tfrac{1}{2} \cdot 0{,}14 + \tfrac{1}{2} \cdot 0{,}10 = 0{,}12,$$

$$\text{Var}(X) = \text{Var}(\tfrac{1}{2}R_A + \tfrac{1}{2}R_R) = \tfrac{1}{4} \cdot \text{Var}(R_A) + \tfrac{1}{4} \cdot \text{Var}(R_R) + 2 \cdot \tfrac{1}{2} \cdot \tfrac{1}{2} \cdot \text{Cov}(R_A, R_R)$$
$$= \tfrac{1}{4} \cdot 0{,}40 + \tfrac{1}{4} \cdot 0{,}20 - \tfrac{1}{2} \cdot 0{,}10 = 0{,}10.$$

b) In diesem Fall investiert die Anlegerin einen Anteil von $\frac{2\,000}{12\,000} = \frac{1}{6}$ in die Prinzip Hoffnung AG und $\frac{5}{6}$ ihres Vermögens in das Portfolio aus Teil a). Die neue Gesamtrendite Y errechnet sich folglich gemäß $Y = \frac{1}{6}R_H + \frac{5}{6}X$ und wir erhalten

$$E(Y) = E(\tfrac{1}{6}R_H + \tfrac{5}{6}X) = \tfrac{1}{6} \cdot E(R_H) + \tfrac{5}{6} \cdot E(X) = \tfrac{5}{6} \cdot 2 + \tfrac{5}{6} \cdot 0{,}12 = 0{,}43,$$

$$\text{Var}(Y) = \text{Var}(\tfrac{1}{6}R_H + \tfrac{5}{6}X) = \tfrac{1}{36}\text{Var}(R_H) + \tfrac{25}{36}\text{Var}(X) = \tfrac{1}{36} \cdot 4 + \tfrac{25}{36} \cdot 0{,}10 = 0{,}18.$$

c) Die Anlagestrategie aus Teil b) generiert einen höheren Erwartungswert und kleineres Risiko als die beiden Alternativen, nur in den Aktien- bzw. nur in den Rentenfonds zu investieren. Das Risiko aus Teil a) ist zwar geringer, die erwartete Rendite aber auch. Also ist es durchaus vernünftig, die Anlagestrategie aus Teil b) zu verfolgen, genauso wie die Strategie aus Teil a) nicht unvernünftig ist.

Lösung zu Aufgabe 3.7

a) Das Gewicht einer Dose wird durch $X + Y$ beschrieben. Also erhalten wir

$$E(X + Y) = E(X) + E(Y) = 155 + 45 = 200,$$
$$\text{Sta}(X + Y) = \sqrt{\text{Var}(X) + \text{Var}(Y)} = \sqrt{4^2 + 3^2} = \sqrt{25} = 5.$$

b) Das Gewicht einer gefüllten Kiste wird durch $Z + X_1 + \cdots + X_{100} + Y_1 + \cdots + Y_{100}$ beschrieben, wobei $X_1, \ldots, X_{100}$ bzw. $Y_1, \ldots, Y_{100}$ unabhängige Wiederholungen von X bzw. Y sind. Somit erhalten wir einen Erwartungswert von

$$E(Z) + \sum_{i=1}^{100} E(X_i) + \sum_{i=1}^{100} E(Y_i) = 1\,000 + 100 \cdot 155 + 100 \cdot 45 = 21\,000$$

und eine Varianz von

$$\text{Var}(Z) + \sum_{i=1}^{100} \text{Var}(X_i) + \sum_{i=1}^{100} \text{Var}(Y_i) = 20^2 + 100 \cdot 4^2 + 100 \cdot 3^2 = 2\,900.$$

Lösung zu Aufgabe 3.8

a) Auf Grund der Annahmen, dass X und Y unabhängig und identisch exponentialverteilt sind, können wir

$$P(X \leq t \wedge X \leq t) = P(X \leq t) \cdot P(Y \leq t) = [F(t)]^2$$

ansetzen, wobei $F(t)$ die Verteilungsfunktion der Exponentialverteilung ist. Letztere errechnet sich für $t \geq 0$ gemäß

$$F(t) = \int_0^t f(x)\,dx = \int_0^t \lambda e^{-\lambda x}\,dx = \left[-e^{-\lambda x}\right]_0^t = -e^{-\lambda t} - (-1) = 1 - e^{-\lambda t}.$$

Somit erhalten wir insgesamt $P(X \leq t \wedge X \leq t) = (1 - e^{-\lambda t})^2$.

b) Die Dauer des Produktionsstillstandes wird durch die Zufallsvariable $Z = \max\{X; Y\}$ beschrieben. Da das Ereignis $Z \leq z$ voraussetzt, dass sowohl $X \leq z$ als auch $Y \leq z$ ist, stimmt die Wahrscheinlichkeit $P(Z \leq z)$ mit der in Teil a) bestimmten Wahrscheinlichkeit überein. Somit muss für die Verteilungsfunktion von Z gelten:

$$F(z) = (1 - e^{-\lambda z})^2.$$

Die zugehörige Dichtefunktion erhält man durch Ableiten der Verteilungsfunktion:

$$f(z) = F'(z) = 2 \cdot (1 - e^{-\lambda z}) \cdot (-e^{-\lambda z}) \cdot (-\lambda) = 2\lambda \cdot (1 - e^{-\lambda z}) \cdot e^{-\lambda z}.$$

Lösung zu Aufgabe 3.9

a) Durch Umstellen der Beziehung zwischen Korrelationskoeffizient und Kovarianz kann man sofort $\text{Cov}(X_1, X_2) = \varrho\sigma_1\sigma_2$ erkennen. Damit erhält man

$$\text{Cov}(aX_1, bX_2) = ab \cdot \text{Cov}(X_1, X_2) = ab\varrho\sigma_1\sigma_2.$$

b) $E(Y) = E(2X_1 + 3X_2 + 5) = 2\mu_1 + 3\mu_2 + 5 = 2 \cdot 20 + 3 \cdot 10 + 5 = 75$,

$\text{Sta}(Y) = \sqrt{\text{Var}(2X_1 + 3X_2 + 5)} = \sqrt{4\sigma_1^2 + 9\sigma_2^2 + 2 \cdot 2 \cdot 3 \cdot \varrho \sigma_1 \sigma_2}$

$= \sqrt{4 \cdot 1^2 + 9 \cdot 2^2 + 12 \cdot \frac{1}{2} \cdot 1 \cdot 2} = \sqrt{52} = 7{,}21$,

$\text{Cov}(X_1, Y) = \text{Cov}(X_1, 2X_1 + 3X_2 + 5) = \text{Cov}(X_1, 2X_1) + \text{Cov}(X_1, 3X_2)$

$= 2\sigma_1^2 + 3\varrho\sigma_1\sigma_2 = 2 \cdot 1^2 + 3 \cdot \frac{1}{2} \cdot 1 \cdot 2 = 5$.

Lösung zu Aufgabe 3.10
Die Zufallsvariable X, welche die Anzahl vom Prüfling korrekt erratener Antworten beschreibt, ist binomialverteilt mit den Parametern $n = 10$ und $p = \frac{1}{5}$.

a) $P(X = 10) = f(10) = \binom{10}{10} \cdot \left(\frac{1}{5}\right)^{10} \cdot \left(1 - \frac{1}{5}\right)^{10-10} = \frac{1}{5^{10}} = 0{,}1 \cdot 10^{-6}$.

b) $E(X) = 10 \cdot \frac{1}{5} = 2$.

c) $P(X \geq 4) = 1 - P(X \leq 3) = 1 - F(3) = 1 - 0{,}8791 = 0{,}1209$.

Lösung zu Aufgabe 3.11
Im Folgenden steht L für „Schuss nach links", R für „Schuss nach rechts" und T für „Treffer". Laut Aufgabenstellung sind $P(L) = 0{,}3$ und $P(L \cap T) = 0{,}25$ bekannt.

a) Gesucht ist $P(L \cap \bar{T})$. Wegen

$$P(L) = P(L \cap T) + P(L \cap \bar{T})$$

folgt $P(L \cap \bar{T}) = P(L) - P(L \cap T) = 0{,}3 - 0{,}25 = 0{,}05$.

b) Laut Aufgabenstellung wird nicht ausgeschlossen, dass jeder Schuss nach rechts zu einem Treffer führt. Also ist $P(T|R) \leq 1$.

c) Die Formel von Bayes liefert

$$P(R|T) = \frac{P(T|R) \cdot P(R)}{P(T|R) \cdot P(R) + P(T|L) \cdot P(L)} = \frac{P(T|R) \cdot [1 - P(L)]}{P(T|R) \cdot [1 - P(L)] + P(L \cap T)}.$$

Nach Einsetzen der gegebenen Wahrscheinlichkeiten erhält man

$$P(R|T) = \frac{0{,}7 \cdot P(T|R)}{0{,}7 \cdot P(T|R) + 0{,}25} \leq \frac{0{,}7 \cdot 1}{0{,}7 \cdot 1 + 0{,}25} = \frac{14}{19} = 0{,}7368.$$

d) Die Zufallsvariable X, welche die Anzahl der Treffer des Schützen zählt, ist offenkundig $B(10; 0{,}85)$-verteilt. Da uns für diese Verteilung aber keine Tabelle zur Verfügung steht, zählen wir alternativ die Anzahl der Fehlversuche $Y \sim B(10; 0{,}15)$. Zwischen X und Y besteht folgender Zusammenhang: $Y = 10 - X$. Damit erhalten wir

$P(2 \leq X \leq 8) = P(10 - 8 \leq Y \leq 10 - 2) = F(8) - F(1) = 1{,}0000 - 0{,}5443 = 0{,}4557$.

e) Da die Resultate der ersten drei Versuche bereits feststehen, müssen wir nur noch die Schüsse vier bis zehn betrachten. Die Zufallsvariable Z, die die Anzahl der Fehlversuche unter diesen sieben Versuchen zählt, ist $B(7; 0,15)$-verteilt. Damit das beschriebene Ereignis eintritt, dürfen unter den verbleibenden sieben Versuchen maximal $6 - 2 = 4$ Treffer und damit mindestens $7 - 4 = 3$ Fehlversuche sein, also:

$$P(Z \geq 3) = 1 - P(Z \leq 2) = 1 - F(2) = 1 - 0,9262 = 0,0738.$$

Lösung zu Aufgabe 3.12

Die Anzahl täglich nachgefragter Tassen Kaffee X ist offenkundig $B(25; 0,1)$-verteilt. Sofern die Nachfrage drei Tassen nicht übersteigt, liegt der Tagesumsatz bei $90X$, ansonsten, falls also $X > 3$ eintritt und somit nicht die gesamte Nachfrage befriedigt werden kann, wird ein Umsatz von $90 \cdot 3 = 270$ Cent erreicht. Zieht man vom erwarteten Umsatz noch die Kosten für die Zubereitung von drei Tassen Kaffee, $25 \cdot 3 = 75$ Cent, ab, so erhält man den erwarteten Tagesgewinn (in Cent)

$$\begin{aligned} E(G) &= 90 \cdot P(X = 1) + 180 \cdot P(X = 2) + 270 \cdot P(X \geq 3) - 75 \\ &= 90 \cdot [F(1) - F(0)] + 180 \cdot [F(2) - F(1)] + 270 \cdot [1 - F(2)] - 75 \\ &= 90 \cdot (0,2712 - 0,0718) + 180 \cdot (0,5371 - 0,2712) + 270 \cdot (1 - 0,5371) - 75 \\ &= 115,79. \end{aligned}$$

Lösung zu Aufgabe 3.13

a) Die Anzahl X an Überraschungseiern „mit Schlumpf" im Bestand des Supermarktes ist offenkundig $B(20; 0,1)$-verteilt. Demnach ist $E(X) = 20 \cdot 0,1 = 2$.

b) Die Zahl Y von Max ausgewählter Überraschungseier „mit Schlumpf" ist $H(20; 2; 3)$-verteilt. Also gilt

$$\text{Sta}(Y) = \sqrt{3 \cdot \frac{2}{20} \cdot \frac{20-2}{20} \cdot \frac{20-3}{20-1}} = 0,49.$$

c) Nun ist $Y \sim H(20; 2; n)$-verteilt und n so festzulegen, dass $P(Y \geq 1) \geq 0,95$ gilt, also:

$$P(Y \geq 1) = 1 - P(Y = 0) = 1 - f(0) = 1 - \frac{\binom{2}{0}\binom{20-2}{n-0}}{\binom{20}{n}} = 1 - \frac{\binom{18}{n}}{\binom{20}{n}}$$

$$= 1 - \frac{\frac{18!}{n! \cdot (18-n)!}}{\frac{20!}{n! \cdot (20-n)!}} = 1 - \frac{(20-n) \cdot (19-n)}{20 \cdot 19} = 1 - \frac{n^2 - 39n + 380}{380}$$

$$= \frac{39n - n^2}{380} \geq 0,95.$$

Diese Ungleichung ist äquivalent zu $n^2 - 39n + 361 \leq 0$. Somit muss n größer als

$$\frac{39 - \sqrt{39^2 - 4 \cdot 361}}{2} = 15,11$$

sein. Die zweite Lösung 23,89 ist größer als der Bestand an Überraschungseiern in Supermarkt und kann demnach ausgeschlossen werden. Somit muss Max mindestens 16 Überraschungseier kaufen.

Lösungen zu den Aufgaben

d) Diese Wahrscheinlichkeit stimmt mit dem Anteil der Eier „ohne Schlumpf" im Bestand des Supermarktes überein. Laut Aufgabenstellung befinden sich in zwei von 20 Eiern Schlümpfe. Die Wahrscheinlichkeit liegt also bei $\frac{20-2}{20} = 0,9$.

e) Max wendet den Schütteltest nur dann zweimal (oder öfter) an, wenn das erste getestete Ei als „Schlumpf-negativ" eingestuft wird. Dies ist entweder der Fall, wenn sich in diesem Ei tatsächlich kein Schlumpf befindet (Wahrscheinlichkeit 0,9) und der Test dies korrekt erkennt (bedingte Wahrscheinlichkeit 0,8) oder sich in diesem Ei ein Schlumpf befindet (Wahrscheinlichkeit 0,1) und es der Test fälschlicherweise als „Schlumpf-negativ" einstuft (bedingte Wahrscheinlichkeit 0,2). Somit erhalten wir insgesamt eine totale Wahrscheinlichkeit von

$$P(\text{mindestens zwei Schütteltests}) = 0,9 \cdot 0,8 + 0,1 \cdot 0,2 = 0,74.$$

Lösung zu Aufgabe 3.14

a) $P(X > 2) = 1 - P(X \leqq 2) = 1 - F(2) = 1 - 0,9197 = 0,0803$.

b) Die angegebene Bedingung lässt sich wie folgt umformen:

$$P(X \geqq k) = 1 - P(X \leqq k-1) = 1 - F(k-1) \leqq 0,01 \iff F(k-1) \geqq 0,99.$$

Da $F(3) = 0,9810 < 0,99$ und $F(4) = 0,9963 > 0,99$ ist, muss $k-1$ mindestens gleich 4 und mithin $k \geqq 5$ sein.

c) Wenn die Zufallsvariablen $X_1, \ldots, X_{197}$ mit $X_i \sim Pois(1)$ und $i = 1, \ldots, 197$, die Anzahl der Druckfehler auf den Seiten $1, \ldots, 197$ beschreiben, lässt sich die Anzahl aller Druckfehler durch $X_1 + \cdots + X_{197}$ wiedergeben. Der Erwartungswert dieser Summe ist

$$E\left(\sum_{i=1}^{197} X_i\right) = \sum_{i=1}^{197} E(X_i) = \sum_{i=1}^{197} \lambda = 197\lambda = 197.$$

Lösung zu Aufgabe 3.15

a) Damit a bestimmt werden kann, muss X zunächst standardisiert werden:

$$P(a \leqq X \leqq 35) = F(35) - F(a) = \Phi\left(\tfrac{35-30}{10}\right) - \Phi\left(\tfrac{a-30}{10}\right)$$
$$= \Phi\left(\tfrac{1}{2}\right) - \Phi\left(\tfrac{a-30}{10}\right) = 0,6915 - \Phi\left(\tfrac{a-30}{10}\right) = 0,2393.$$

Diese Bedingung zu äquivalent zu $\Phi\left(\tfrac{a-30}{10}\right) = 0,6915 - 0,2393 = 0,4522$. Da diese Wahrscheinlichkeit kleiner als 0,5 ist, muss $\tfrac{a-30}{10}$ negativ sein. Demnach ist

$$\Phi\left(\tfrac{30-a}{10}\right) = \Phi\left(-\tfrac{a-30}{10}\right) = 1 - \Phi\left(\tfrac{a-30}{10}\right) = 1 - 0,4522 = 0,5478$$

und somit $\tfrac{30-a}{10} = 0,12$ bzw. $a = 30 - 10 \cdot 0,12 = 28,8$.

b) Aus der Definition der bedingten Wahrscheinlichkeit folgt

$$P(X \leqq 25 | X \leqq 35) = \frac{P(X \leqq 25 \wedge X \leqq 35)}{P(X \leqq 35)} = \frac{P(X \leqq 25)}{P(X \leqq 35)} = \frac{F(25)}{F(35)}$$
$$= \frac{\Phi\left(\tfrac{25-30}{10}\right)}{\Phi\left(\tfrac{35-30}{10}\right)} = \frac{\Phi\left(-\tfrac{1}{2}\right)}{\Phi\left(\tfrac{1}{2}\right)} = \frac{1 - \Phi\left(\tfrac{1}{2}\right)}{\Phi\left(\tfrac{1}{2}\right)} = \frac{1 - 0,6915}{0,6915} = 0,45.$$

c) Da X stetig verteilt ist, besitzen die beiden Ereignisse $|X - 30| < b$ und $|X - 30| \leq b$ die selbe Wahrscheinlichkeit. Letzteres Ereignis kann auch folgendermaßen ohne Betragsstriche geschrieben werden: $30 - b \leq X \leq 30 + b$. Nun standardisiert man wieder und erhält

$$P(30 - b \leq X \leq 30 + b) = F(30 + b) - F(30 - b)$$
$$= \Phi\left(\tfrac{30+b-30}{10}\right) - \Phi\left(\tfrac{30-b-30}{10}\right) = \Phi\left(\tfrac{b}{10}\right) - \Phi\left(-\tfrac{b}{10}\right)$$
$$= \Phi\left(\tfrac{b}{10}\right) + 1 - \Phi\left(\tfrac{b}{10}\right) = 2 \cdot \Phi\left(\tfrac{b}{10}\right) - 1 = 0{,}997 \,,$$

wobei ausgenutzt wurde, dass $|X - 30| < b$ einen Wert $b > 0$ voraussetzt. Also muss $\Phi\left(\tfrac{b}{10}\right) = \tfrac{1+0,997}{2} = 0{,}9985$ sein. Somit ist $\tfrac{b}{10} = 2{,}96$ bzw. $b = 29{,}6$.

Lösung zu Aufgabe 3.16
Das 67 %-Quantil von X ist durch

$$P(X \leq x_{0,67}) = P(100 \cdot e^R \leq x_{0,67}) = P\left(R \leq \ln\left(\tfrac{x_{0,67}}{100}\right)\right) = \Phi\left(\ln\left(\tfrac{x_{0,67}}{100}\right)\right) = 0{,}67$$

bestimmt. Also muss $\ln\left(\tfrac{x_{0,67}}{100}\right) = 0{,}44$ bzw. $x_{0,67} = 100 \cdot e^{0,44} = 155{,}27$ sein.

Lösung zu Aufgabe 3.17
a) $F(0{,}5) = \Phi(0{,}5) = 0{,}6915$.

b) $F(0{,}5) = F(0) = f(0) = \binom{2}{0} \cdot 0{,}6^0 \cdot (1 - 0{,}6)^{2-0} = 0{,}4^2 = 0{,}16$.

c) $F(0{,}5) = P(X \leq 0{,}5) = \tfrac{0,5-(-1)}{1-(-1)} = \tfrac{1,5}{2} = 0{,}75$.

d) Partielle Integration liefert

$$F(0{,}5) = \int_0^{0,5} x e^x \, dx = \left[x e^x - \int e^x \, dx \right]_0^{0,5} = \left[e^x (x - 1) \right]_0^{0,5} = 1 - \tfrac{1}{2}\sqrt{e} = 0{,}1756 \,.$$

Lösung zu Aufgabe 3.18
a) Laut Angabe ist $X \sim N(\mu; \sigma)$ mit $E(X) = \mu = 10$ und $\text{Sta}(X) = \sigma = 10$. Demnach erhalten wir

$$P(2 \leq X \leq 18) = F(18) - F(2) = \Phi\left(\tfrac{18-10}{10}\right) - \Phi\left(\tfrac{2-10}{10}\right)$$
$$= \Phi(0{,}8) - \Phi(-0{,}8) = 1 - \Phi(0{,}8) - [1 - \Phi(0{,}8)]$$
$$= 2 \cdot \Phi(0{,}8) - 1 = 2 \cdot 0{,}7881 - 1 = 0{,}5762 \,.$$

b) Nun ist $X \sim Exp(\lambda)$ mit $E(X) = 10 = \tfrac{1}{\lambda} \iff \lambda = 0{,}1$. Unter Verwendung der in der Lösung zu Aufgabe 3.8 a) hergeleiteten Verteilungsfunktion erhalten wir

$$P(2 \leq X \leq 18) = F(18) - F(2) = 1 - e^{-0,1 \cdot 18} - (1 - e^{-0,1 \cdot 2})$$
$$= e^{-0,2} - e^{-1,8} = 0{,}6534 \,.$$

Lösungen zu den Aufgaben

c) In diesem Teil ist $X \sim G(a;b)$ mit $\text{Var}(X) = \frac{(b-a)^2}{12} = 10^2 \iff b - a = \sqrt{1\,200}$. Somit resultiert
$$P(2 \leqq X \leqq 18) = \frac{18-2}{\sqrt{1\,200}} = 0{,}4619.$$

d) Unter Verwendung der Ungleichung von Tschebyschov erhält man
$$P(2 \leqq X \leqq 18) = P(|X - 10| \leqq 8) = 1 - P(|X - 10| \geqq 8) \geqq 1 - \frac{10^2}{8^2} = -0{,}5625.$$

Da dieser Wert negativ ist, Wahrscheinlichkeiten jedoch immer nichtnegativ sind, ist die berechnete untere Schranke mit keinem Erkenntnisgewinn verbunden.

Lösung zu Aufgabe 3.19

a) Zunächst berechnen wir den Erwartungswert von $\hat{\Theta}$ in Abhängigkeit des Parameters α:
$$E(\hat{\Theta}) = E\left(\frac{1}{n-1}\sum_{i=1}^{n-1} X_i + \alpha \cdot X_n\right) = \frac{1}{n-1}\sum_{i=1}^{n-1} E(X_i) + \alpha \cdot E(X_n)$$
$$= \frac{1}{n-1} \cdot (n-1) \cdot \mu + \alpha\mu = (1 + \alpha) \cdot \mu.$$

Damit $\hat{\Theta}$ erwartungstreu für μ ist, muss $E(\hat{\Theta}) = \mu$ gelten. Dies setzt offenkundig $\alpha = 0$ voraus. Für $\alpha = 0$ besitzt $\hat{\Theta}$ die Varianz
$$\text{Var}(\hat{\Theta}) = \text{Var}\left(\frac{1}{n-1}\sum_{i=1}^{n-1} X_i\right) = \left(\frac{1}{n-1}\right)^2 \cdot \sum_{i=1}^{n-1} \text{Var}(X_i)$$
$$= \frac{1}{(n-1)^2} \cdot (n-1) \cdot \sigma^2 = \frac{\sigma^2}{n-1}.$$

Da diese für $n \to \infty$ gegen null läuft, ist $\hat{\Theta}$ mit $\alpha = 0$ konsistent.

b) Nein, da die Varianz $\frac{\sigma^2}{n}$ des Stichprobenmittels $\bar{X}$ kleiner als die von $\hat{\Theta}$ und somit $\bar{X}$ wirksamer ist.

Lösung zu Aufgabe 3.20

a) Zunächst berechnen wir den Erwartungswert von Z in Abhängigkeit von a und b:
$$E(Z) = E(a \cdot X + b \cdot Y) = a \cdot E(X) + b \cdot E(Y) = a \cdot \mu + b \cdot \mu = (a + b) \cdot \mu.$$

$E(Z) = \mu$ setzt offenkundig $a + b = 1$ voraus.

b) Wir substituieren $b = 1 - a$ in Z und bestimmen die zugehörige Varianz:
$$\text{Var}(Z) = \text{Var}[a \cdot X + (1-a) \cdot Y] = a^2 \cdot \text{Var}(X) + (1-a)^2 \cdot \text{Var}(Y)$$
$$= 1{,}5a^2 \cdot \text{Var}(Y) + (a^2 - 2a + 1) \cdot \text{Var}(Y)$$
$$= (2{,}5a^2 - 2a + 1) \cdot \text{Var}(Y).$$

Da $\text{Var}(Y) > 0$ ist, genügt es, $2{,}5a^2 - 2a + 1$ zu minimieren. Dieser Ausdruck wird minimal, wenn man a so wählt, dass die erste Ableitung, $5a - 2$, den Wert null annimmt. Dies ist offenkundig für $a = \frac{2}{5}$ der Fall. Und da das Vorzeichen der zweiten Ableitung positiv ist, wird auf diese Weise auch in der Tat ein Minimum erreicht. Folglich sollte Herr Müller $a = \frac{2}{5}$ und $b = 1 - \frac{2}{5} = \frac{3}{5}$ wählen.

Lösung zu Aufgabe 3.21

a) Als Testfunktion dient in diesem Falle

$$T = \sum_{i=1}^{12} X_i \,.$$

Da die Stichprobenvariablen X_i unabhängig und jeweils $B(1; p)$-verteilt sind, besitzt T eine $B(12; p)$-Verteilung.

b) Zu testen ist das Hypothesenpaar 3. Der kritische Wert ergibt sich in diesem Falle als derjenige Wert c, für den gilt:

$$F(c - 1) \geqq 1 - 0{,}05 = 0{,}95 \quad \text{und} \quad F(c - 2) < 0{,}95 \,.$$

Mit $T \sim B(12; \frac{1}{2})$ sind $F(9) = 0{,}9807$ und $F(8) = 0{,}9270$, so dass der kritische Wert mit $c = 10$ festzulegen ist.

c) Die Menge aller möglichen Werte für p wird mit Θ bezeichnet und erstreckt sich im vorliegenden Fall über das Intervall $[0; 1]$. Für das Hypothesenpaar 3 lässt sich damit die Menge Θ_0, also der Bereich für p bei Gültigkeit von H_0, und die Menge Θ_1, also der Bereich für p bei Gültigkeit von H_1, wie folgt festlegen: $\Theta_0 = [0; 0{,}5]$ und $\Theta_1 = (0{,}5; 1]$.

d) Die Wahrscheinlichkeit für einen Fehler 1. Art ist bei $p = \frac{1}{2}$ mit $P(T \geqq 10 | p = \frac{1}{2}) = 0{,}0193$ maximal. Die Wahrscheinlichkeit für einen Fehler 2. Art ist ebenfalls für $p = \frac{1}{2}$ mit $P(T \leqq 9 | p = \frac{1}{2}) = 0{,}9807$ maximal.

Lösung zu Aufgabe 3.22

a) Um die Behauptung des Küchenchefs bestätigen zu können, muss das Hypothesenpaar 3 mit $\vartheta_0 = 40$ herangezogen werden. Da jedoch der Testfunktionswert $\tau = \frac{38-40}{10}\sqrt{n}$ für jedes n negativ ist, lässt sich die Behauptung des Küchenchefs niemals bestätigen.

b) Mit einem Stichprobenumfang $n > 30$ ist die Voraussetzung für den approximativen Einstichproben-Gaußtest offenbar erfüllt. Um zu überprüfen, ob die Germknödel zu wenig Füllung enthalten, ist das Hypothesenpaar 2 mit $\vartheta_0 = 40$ zu testen:

$$H_0 \colon \mu \geqq 40 \quad \text{gegen} \quad H_1 \colon \mu < 40 \,.$$

Als Testfunktionswert ergibt sich

$$\tau = \frac{38 - 40}{10}\sqrt{50} = -1{,}41 \,.$$

Der kritische Wert ist $-z_{0{,}95} = -1{,}6449$. Wegen $\tau > -z_{0{,}95}$ kann eine zu geringe Füllmenge der Germknödel nicht bestätigt werden.

c) Soll zu den vorliegenden Daten H_0 verworfen werden, so muss das Signifikanzniveau größer als der p-value α' sein. Dieser kann durch Einsetzen von τ in die Verteilungsfunktion der Testverteilung, hier also der Standardnormalverteilung, ermittelt werden:

$$\alpha' = \Phi(-1{,}41) = 1 - \Phi(1{,}41) = 1 - 0{,}9207 = 0{,}0793 \,.$$

Zu allen Signifikanzniveaus größer als 7,93 % lassen sich folglich die Vorwürfe gegenüber der Mensa bestätigen.

Lösungen zu den Aufgaben

Lösung zu Aufgabe 3.23

a) Die Stichprobenvariablen sind $B(1; p)$-verteilt mit $p = P(\text{Tag zu kalt})$.

b) Anzuwenden wäre entweder der Binomialtest oder der approximative Einstichproben-Gaußtest. Das zu testende Hypothesenpaar lautet in beiden Fällen:

$$H_0: p \leq 0{,}5 \quad \text{gegen} \quad H_1: p > 0{,}5\,.$$

c) Die Voraussetzung für den Binomialtest, nämlich $B(1; p)$-verteilte Stichprobenvariablen, ist offenkundig erfüllt. Für die Anwendung des approximativen Einstichproben-Gaußtests muss folgende Forderung an die Stichprobe eingehalten werden:

$$5 \leq 0{,}6n \leq n - 5 \iff n \geq \tfrac{50}{6} \wedge n \geq \tfrac{50}{4} \Rightarrow n \geq 13\,.$$

d) Mit $z_{0{,}9} = 1{,}2816$ als 90 %-Quantil der Standardnormalverteilung ergibt sich die folgende Überlegung:

$$\tau = \frac{0{,}6 - 0{,}5}{\sqrt{0{,}5 \cdot (1 - 0{,}5)}} \sqrt{n} = 0{,}2\sqrt{n} > 1{,}2816 \iff n > \left(\frac{1{,}2816}{0{,}2}\right)^2 = 41{,}06\,.$$

Also sind mindestens 42 Beobachtungen erforderlich.

Lösung zu Aufgabe 3.24

a) Es handelt sich hier um das Hypothesenpaar 2, nämlich

$$H_0: p \geq 0{,}35 \quad \text{gegen} \quad H_1: p < 0{,}35\,.$$

b) Die Stichprobenvariablen X_i sind $B(1; p)$-verteilt mit $X_i = 1$, falls der i-te Kunde unzufrieden ist. Die Testfunktion

$$T = \sum_{i=1}^{30} X_i$$

folgt somit einer $B(30; p)$-Verteilung. Damit ist der kritische Wert so festzulegen, dass gilt:

$$P(T \leq c | p = 0{,}35) \leq 0{,}1 \quad \text{und} \quad P(T \leq c + 1 | p = 0{,}35) > 0{,}1\,.$$

Wegen $F(6) = 0{,}0586$ und $F(7) = 0{,}1238$ lässt sich der kritische Wert mit $c = 6$ festlegen. Die neuen Öffnungszeiten können beibehalten werden, wenn es zu einer Verwerfung von H_0 kommt. Dies ist genau dann der Fall, wenn maximal sechs Personen unzufrieden sind.

c) Wegen $\tau = 4$ und $P(T \leq 4 | p = 0{,}35) = 0{,}0075$ ist 0,75 % das kleinste Signifikanzniveau, zu welchem die Nullhypothese verworfen werden kann.

Lösung zu Aufgabe 3.25

a) Wegen der normalverteilten Stichprobenvariablen kann der Einstichproben-t-Test angewendet werden. Das Hypothesenpaar lautet hierbei

$$H_0: \mu \geq 500 \quad \text{gegen} \quad H_1: \mu < 500.$$

Mit
$$\bar{x} = \tfrac{1}{8} \cdot (484 + \cdots + 480) = 490$$

und
$$s^2 = \tfrac{1}{7} \cdot [(484 - 490)^2 + \cdots + (480 - 490)^2] = 200$$

kann folgender Testfunktionswert errechnet werden:

$$\tau = \frac{490 - 500}{\sqrt{200}} \sqrt{8} = -2.$$

Der kritische Wert ist der $t(7)$-Verteilung zu entnehmen und beträgt $-t_{0,975} = -2{,}3646$, woraus die Nichtablehnung von H_0 wegen $\tau > -t_{0,975}$ folgt.

b) Die notwendige Voraussetzung für den approximativen Einstichproben-Gaußtest ist wegen $n - 5 = 3 < 5$ nicht erfüllt. Der Binomialtest kann jedoch angewendet werden. Da nur eine Realisation in der Stichprobe größer als 500 ist, beträgt der Testfunktionswert $\tau = 1$. Mit $F(1) = 0{,}0352$ aus der $B(8; \tfrac{1}{2})$-Verteilung kann H_0 zum Signifikanzniveau 5 % verworfen werden.

Lösung zu Aufgabe 3.26

Mit p_1 sei der Anteil der mindestens 45-jährigen weiblichen und mit p_2 der Anteil der mindestens 45-jährigen männlichen Ladendiebe bezeichnet. Das Hypothesenpaar

$$H_0: p_1 \leq p_2 \quad \text{gegen} \quad H_1: p_1 > p_2$$

kann mithilfe des approximativen Zweistichproben-Gaußtests überprüft werden, da die Anwendungsvoraussetzungen mit $n_1, n_2 > 30$ erfüllt sind. Der Testfunktionswert lautet

$$\tau = \frac{\frac{76}{280} - \frac{152}{715}}{\sqrt{\frac{(76+152)(280+715-56-152)}{(280+715)\cdot 280 \cdot 715}}} = 1{,}99.$$

Der kritische Wert ist der $N(0;1)$-Verteilung zu entnehmen und beträgt $z_{0,975} = 1{,}9600$. Offensichtlich gilt $\tau > z_{0,975}$, so dass $p_1 > p_2$ bestätigt werden kann.

Lösung zu Aufgabe 3.27

Die beiden Teile unterscheiden sich lediglich bzgl. der Hypothesenformulierung. In beiden Fällen ist aber der approximative Zweistichproben-Gaußtest zu verwenden, dessen Voraussetzungen wegen $n_1, n_2 > 30$ erfüllt sind. Zunächst ermitteln wir die Größen

$$\bar{y} = \tfrac{1}{200} \cdot (1 \cdot 14 + 2 \cdot 78 + \cdots + 5 \cdot 31) = 3$$

und
$$s_y^2 = \tfrac{1}{199} \cdot (1^2 \cdot 14 + \cdots + 5^2 \cdot 13 - 200 \cdot 3^2) = 0{,}92.$$

Lösungen zu den Aufgaben

Damit kann der Testfunktionswert berechnet werden:

$$\tau = \frac{2{,}8 - 3}{\sqrt{\frac{1{,}35}{300} + \frac{0{,}92}{200}}} = -2{,}10\,.$$

Die Nullhypothese ist in Teil a) für $|\tau| > z_{1-\alpha/2}$ und in Teil b) für $\tau < -z_{1-\alpha}$ abzulehnen. Mit $\Phi(-2{,}10) = 1 - \Phi(2{,}10) = 1 - 0{,}9821 = 0{,}0179$ kann die Nullhypothese aus Teile a) bzw. b) für alle Signifikanzniveaus größer als $2 \cdot 0{,}0179 = 0{,}0358$ bzw. größer als $0{,}0179$ verworfen werden.

Lösung zu Aufgabe 3.28

a) Zu berechnen sind zunächst die folgenden Größen:

$$\bar{x} = \tfrac{1}{15} \cdot (307 + 311 + \cdots + 310) = 306{,}6\,,$$
$$\bar{x}_1 = \tfrac{1}{3} \cdot (307 + 311 + 309) = 309\,,$$
$$\bar{x}_2 = \tfrac{1}{5} \cdot (306 + 304 + 302 + 308 + 305) = 305\,,$$
$$\bar{x}_3 = \tfrac{1}{3} \cdot (305 + 304 + 306) = 305\,,$$
$$\bar{x}_4 = \tfrac{1}{4} \cdot (308 + 306 + 308 + 310) = 308\,,$$
$$sse = 3 \cdot (309 - 306{,}6)^2 + \cdots + 4 \cdot (308 - 306{,}6)^2 = 45{,}6\,,$$
$$ssi = (307 - 309)^2 + \cdots + (310 - 308)^2 = 38\,.$$

Anschließend kann der Testfunktionswert bestimmt werden:

$$\tau = \frac{(15-4) \cdot 45{,}6}{(4-1) \cdot 38} = 4{,}4\,.$$

Dieser Wert ist nun mit dem 95%-Quantil der $F(3;11)$-Verteilung zu vergleichen. Mit $f_{0,95} = 3{,}59 < 4{,}4$ kann ein signifikanter Einfluss der Lehrmethode auf die erwartete Gesamtpunktzahl als bestätigt gelten.

b) Werden die Gesamtpunktzahlen innerhalb der Gruppen immer ähnlicher, ohne dass sich Änderungen bei den Gruppendurchschnitten ergeben, so führt dies lediglich zu einem kleineren Wert von ssi. Dies wiederum bewirkt, da ssi in den Nenner von τ einfließt, dass τ steigt und somit eine Ablehnung der Nullhypothese wahrscheinlicher wird.

c) Die linke Seite der Behauptung kann folgendermaßen umgeformt werden:

$$SSI = \sum_{i=1}^{r}\sum_{j=1}^{n}(X_{ij} - \bar{X}_i)^2 = (n-1)\sum_{i=1}^{r}\frac{1}{n-1}\sum_{j=1}^{n}(X_{ij} - \bar{X}_i)^2 = (n-1)\sum_{i=1}^{r}S_i^2$$

mit S_i^2 als Stichprobenvarianz der Stichprobe zur Lehrmethode i. Folglich ergibt sich

$$\mathrm{E}(SSI) = (n-1)\sum_{i=1}^{r}\mathrm{E}(S_i^2) = (n-1)\sum_{i=1}^{r}\sigma^2 = r(n-1)\sigma^2\,,$$

womit die Gültigkeit der Behauptung gezeigt werden konnte.

Lösung zu Aufgabe 3.29

a) Zu berechnen sind zunächst die folgenden Größen:

$$\bar{x} = \tfrac{1}{18} \cdot (1{,}5 + \cdots + 2{,}3) = 2{,}4\,,$$
$$\bar{x}_{\text{gelb}} = \tfrac{1}{6} \cdot (1{,}5 + \cdots + 0{,}9) = 1{,}6\,,$$
$$\bar{x}_{\text{hellblau}} = \tfrac{1}{6} \cdot (4{,}0 + \cdots + 4{,}1) = 3{,}6\,,$$
$$\bar{x}_{\text{rosa}} = \tfrac{1}{6} \cdot (1{,}2 + \cdots + 2{,}3) = 2\,,$$
$$sse = 6 \cdot (1{,}6 - 2{,}4)^2 + 6 \cdot (3{,}6 - 2{,}4)^2 + 6 \cdot (2 - 2{,}4)^2 = 13{,}44\,,$$
$$ssi = (1{,}5 - 1{,}6)^2 + \cdots + (2 - 2{,}3)^2 = 6{,}6\,.$$

Anschließend kann der Testfunktionswert bestimmt werden:

$$\tau = \frac{(18 - 3) \cdot 13{,}44}{(3 - 1) \cdot 6{,}6} = 15{,}27\,.$$

Dieser Wert ist nun mit dem 95%-Quantil der $F(2;15)$-Verteilung zu vergleichen. Mit $f_{0{,}95} = 3{,}68 < 15{,}27$ lässt sich ein signifikanter Einfluss der Etikettenfarbe auf die Preiseinschätzung bestätigen.

b) Durchzuführen ist ein Differenzentest auf Basis des Einstichproben-t-Tests mit folgendem Hypothesenpaar:

$$H_0\colon \mu_1 = \mu_2 \quad \text{gegen} \quad H_1\colon \mu_1 \neq \mu_2\,.$$

Zuerst ist die durchschnittliche Differenz zu bestimmen:

$$\bar{\delta} = \tfrac{1}{6} \cdot [(4{,}0 - 4{,}0) + \cdots + (4{,}1 - 4{,}2)] = 0{,}025\,.$$

Somit lässt sich ein Testfunktionswert von

$$\tau = \frac{0{,}025}{\sqrt{\tfrac{1}{5} \cdot [(0 - 0{,}025)^2 + \cdots + (-0{,}1 - 0{,}025)^2]}} \sqrt{6} = 0{,}62$$

ermitteln. Wegen $|\tau| < t_{1-\alpha/2} = 2{,}5706$, wobei $t_{1-\alpha/2}$ das 97,5%-Quantil der $t(5)$-Verteilung ist, kann H_0 nicht verworfen werden.

Lösung zu Aufgabe 3.30

a) Da sich in jeder Zelle der Tabelle lediglich eine Beobachtung befindet, kommt nur ein Modell ohne Wechselwirkungen infrage, nämlich $X_{ij} = \mu + \alpha_i + \beta_j + U_{ij}$.

b) Um den Einfluss der einzelnen Käuferschichten zu analysieren, ist das folgende Hypothesenpaar zu testen:

$$H_0\colon \alpha_1 = \alpha_2 = \alpha_3 = 0 \quad \text{gegen} \quad H_1\colon \text{mindestens ein } \alpha_i \text{ ist } \neq 0\,.$$

Der Testfunktionswert beträgt $\tau = \frac{msa}{msi} = \frac{510}{30} = 17$ und der der $F(2;18)$-Verteilung entstammende kritische Wert $f_{0{,}99} = 6{,}01$. Somit kann wegen $\tau > f_{0{,}99}$ von einem Einfluss der Käuferschicht ausgegangen werden.

Für die Untersuchung der Wirkung des Preises auf potenzielle Käufer kommt folgendes Hypothesenpaar infrage:

$H_0: \beta_1 = \beta_2 = \beta_3 = 0$ gegen H_1: mindestens ein β_j ist $\neq 0$.

Der Testfunktionswert lautet $\tau = \frac{msb}{msi} = \frac{285}{30} = 9{,}5$. Als kritischer Wert dient wiederum $f_{0,99} = 6{,}01$ aus der $F(2; 18)$-Verteilung. Da $\tau > f_{0,99}$ gilt, kann auch ein Einfluss des Preises auf die potenziellen Käufer bestätigt werden. Abschließend sollen noch mögliche Wechselwirkungseffekte untersucht werden.

Für das Hypothesenpaar

H_0: alle $(\alpha\beta)_{ij}$ sind $= 0$ gegen H_1: mindestens ein $(\alpha\beta)_{ij}$ ist $\neq 0$

lautet der Testfunktionswert $\tau = \frac{ms(ab)}{msi} = \frac{70}{30} = 2{,}33$. Zur Untersuchung der Wechselwirkung beträgt der kritische Wert $f_{0,99} = 4{,}58$ und entstammt der $F(4; 18)$-Verteilung. Da $\tau < f_{0,99}$ gilt, können keine Wechselwirkungseffekte zwischen den beiden Faktoren nachgewiesen werden.

Lösung zu Aufgabe 3.31

Um zu testen, ob der Median größer als 2 ist, kann der Wilcoxon-Vorzeichen-Rangtest mit folgendem Hypothesenpaar

$H_0: x_{\text{med}} \leq 2$ gegen $H_0: x_{\text{med}} > 2$

angewandt werden. Zunächst müssen die Differenzen zwischen den Beobachtungswerten und $x_{\text{med}}^0 = 2$ bestimmt und anschließend die Ränge für die Beträge dieser Differenzen ermittelt werden. Die Ergebnisse sind in folgender Tabelle zusammengestellt:

i	1	2	3	4	5	6	7	8	9	10
x_i	0,6	0,9	1,0	1,4	1,6	1,8	2,1	2,3	2,5	2,7
d_i	$-1{,}4$	$-1{,}1$	-1	$-0{,}6$	$-0{,}4$	$-0{,}2$	0,1	0,3	0,5	0,7
$r_{|d_i|}$	12	10	9	6	4	2	1	3	5	7
i	11	12	13	14	15	16	17	18	19	20
x_i	2,9	3,2	3,5	3,8	3,9	4,0	4,3	4,8	6,0	6,5
d_i	0,9	1,2	1,5	1,8	1,9	2,0	2,3	2,8	4,0	4,5
$r_{|d_i|}$	8	11	13	14	15	16	17	18	19	20

Nun kann w^+ ermittelt werden:

$$w^+ = \sum_{i=1}^{20} v_i \cdot r_{|d_i|} = 1 \cdot 1 + 0 \cdot 2 + \cdots + 1 \cdot 20 = 167.$$

Der kritische Wert $w_{0,95} = 150$ ist kleiner als $w^+ = 167$, weswegen davon ausgegangen werden kann, dass der Median größer als 2 ist.

Lösung zu Aufgabe 3.32
Um zu testen, ob der Median kleiner als 2,5 ist, kann mit dem Wilcoxon-Vorzeichen-Rangtest das Hypothesenpaar

$$H_0: x_{\text{med}} \geq 2{,}5 \quad \text{gegen} \quad H_0: x_{\text{med}} < 2{,}5$$

geprüft werden. Nachfolgende Tabelle gibt die Differenzen und die Ränge ihrer Beträge an:

i	1	2	3	4	5	6	7	8
x_i	2,36	2,51	2,48	2,43	2,38	2,54	2,40	2,47
d_i	−0,14	0,01	−0,02	−0,07	−0,12	0,04	−0,10	−0,03
$r_{|d_i|}$	8	1	2	5	7	4	6	3

Nun kann w^+ ermittelt werden:

$$w^+ = \sum_{i=1}^{8} v_i \cdot r_{|d_i|} = 1 \cdot 1 + \cdots + 0 \cdot 8 = 5.$$

Der kritische Wert beträgt $w_{0,10} = 8$. Somit kann ein Median kleiner als 2,5 als bestätigt gelten.

Lösung zu Aufgabe 3.33
Die vorliegende Fragestellung kann mithilfe des Wilcoxon-Rangsummentests untersucht werden. Das zu überprüfende Hypothesenpaar lautet:

$$H_0: F_Y(x) = F_X(x) \quad \text{gegen} \quad H_1: F_Y(x) = F_X(x - \vartheta)$$

mit $\vartheta \neq 0$. Zur Durchführung des Tests werden gemeinsam für die Werte beider Stichproben Rangziffern vergeben. Kommt der i-te Rang einer Beobachtung aus der ersten Stichprobe, so nimmt die Variable V_i den Wert 1 an. Das Tupel mit den v_i zu den vorliegenden Daten lautet dann

$$(v_1, \ldots, v_{11}) = (0, 0, 1, 0, 0, 0, 1, 1, 0, 1, 1).$$

Mithilfe der v_i kann nun der Testfunktionswert berechnet werden:

$$w = 3 + 7 + 8 + 10 + 11 = 39.$$

Zum Signifikanzniveau 10 % ergeben sich $w_{0,05} = 20$ und $w_{0,95} = 5 \cdot (11 + 1) - 20 = 40$ als kritische Werte. Wegen $w_{0,05} < w < w_{0,95}$ kann die Nullhypothese nicht verworfen werden.

Lösung zu Aufgabe 3.34
Hier kann der Vorzeichentest mit dem folgenden Hypothesenpaar angewendet werden:

$$H_0: P(X > Y) \leq P(X < Y) \quad \text{gegen} \quad H_1: P(X > Y) > P(X < Y).$$

Der Testfunktionswert ist die Summe derjenigen Nächte, in welchen Baby L. mehr Windeln als Baby F. benötigte, also $\tau = 3$. Wegen $F(3) = 0{,}8125$ und $F(4) = 0{,}9688$ ist der kritische Wert aus der $B(5; \frac{1}{2})$-Verteilung $b_{0,95} = 5$, woraus wegen $\tau < b_{0,95}$ die Nichtverwerfung der Nullhypothese folgt.

Lösungen zu den Aufgaben

Lösung zu Aufgabe 3.35
Um zu testen, ob eine Abhängigkeit zwischen den beiden Merkmalen vorliegt, kann der Korrelationstest auf Basis des Rangkorrelationskoeffizienten von Spearman durchgeführt werden. Hierbei werden Rangziffern für jede der beiden Stichproben vergeben:

i	1	2	3	4	5	6	7	8
x_i	17	24	28	29	34	26	18	16
r_{x_i}	2	4	6	7	8	5	3	1
y_i	1,7	2,0	1,8	3,3	3,2	2,2	2,3	1,9
r_{y_i}	1	4	2	8	7	5	6	3

Auf Basis dieser Rangnummern lässt sich nun folgender Testfunktionswert ermitteln:

$$r_s = 1 - \frac{6 \cdot [(2-1)^2 + \cdots + (1-3)^2]}{7 \cdot 8 \cdot 9} = 0{,}62 \, .$$

Wegen $|r_s| < r_\text{krit} = 0{,}6429$ kann eine Abhängigkeit zwischen den beiden Merkmalen nicht bestätigt werden.

Lösung zu Aufgabe 3.36

a) Wir führen zunächst die zwei Zufallsvariablen

$$X_i = \begin{cases} 1, & \text{falls die } i\text{-te Person das Internet nutzt} \\ 0, & \text{sonst} \end{cases}$$

und

$$Y_i = \begin{cases} 1, & \text{falls die } i\text{-te Person mindestens ein Handy besitzt} \\ 0, & \text{sonst} \end{cases}$$

ein. Es gilt offensichtlich $X_i \sim B(1; p_1)$ und $Y_i \sim B(1; p_2)$. Auf Basis der verbundenen einfachen Stichprobe vom Umfang $n = 1\,000$ kann nun der approximative Gaußtest als Differenzentest angewendet werden, da die Voraussetzungen $5 \leqq 85 + 69 \leqq 995$ und $5 \leqq 109 + 69 \leqq 995$ erfüllt sind. Das zu testende Hypothesenpaar lautet:

$$H_0: p_1 \geqq p_2 \quad \text{gegen} \quad H_1: p_1 < p_2 \, .$$

In den Nenner der Testfunktion fließt die Summe der quadrierten Differenzen ein. Diese ist bei genauerer Betrachtung im vorliegenden Fall sehr einfach zu bestimmen: Die quadrierte Differenz $(x_i - y_i)^2$ nimmt für $x_i \neq y_i$ den Wert 1 an. Dies tritt in vorliegender Stichprobe in genau $85 + 109 = 194$ Fällen auf. Mithilfe dieser Überlegung ergibt sich ein Testfunktionswert von

$$\tau = \frac{85 - 109}{\sqrt{85 + 109}} = -1{,}72 \, .$$

Mit $\Phi(-1{,}72) = 1 - 0{,}9573 = 0{,}0427$ kann die Nullhypothese zu jedem Signifikanzniveau $\alpha > 0{,}0427$ verworfen werden.

b) Die Unabhängigkeit kann mithilfe des Kontingenztests überprüft werden. Da alle $h_{ij} \geq 5$ sind, ist die Voraussetzung des Tests erfüllt. Für den vorliegenden Spezialfall $k = \ell = 2$ (siehe S. 89) lässt sich der Testfunktionswert auf folgende Weise ermitteln:

$$\tau = \frac{1\,000 \cdot (737 \cdot 69 - 109 \cdot 85)^2}{846 \cdot 154 \cdot 822 \cdot 178} = 90{,}73\,.$$

Das benötigte 99,5 %-Quantil der $\chi^2((2-1)\cdot(2-1))$-Verteilung beträgt $\chi^2_{0{,}995} = 7{,}8794$, womit wegen $\tau > \chi^2_{0{,}995}$ die Nullhypothese verworfen und folglich die Vermutung der Unabhängigkeit verworfen werden kann.

Lösung zu Aufgabe 3.37

Um zu überprüfen, ob die Verteilung der Grundgesamtheit mit $F_0(x)$ übereinstimmt, kann der Kolmogorov-Smirnov-Test angewendet werden. Die dafür benötigten Größen sind in der nachfolgenden Tabelle angegeben:

x_i	$F_0(x_i)$	$F_n(x_i)$	$F_n(x_{i-1})$	δ_i
0,75	0,5000	0,2000	0,0000	0,5000
0,84	0,5600	0,4000	0,2000	0,3600
0,90	0,6000	0,6000	0,4000	0,2000
1,00	0,6667	0,8000	0,6000	0,1333
1,50	0,9167	1,0000	0,8000	0,1167

Der Testfunktionswert τ stellt das maximale δ_i dar, also $\tau = 0{,}5000$. Für $n = 5$ lautet der kritische Wert $\tau_{\text{krit}} = 0{,}5633$. Wegen $\tau < \tau_{\text{krit}}$ kann $F_0(x)$ als Verteilung der Grundgesamtheit nicht ausgeschlossen werden.

Lösung zu Aufgabe 4.1

Die zum zweiten Regressor gehörende Spalte von $\mathbf{X}$ ist genau doppelt so groß wie die zum Absolutglied gehörende. Diese perfekte lineare Abhängigkeit verursacht Multikollinearität, so dass die Matrix $(\mathbf{X}^\top\mathbf{X})^{-1}$ nicht existiert.

Lösung zu Aufgabe 4.2

a) Aus der Darstellung

$$R^2 = 1 - \frac{\sum_{i=1}^{n} \hat{u}_i^2}{\sum_{i=1}^{n}(y_i - \bar{y})^2}$$

ersieht man, dass mit wachsendem m der Nenner gleich bleibt, der Zähler hingegen sinkt (im Fall $m = n$ wird er sogar null).

b) Da nur „kann" zu begründen ist, genügt ein einfaches Beispiel: Nehmen wir an, alle Beobachtungen einer einfachen linearen Regression liegen genau auf einer Geraden. Dann gilt $R^2 = 1$. Fügt man einen weiteren Beobachtungspunkt hinzu, der nicht auf der Geraden liegt, so ist das resultierende R^2 kleiner als eins, also gesunken.

Lösung zu Aufgabe 4.3
Auf Grund der verwendeten Dummy-Variablen x_{ij} gilt für die Monate $j = 1, \ldots, 11$ der Prognosewert $\hat{y}_i = \hat{\beta}_0 + \hat{\beta}_j$. Nehmen alle x_{ij} für $j = 1, \ldots, 11$ den Wert null an, so liegt der zwölfte Monat vor, für welchen sich damit der Prognosewert $\hat{y}_i = \hat{\beta}_0$ ergibt.

Lösung zu Aufgabe 4.4
Da sich der Stichprobenumfang gleichmäßig auf beide Geschlechter verteilt, wissen wir, dass der zum Geschlecht gehörende Beobachtungsvektor $\mathbf{x}$ aus der Datenmatrix aus genau 1 000 Nullen und 1 000 Einsen besteht, also in sortierter Form folgendermaßen aussieht:

$$\mathbf{x}^\top = (x_1, \ldots, x_{1\,000}, x_{1\,001}, \ldots, x_{2\,000}) = (\underbrace{0, \ldots, 0}_{1\,000\text{-mal}}, \underbrace{1, \ldots, 1}_{1\,000\text{-mal}}).$$

Damit ergibt sich

$$\sum_{i=1}^{2\,000} x_i^2 = \sum_{i=1}^{2\,000} x_i = 1\,000 \quad \text{und folglich} \quad \bar{x} = 0{,}5 \,.$$

Ferner sind

$$\sum_{i=1}^{2\,000} x_i y_i = \sum_{i=1\,001}^{2\,000} y_i = 1\,000 \cdot \bar{y}_{\text{weibl}} = 1\,000 \cdot 360 = 360\,000$$

und

$$\bar{y} = \frac{1\,000 \cdot \bar{y}_{\text{männl}} + 1\,000 \cdot \bar{y}_{\text{weibl}}}{2\,000} = \frac{200 + 360}{2} = 280$$

bekannt. Somit ist

$$\hat{\beta}_1 = \frac{360\,000 - 2\,000 \cdot 0{,}5 \cdot 280}{1\,000 - 2\,000 \cdot 0{,}5^2} = 160$$

und

$$\hat{\beta}_0 = 280 - 160 \cdot 0{,}5 = 200 \,.$$

Lösung zu Aufgabe 4.5
Wir definieren die beiden Dummy-Variablen und wie folgt:

$$\text{Preisniveau} = \begin{cases} 1, & \text{falls hoch} \\ 0, & \text{falls niedrig} \end{cases} \quad \text{bzw.} \quad \text{Saisoneinfluss} = \begin{cases} 1, & \text{falls Winter} \\ 0, & \text{sonst Sommer} \,. \end{cases}$$

a)

$$\mathbf{X}^\top = \begin{pmatrix} 1 & 1 & 1 & 1 & 1 & 1 & 1 & 1 & 1 & 1 & 1 & 1 & 1 & 1 \\ 0 & 0 & 0 & 0 & 0 & 0 & 1 & 1 & 1 & 1 & 1 & 1 & 0 & 0 \\ 1 & 0 & 1 & 0 & 1 & 0 & 1 & 0 & 1 & 0 & 1 & 0 & 1 & 0 \end{pmatrix}$$

b) Mit

$$\mathbf{X}^\top \mathbf{y} = \begin{pmatrix} 1 & 1 & 1 & 1 & 1 & 1 & 1 & 1 & 1 & 1 & 1 & 1 & 1 & 1 & 1 & 1 \\ 0 & 0 & 0 & 0 & 0 & 0 & 1 & 1 & 1 & 1 & 1 & 1 & 1 & 1 & 0 & 0 \\ 1 & 0 & 1 & 0 & 1 & 0 & 1 & 0 & 1 & 0 & 1 & 0 & 1 & 0 & 1 & 0 \end{pmatrix} \begin{pmatrix} 50 \\ 45 \\ 47 \\ 42 \\ 44 \\ 40 \\ 48 \\ 48 \\ 53 \\ 48 \\ 55 \\ 50 \\ 50 \\ 48 \\ 52 \\ 48 \end{pmatrix} = \begin{pmatrix} 768 \\ 400 \\ 399 \end{pmatrix}$$

erhält man

$$\hat{\boldsymbol{\beta}} = (\mathbf{X}^\top \mathbf{X})^{-1} \mathbf{X}^\top \mathbf{y} = \frac{1}{16} \cdot \begin{pmatrix} 3 & -2 & -2 \\ -2 & 4 & 0 \\ -2 & 0 & 4 \end{pmatrix} \begin{pmatrix} 768 \\ 400 \\ 399 \end{pmatrix} = \begin{pmatrix} 44{,}125 \\ 4 \\ 3{,}75 \end{pmatrix}.$$

Lösung zu Aufgabe 4.6
Mit

$$\mathbf{X}^\top = \begin{pmatrix} 1 & 1 & 1 & 1 & 1 & 1 & 1 & 1 & 1 & 1 & 1 & 1 \\ 1 & 0 & 0 & 0 & 1 & 0 & 0 & 0 & 1 & 0 & 0 & 0 \\ 0 & 1 & 0 & 0 & 0 & 1 & 0 & 0 & 0 & 1 & 0 & 0 \\ 0 & 0 & 1 & 0 & 0 & 0 & 1 & 0 & 0 & 0 & 1 & 0 \end{pmatrix}$$

erhält man

$$\mathbf{X}^\top \mathbf{y} = \begin{pmatrix} \sum_{i=1}^{12} y_i \\ y_1 + y_5 + y_9 \\ y_2 + y_6 + y_{10} \\ y_3 + y_7 + y_{11} \end{pmatrix} \quad \text{sowie} \quad \mathbf{X}^\top \mathbf{X} = \begin{pmatrix} 12 & 3 & 3 & 3 \\ 3 & 3 & 0 & 0 \\ 3 & 0 & 3 & 0 \\ 3 & 0 & 0 & 3 \end{pmatrix}.$$

Lösung zu Aufgabe 4.7
a) Mit $\hat{\mathbf{y}} = \mathbf{X}\hat{\boldsymbol{\beta}} = \mathbf{X}(\mathbf{X}^\top \mathbf{X})^{-1} \mathbf{X}^\top \mathbf{y}$ erhält man

$$\hat{\mathbf{u}} = \mathbf{y} - \hat{\mathbf{y}} = [\mathbf{I} - \mathbf{X}(\mathbf{X}^\top \mathbf{X})^{-1} \mathbf{X}^\top] \mathbf{y}.$$

Also ist $\mathbf{H} = \mathbf{I} - \mathbf{X}(\mathbf{X}^\top \mathbf{X})^{-1} \mathbf{X}^\top$.

b) Eine Matrix $\mathbf{X}$ mit der Eigenschaft $\mathbf{XX} = \mathbf{X}$ heißt *idempotent*. Diese Eigenschaft soll nun für die Matrix $\mathbf{H}$ überprüft werden:

$$\begin{aligned}\mathbf{HH} &= [\mathbf{I} - \mathbf{X}(\mathbf{X}^\top\mathbf{X})^{-1}\mathbf{X}^\top][\mathbf{I} - \mathbf{X}(\mathbf{X}^\top\mathbf{X})^{-1}\mathbf{X}^\top] \\ &= \mathbf{I} - 2\mathbf{X}(\mathbf{X}^\top\mathbf{X})^{-1}\mathbf{X}^\top + \mathbf{X}(\mathbf{X}^\top\mathbf{X})^{-1}\mathbf{X}^\top\mathbf{X}(\mathbf{X}^\top\mathbf{X})^{-1}\mathbf{X}^\top \\ &= \mathbf{I} - 2\mathbf{X}(\mathbf{X}^\top\mathbf{X})^{-1}\mathbf{X}^\top + \mathbf{X}(\mathbf{X}^\top\mathbf{X})^{-1}\mathbf{X}^\top = \mathbf{I} - \mathbf{X}(\mathbf{X}^\top\mathbf{X})^{-1}\mathbf{X}^\top = \mathbf{H}.\end{aligned}$$

Also ist $\mathbf{H}$ in der Tat idempotent.

Lösung zu Aufgabe 4.8

a) Da $m + 1 = 11 + 1$ Regressoren vorhanden sind, müssen mindestens $n = 12$ Beobachtungen vorliegen, damit $(\mathbf{X}^\top\mathbf{X})$ den Rang $m + 1$ besitzt – und mithin $(\mathbf{X}^\top\mathbf{X})^{-1}$ berechnet werden kann.

b) Um s^2 ermitteln zu können, muss $n - (m + 1) \geqq 1$ erfüllt sein, da dieser Ausdruck im Nenner des Schätzers steht. Folglich müssen mindestens $1 + (m+1) = 13$ Beobachtungen vorliegen.

Lösung zu Aufgabe 4.9

Mit

$$\mathbf{X}^\top = \begin{pmatrix} 1 & 1 & 1 & 1 & 1 \\ 1 & 2 & 3 & 4 & 5 \end{pmatrix}$$

erhält man

$$(\mathbf{X}^\top\mathbf{X})^{-1} = \begin{pmatrix} 5 & 15 \\ 15 & 55 \end{pmatrix}^{-1} = \frac{1}{10} \cdot \begin{pmatrix} 11 & -3 \\ -3 & 1 \end{pmatrix}$$

und damit

$$\hat{\boldsymbol{\beta}} = \frac{1}{10} \cdot \begin{pmatrix} 11 & -3 \\ -3 & 1 \end{pmatrix} \begin{pmatrix} 1 & 1 & 1 & 1 & 1 \\ 1 & 2 & 3 & 4 & 5 \end{pmatrix} \begin{pmatrix} 2 \\ 2 \\ 5 \\ 10 \\ 10 \end{pmatrix} = \begin{pmatrix} -1{,}4 \\ 2{,}4 \end{pmatrix}.$$

Eine Berechnung mithilfe der Formeln des einfachen linearen Regressionsmodells aus Abschnitt 2.2 ist natürlich ebenso möglich.

Lösung zu Aufgabe 4.10

a) Mit

$$\mathbf{X}^\top = \begin{pmatrix} 1 & 1 & 1 & 1 & 1 & 1 & 1 & 1 \\ 1 & 0 & 1 & 0 & 1 & 0 & 1 & 0 \end{pmatrix}$$

erhält man

$$\mathbf{X}^\top\mathbf{y} = \begin{pmatrix} \sum_{i=1}^{8} y_i \\ y_1 + y_3 + y_5 + y_7 \end{pmatrix} \quad \text{und} \quad \mathbf{X}^\top\mathbf{X} = \begin{pmatrix} 8 & 4 \\ 4 & 4 \end{pmatrix}.$$

b) Wegen $\operatorname{Var}(\hat{B}_j) = \sigma^2 d_j$ liegt mit $S^2 d_j$ eine erwartungstreue Schätzfunktion für die Varianz der Regressionskoeffizienten vor. Hieraus ergibt sich mit $s^2 = 4$ und

$$s^2(\mathbf{X}^\top \mathbf{X})^{-1} = 4 \cdot \frac{1}{8 \cdot 4 - 4^2} \cdot \begin{pmatrix} 4 & -4 \\ -4 & 8 \end{pmatrix} = \begin{pmatrix} 1 & -1 \\ -1 & 2 \end{pmatrix}.$$

Aus der Hauptdiagonale der obigen Matrix lassen sich die geschätzten Varianzen 1 bzw. 2 für $\hat{B}_0$ bzw. $\hat{B}_1$ ablesen.

Lösung zu Aufgabe 4.11

a) Die Summe der Residuen ist gleich null. Diese Behauptung lässt sich für eine Regression mit Absolutglied mithilfe folgender Überlegungen beweisen, wobei **1** einen Spaltenvektor bestehend aus Einsen bezeichnet. Offensichtlich ist

$$\sum_{i=1}^{n} \hat{u}_i = \hat{\mathbf{u}}^\top \mathbf{1} = \mathbf{y}^\top \mathbf{1} - \hat{\mathbf{y}}^\top \mathbf{1}.$$

Nun formen wir um:

$$\hat{\mathbf{y}}^\top \mathbf{1} = \hat{\boldsymbol{\beta}}^\top \mathbf{X}^\top \mathbf{1} = [(\mathbf{X}^\top \mathbf{X})^{-1} \mathbf{X}^\top \mathbf{y}]^\top \mathbf{X}^\top \mathbf{1} = \mathbf{y}^\top \mathbf{X} (\mathbf{X}^\top \mathbf{X})^{-1} \mathbf{X}^\top \mathbf{1}.$$

Der Ausdruck $\mathbf{X}^\top \mathbf{1}$ entspricht der ersten Spalte der Matrix $\mathbf{X}^\top \mathbf{X}$. Da $(\mathbf{X}^\top \mathbf{X})^{-1} \mathbf{X}^\top \mathbf{X} = \mathbf{I}$ gilt, muss $(\mathbf{X}^\top \mathbf{X})^{-1} \mathbf{X}^\top \mathbf{1}$ der erste Einheitsvektor $\mathbf{e}_1 = (1, 0, \ldots, 0)^\top$ sein. Daraus folgt wegen $\mathbf{X} \mathbf{e}_1 = \mathbf{1}$:

$$\mathbf{y}^\top \mathbf{X} (\mathbf{X}^\top \mathbf{X})^{-1} \mathbf{X}^\top \mathbf{1} = \mathbf{y}^\top \mathbf{X} \mathbf{e}_1 = \mathbf{y}^\top \mathbf{1}.$$

Folglich ist $\hat{u}_1 + \cdots + \hat{u}_n = 0$ tatsächlich erfüllt. Damit gilt:

$$\hat{u}_{10} = -\sum_{i=1}^{9} \hat{u}_i = 0.$$

b) Die geschätzte Varianz der Störterme lässt sich wie folgt ermitteln:

$$s^2 = \frac{\hat{\mathbf{u}}^\top \hat{\mathbf{u}}}{n - (m+1)} = \frac{0^2 + (-1)^2 + \cdots + 0^2}{10 - (3+1)} = \frac{14}{6} = 2{,}33.$$

c) Mit $s_y^2 = \frac{1}{n-1} \sum_{i=1}^{n} (y_i - \bar{y})^2 = 2{,}5$ folgt unmittelbar:

$$R^2 = 1 - \frac{\sum_{i=1}^{n} \hat{u}_i^2}{(n-1) \cdot s_y^2} = 1 - \frac{14}{9 \cdot 2{,}5} = 0{,}38.$$

Lösung zu Aufgabe 4.12

Die Überprüfung erfolgt durch einfaches Nachrechnen:

$$\hat{\mathbf{u}}^\top \mathbf{X} = (\mathbf{y}^\top - \hat{\mathbf{y}}^\top) \mathbf{X} = \mathbf{y}^\top \mathbf{X} - (\mathbf{X}\hat{\boldsymbol{\beta}})^\top \mathbf{X} = \mathbf{y}^\top \mathbf{X} - \hat{\boldsymbol{\beta}}^\top \mathbf{X}^\top \mathbf{X}$$
$$= \mathbf{y}^\top \mathbf{X} - \mathbf{y}^\top \mathbf{X} (\mathbf{X}^\top \mathbf{X})^{-1} \mathbf{X}^\top \mathbf{X} = \mathbf{y}^\top \mathbf{X} - \mathbf{y}^\top \mathbf{X} = \mathbf{0}.$$

Die behauptete Aussage trifft also zu.

Lösungen zu den Aufgaben

Lösung zu Aufgabe 4.13
Das linke obere Element der Matrix $\mathbf{X}^\top \mathbf{X}$ ist immer gleich n; somit nimmt b den Wert 4 an. Jeweils aus der Symmetrie dieser Matrix ergeben sich $c = 6$, $d = 2$ und $e = 1$. Die Werte f und g folgen aus der Überlegung, dass das Matrixprodukt von $\mathbf{X}^\top \mathbf{X}$ und $(\mathbf{X}^\top \mathbf{X})^{-1}$ die Einheitsmatrix ergibt. Daher muss $6 \cdot (-0{,}7) + 10 \cdot f + 0{,}2 = 0$ gelten, woraus wegen der Symmetrie von $(\mathbf{X}^\top \mathbf{X})^{-1}$ folgt: $f = 0{,}4 = g$. Abschließend ist noch a zu bestimmen: Die zweite Zeile von $\mathbf{X}^\top \mathbf{X} \hat{\boldsymbol{\beta}} = \mathbf{X}^\top \mathbf{y}$ erfordert $6 \cdot 1{,}3 + 10 \cdot 2{,}4 - 1 \cdot 0{,}8 = 1 \cdot 3 + 2 \cdot 5 + 1 \cdot a + 2 \cdot 8 \Rightarrow a = 2$.

Lösung zu Aufgabe 4.14
Aus den vorliegenden Daten ergibt sich folgender Testfunktionswert:

$$\tau = \frac{0{,}373}{\sqrt{961{,}25 \cdot 0{,}008}} = 0{,}13\,.$$

Anzuwenden ist der t-Test. Das 97,5 %-Quantil der $t(15 - (4+1))$-Verteilung lautet

$$t_{0{,}975} = 2{,}2281$$

und es gilt offensichtlich $|\tau| < t_{0{,}975}$. Damit kann H_0 nicht verworfen werden.

Lösung zu Aufgabe 4.15
Die Regressionsfunktion mit den Daten aus Aufgabe 4.14 lautet:

$$\hat{y} = 43{,}235 + 3{,}046 x_1 + 0{,}373 x_2 + 0{,}876 x_3 - 0{,}260 x_4\,.$$

Als Prognosewert für die 16. Periode ergibt sich damit folglich:

$$\hat{y}_{16} = 43{,}235 + 3{,}046 \cdot 20 + 0{,}373 \cdot 35 + 0{,}876 \cdot 42 - 0{,}26 \cdot 38 = 144{,}12\,.$$

Lösung zu Aufgabe 4.16
Das 97,5 %-Quantil der $t(24 - (11+1))$-Verteilung lautet

$$t_{0{,}975} = 2{,}1788\,.$$

Für den bereits vorliegenden Testfunktionswert $\tau = -1{,}89$ gilt somit $|\tau| < t_{0{,}975}$, weswegen H_0 nicht verworfen werden kann.

Lösung zu Aufgabe 4.17
a) Offenkundig ist

$$R^2 = 1 - \frac{\sum\limits_{i=1}^{n} \hat{u}_i^2}{\sum\limits_{i=1}^{n} (y_i - \bar{y})^2} = 1 - \frac{1\,750}{3\,500} = 0{,}5\,.$$

b) Aus den vorliegenden Daten ergibt sich folgender Testfunktionswert:

$$\tau = \frac{-0{,}1}{\sqrt{\frac{1\,750}{35-(5+1)}} \cdot 3} = -0{,}0074\,.$$

Anzuwenden ist der t-Test, wobei das 99,5 %-Quantil der $t(35 - (5+1))$-Verteilung $t_{0{,}995} = 2{,}7564$ ist. Wegen $|\tau| < t_{0{,}995}$ kann H_0 nicht verworfen werden.

Lösung zu Aufgabe 4.18

a) Die Koeffizienten der Regression lassen sich wie folgt ermitteln:

$$\hat{\boldsymbol{\beta}} = \begin{pmatrix} 8{,}45 & -1 & -1{,}75 \\ -1 & \frac{1}{6} & \frac{1}{6} \\ -1{,}75 & \frac{1}{6} & \frac{5}{12} \end{pmatrix} \begin{pmatrix} 61 \\ 197 \\ 176 \end{pmatrix} = \begin{pmatrix} 10{,}45 \\ \frac{7}{6} \\ -\frac{7}{12} \end{pmatrix}.$$

b) Die Schätzwerte lauten

$$\hat{\mathbf{y}} = \mathbf{X}\hat{\boldsymbol{\beta}} = \begin{pmatrix} 1 & 1 & 3 \\ 1 & 3 & 4 \\ 1 & 2 & 4 \\ 1 & 4 & 2 \\ 1 & 5 & 2 \end{pmatrix} \begin{pmatrix} 10{,}45 \\ \frac{7}{6} \\ -\frac{7}{12} \end{pmatrix} = \frac{1}{6} \cdot \begin{pmatrix} 59{,}2 \\ 69{,}7 \\ 62{,}7 \\ 83{,}7 \\ 90{,}7 \end{pmatrix}.$$

c) Als Schätzwert für die Varianz der Störterme erhalten wir

$$s^2 = \frac{\hat{\mathbf{u}}^\top \hat{\mathbf{u}}}{n-(m+1)} = \frac{(10-\frac{59{,}2}{6})^2 + \cdots + (15-\frac{90{,}7}{6})^2}{5-(2+1)} = \frac{0{,}38}{2} = 0{,}192 \,.$$

d) Mit $\bar{y} = \frac{1}{5} \cdot (10 + \cdots + 15) = 12{,}2$ folgt

$$R^2 = 1 - \frac{\hat{\mathbf{u}}^\top \hat{\mathbf{u}}}{\sum_{i=1}^{5}(y_i - \bar{y})^2} = 1 - \frac{0{,}38}{(10-12{,}2)^2 + \cdots + (15-12{,}2)^2} = 0{,}9817 \,.$$

e) Der Testfunktionswert lautet

$$\tau = \frac{[5-(2+1)] \cdot 0{,}9817}{2 \cdot (1-0{,}9817)} = 53{,}64 \,.$$

Als kritischer Wert ist das 95 %-Quantil der $F(2; 5-(2+1))$-Verteilung, $f_{0{,}95} = 19$ zu verwenden. Wegen $\tau > f_{0{,}95}$ kann die Hypothese, dass alle Regressoren zusammen einen signifikanten Einfluss auf den Regressanden ausüben, verworfen werden.

Lösung zu Aufgabe 4.19

Mit $\hat{\beta}_1 = 350$ und $s^2 d_1 = 22\,500$ ergibt sich folgender Testfunktionswert:

$$\tau = \frac{350}{\sqrt{22500}} = 2{,}33 \,.$$

Anzuwenden ist der t-Test mit dem 97,5 %-Quantil der $t(20-(4+1))$-Verteilung, $t_{0{,}975} = 2{,}1314$. Wegen $|\tau| > t_{0{,}975}$ muss H_0 verworfen werden.

Verteilungstabellen

		\multicolumn{10}{c}{$p=$}									
n	x	0,05	0,10	0,15	0,20	0,25	0,30	0,35	0,40	0,45	0,50
1	0	0,9500	0,9000	0,8500	0,8000	0,7500	0,7000	0,6500	0,6000	0,5500	0,5000
	1	1	1	1	1	1	1	1	1	1	1
2	0	0,9025	0,8100	0,7225	0,6400	0,5625	0,4900	0,4225	0,3600	0,3025	0,2500
	1	0,9975	0,9900	0,9775	0,9600	0,9375	0,9100	0,8775	0,8400	0,7975	0,7500
	2	1	1	1	1	1	1	1	1	1	1
3	0	0,8574	0,7290	0,6141	0,5120	0,4219	0,3430	0,2746	0,2160	0,1664	0,1250
	1	0,9928	0,9720	0,9393	0,8960	0,8438	0,7840	0,7183	0,6480	0,5748	0,5000
	2	0,9999	0,9990	0,9966	0,9920	0,9844	0,9730	0,9571	0,9360	0,9089	0,8750
	3	1	1	1	1	1	1	1	1	1	1
4	0	0,8145	0,6561	0,5220	0,4096	0,3164	0,2401	0,1785	0,1296	0,0915	0,0625
	1	0,9860	0,9477	0,8905	0,8192	0,7383	0,6517	0,5630	0,4752	0,3910	0,3125
	2	0,9995	0,9963	0,9880	0,9728	0,9492	0,9163	0,8735	0,8208	0,7585	0,6875
	3	1,0000	0,9999	0,9995	0,9984	0,9961	0,9919	0,9850	0,9744	0,9590	0,9375
	4	1	1	1	1	1	1	1	1	1	1
5	0	0,7738	0,5905	0,4437	0,3277	0,2373	0,1681	0,1160	0,0778	0,0503	0,0313
	1	0,9774	0,9185	0,8352	0,7373	0,6328	0,5282	0,4284	0,3370	0,2562	0,1875
	2	0,9988	0,9914	0,9734	0,9421	0,8965	0,8369	0,7648	0,6826	0,5931	0,5000
	3	1,0000	0,9995	0,9978	0,9933	0,9844	0,9692	0,9460	0,9130	0,8688	0,8125
	4	1,0000	1,0000	0,9999	0,9997	0,9990	0,9976	0,9947	0,9898	0,9815	0,9688
	5	1	1	1	1	1	1	1	1	1	1
6	0	0,7351	0,5314	0,3771	0,2621	0,1780	0,1176	0,0754	0,0467	0,0277	0,0156
	1	0,9672	0,8857	0,7765	0,6554	0,5339	0,4202	0,3191	0,2333	0,1636	0,1094
	2	0,9978	0,9842	0,9527	0,9011	0,8306	0,7443	0,6471	0,5443	0,4415	0,3438
	3	0,9999	0,9987	0,9941	0,9830	0,9624	0,9295	0,8826	0,8208	0,7447	0,6563
	4	1,0000	0,9999	0,9996	0,9984	0,9954	0,9891	0,9777	0,9590	0,9308	0,8906
	5	1,0000	1,0000	1,0000	0,9999	0,9998	0,9993	0,9982	0,9959	0,9917	0,9844
	6	1	1	1	1	1	1	1	1	1	1
7	0	0,6983	0,4783	0,3206	0,2097	0,1335	0,0824	0,0490	0,0280	0,0152	0,0078
	1	0,9556	0,8503	0,7166	0,5767	0,4449	0,3294	0,2338	0,1586	0,1024	0,0625
	2	0,9962	0,9743	0,9262	0,8520	0,7564	0,6471	0,5323	0,4199	0,3164	0,2266
	3	0,9998	0,9973	0,9879	0,9667	0,9294	0,8740	0,8002	0,7102	0,6083	0,5000

Tabelle A.1: Verteilungsfunktion der Binomialverteilung

						$p =$					
n	x	0,05	0,10	0,15	0,20	0,25	0,30	0,35	0,40	0,45	0,50
7	4	1,0000	0,9998	0,9988	0,9953	0,9871	0,9712	0,9444	0,9037	0,8471	0,7734
	5	1,0000	1,0000	0,9999	0,9996	0,9987	0,9962	0,9910	0,9812	0,9643	0,9375
	6	1,0000	1,0000	1,0000	1,0000	0,9999	0,9998	0,9994	0,9984	0,9963	0,9922
	7	1	1	1	1	1	1	1	1	1	1
8	0	0,6634	0,4305	0,2725	0,1678	0,1001	0,0576	0,0319	0,0168	0,0084	0,0039
	1	0,9428	0,8131	0,6572	0,5033	0,3671	0,2553	0,1691	0,1064	0,0632	0,0352
	2	0,9942	0,9619	0,8948	0,7969	0,6785	0,5518	0,4278	0,3154	0,2201	0,1445
	3	0,9996	0,9950	0,9786	0,9437	0,8862	0,8059	0,7064	0,5941	0,4770	0,3633
	4	1,0000	0,9996	0,9971	0,9896	0,9727	0,9420	0,8939	0,8263	0,7396	0,6367
	5	1,0000	1,0000	0,9998	0,9988	0,9958	0,9887	0,9747	0,9502	0,9115	0,8555
	6	1,0000	1,0000	1,0000	0,9999	0,9996	0,9987	0,9964	0,9915	0,9819	0,9648
	7	1,0000	1,0000	1,0000	1,0000	1,0000	0,9999	0,9998	0,9993	0,9983	0,9961
	8	1	1	1	1	1	1	1	1	1	1
9	0	0,6302	0,3874	0,2316	0,1342	0,0751	0,0404	0,0207	0,0101	0,0046	0,0020
	1	0,9288	0,7748	0,5995	0,4362	0,3003	0,1960	0,1211	0,0705	0,0385	0,0195
	2	0,9916	0,9470	0,8591	0,7382	0,6007	0,4628	0,3373	0,2318	0,1495	0,0898
	3	0,9994	0,9917	0,9661	0,9144	0,8343	0,7297	0,6089	0,4826	0,3614	0,2539
	4	1,0000	0,9991	0,9944	0,9804	0,9511	0,9012	0,8283	0,7334	0,6214	0,5000
	5	1,0000	0,9999	0,9994	0,9969	0,9900	0,9747	0,9464	0,9006	0,8342	0,7461
	6	1,0000	1,0000	1,0000	0,9997	0,9987	0,9957	0,9888	0,9750	0,9502	0,9102
	7	1,0000	1,0000	1,0000	1,0000	0,9999	0,9996	0,9986	0,9962	0,9909	0,9805
	8	1,0000	1,0000	1,0000	1,0000	1,0000	1,0000	0,9999	0,9997	0,9992	0,9980
	9	1	1	1	1	1	1	1	1	1	1
10	0	0,5987	0,3487	0,1969	0,1074	0,0563	0,0282	0,0135	0,0060	0,0025	0,0010
	1	0,9139	0,7361	0,5443	0,3758	0,2440	0,1493	0,0860	0,0464	0,0233	0,0107
	2	0,9885	0,9298	0,8202	0,6778	0,5256	0,3828	0,2616	0,1673	0,0996	0,0547
	3	0,9990	0,9872	0,9500	0,8791	0,7759	0,6496	0,5138	0,3823	0,2660	0,1719
	4	0,9999	0,9984	0,9901	0,9672	0,9219	0,8497	0,7515	0,6331	0,5044	0,3770
	5	1,0000	0,9999	0,9986	0,9936	0,9803	0,9527	0,9051	0,8338	0,7384	0,6230
	6	1,0000	1,0000	0,9999	0,9991	0,9965	0,9894	0,9740	0,9452	0,8980	0,8281
	7	1,0000	1,0000	1,0000	0,9999	0,9996	0,9984	0,9952	0,9877	0,9726	0,9453
	8	1,0000	1,0000	1,0000	1,0000	1,0000	0,9999	0,9995	0,9983	0,9955	0,9893
	9	1,0000	1,0000	1,0000	1,0000	1,0000	1,0000	1,0000	0,9999	0,9997	0,9990
	10	1	1	1	1	1	1	1	1	1	1
11	0	0,5688	0,3138	0,1673	0,0859	0,0422	0,0198	0,0088	0,0036	0,0014	0,0005
	1	0,8981	0,6974	0,4922	0,3221	0,1971	0,1130	0,0606	0,0302	0,0139	0,0059
	2	0,9848	0,9104	0,7788	0,6174	0,4552	0,3127	0,2001	0,1189	0,0652	0,0327
	3	0,9984	0,9815	0,9306	0,8389	0,7133	0,5696	0,4256	0,2963	0,1911	0,1133
	4	0,9999	0,9972	0,9841	0,9496	0,8854	0,7897	0,6683	0,5328	0,3971	0,2744
	5	1,0000	0,9997	0,9973	0,9883	0,9657	0,9218	0,8513	0,7535	0,6331	0,5000
	6	1,0000	1,0000	0,9997	0,9980	0,9924	0,9784	0,9499	0,9006	0,8262	0,7256
	7	1,0000	1,0000	1,0000	0,9998	0,9988	0,9957	0,9878	0,9707	0,9390	0,8867

Tabelle A.1: Verteilungsfunktion der Binomialverteilung

						$p =$					
n	x	0,05	0,10	0,15	0,20	0,25	0,30	0,35	0,40	0,45	0,50
11	8	1,0000	1,0000	1,0000	1,0000	0,9999	0,9994	0,9980	0,9941	0,9852	0,9673
	9	1,0000	1,0000	1,0000	1,0000	1,0000	1,0000	0,9998	0,9993	0,9978	0,9941
	10	1,0000	1,0000	1,0000	1,0000	1,0000	1,0000	1,0000	1,0000	0,9998	0,9995
	11	1	1	1	1	1	1	1	1	1	1
12	0	0,5404	0,2824	0,1422	0,0687	0,0317	0,0138	0,0057	0,0022	0,0008	0,0002
	1	0,8816	0,6590	0,4435	0,2749	0,1584	0,0850	0,0424	0,0196	0,0083	0,0032
	2	0,9804	0,8891	0,7358	0,5583	0,3907	0,2528	0,1513	0,0834	0,0421	0,0193
	3	0,9978	0,9744	0,9078	0,7946	0,6488	0,4925	0,3467	0,2253	0,1345	0,0730
	4	0,9998	0,9957	0,9761	0,9274	0,8424	0,7237	0,5833	0,4382	0,3044	0,1938
	5	1,0000	0,9995	0,9954	0,9806	0,9456	0,8822	0,7873	0,6652	0,5269	0,3872
	6	1,0000	0,9999	0,9993	0,9961	0,9857	0,9614	0,9154	0,8418	0,7393	0,6128
	7	1,0000	1,0000	0,9999	0,9994	0,9972	0,9905	0,9745	0,9427	0,8883	0,8062
	8	1,0000	1,0000	1,0000	0,9999	0,9996	0,9983	0,9944	0,9847	0,9644	0,9270
	9	1,0000	1,0000	1,0000	1,0000	1,0000	0,9998	0,9992	0,9972	0,9921	0,9807
	10	1,0000	1,0000	1,0000	1,0000	1,0000	1,0000	0,9999	0,9997	0,9989	0,9968
	11	1,0000	1,0000	1,0000	1,0000	1,0000	1,0000	1,0000	1,0000	0,9999	0,9998
	12	1	1	1	1	1	1	1	1	1	1
13	0	0,5133	0,2542	0,1209	0,0550	0,0238	0,0097	0,0037	0,0013	0,0004	0,0001
	1	0,8646	0,6213	0,3983	0,2336	0,1267	0,0637	0,0296	0,0126	0,0049	0,0017
	2	0,9755	0,8661	0,6920	0,5017	0,3326	0,2025	0,1132	0,0579	0,0269	0,0112
	3	0,9969	0,9658	0,8820	0,7473	0,5843	0,4206	0,2783	0,1686	0,0929	0,0461
	4	0,9997	0,9935	0,9658	0,9009	0,7940	0,6543	0,5005	0,3530	0,2279	0,1334
	5	1,0000	0,9991	0,9925	0,9700	0,9198	0,8346	0,7159	0,5744	0,4268	0,2905
	6	1,0000	0,9999	0,9987	0,9930	0,9757	0,9376	0,8705	0,7712	0,6437	0,5000
	7	1,0000	1,0000	0,9998	0,9988	0,9944	0,9818	0,9538	0,9023	0,8212	0,7095
	8	1,0000	1,0000	1,0000	0,9998	0,9990	0,9960	0,9874	0,9679	0,9302	0,8666
	9	1,0000	1,0000	1,0000	1,0000	0,9999	0,9993	0,9975	0,9922	0,9797	0,9539
	10	1,0000	1,0000	1,0000	1,0000	1,0000	0,9999	0,9997	0,9987	0,9959	0,9888
	11	1,0000	1,0000	1,0000	1,0000	1,0000	1,0000	1,0000	0,9999	0,9995	0,9983
	12	1,0000	1,0000	1,0000	1,0000	1,0000	1,0000	1,0000	1,0000	1,0000	0,9999
	13	1	1	1	1	1	1	1	1	1	1
14	0	0,4877	0,2288	0,1028	0,0440	0,0178	0,0068	0,0024	0,0008	0,0002	0,0001
	1	0,8470	0,5846	0,3567	0,1979	0,1010	0,0475	0,0205	0,0081	0,0029	0,0009
	2	0,9699	0,8416	0,6479	0,4481	0,2811	0,1608	0,0839	0,0398	0,0170	0,0065
	3	0,9958	0,9559	0,8535	0,6982	0,5213	0,3552	0,2205	0,1243	0,0632	0,0287
	4	0,9996	0,9908	0,9533	0,8702	0,7415	0,5842	0,4227	0,2793	0,1672	0,0898
	5	1,0000	0,9985	0,9885	0,9561	0,8883	0,7805	0,6405	0,4859	0,3373	0,2120
	6	1,0000	0,9998	0,9978	0,9884	0,9617	0,9067	0,8164	0,6925	0,5461	0,3953
	7	1,0000	1,0000	0,9997	0,9976	0,9897	0,9685	0,9247	0,8499	0,7414	0,6047
	8	1,0000	1,0000	1,0000	0,9996	0,9978	0,9917	0,9757	0,9417	0,8811	0,7880
	9	1,0000	1,0000	1,0000	1,0000	0,9997	0,9983	0,9940	0,9825	0,9574	0,9102
	10	1,0000	1,0000	1,0000	1,0000	1,0000	0,9998	0,9989	0,9961	0,9886	0,9713

Tabelle A.1: Verteilungsfunktion der Binomialverteilung

		\multicolumn{10}{c}{$p =$}									
n	x	0,05	0,10	0,15	0,20	0,25	0,30	0,35	0,40	0,45	0,50
14	11	1,0000	1,0000	1,0000	1,0000	1,0000	1,0000	0,9999	0,9994	0,9978	0,9935
	12	1,0000	1,0000	1,0000	1,0000	1,0000	1,0000	1,0000	0,9999	0,9997	0,9991
	13	1,0000	1,0000	1,0000	1,0000	1,0000	1,0000	1,0000	1,0000	1,0000	0,9999
	14	1	1	1	1	1	1	1	1	1	1
15	0	0,4633	0,2059	0,0874	0,0352	0,0134	0,0047	0,0016	0,0005	0,0001	0,0000
	1	0,8290	0,5490	0,3186	0,1671	0,0802	0,0353	0,0142	0,0052	0,0017	0,0005
	2	0,9638	0,8159	0,6042	0,3980	0,2361	0,1268	0,0617	0,0271	0,0107	0,0037
	3	0,9945	0,9444	0,8227	0,6482	0,4613	0,2969	0,1727	0,0905	0,0424	0,0176
	4	0,9994	0,9873	0,9383	0,8358	0,6865	0,5155	0,3519	0,2173	0,1204	0,0592
	5	0,9999	0,9978	0,9832	0,9389	0,8516	0,7216	0,5643	0,4032	0,2608	0,1509
	6	1,0000	0,9997	0,9964	0,9819	0,9434	0,8689	0,7548	0,6098	0,4522	0,3036
	7	1,0000	1,0000	0,9994	0,9958	0,9827	0,9500	0,8868	0,7869	0,6535	0,5000
	8	1,0000	1,0000	0,9999	0,9992	0,9958	0,9848	0,9578	0,9050	0,8182	0,6964
	9	1,0000	1,0000	1,0000	0,9999	0,9992	0,9963	0,9876	0,9662	0,9231	0,8491
	10	1,0000	1,0000	1,0000	1,0000	0,9999	0,9993	0,9972	0,9907	0,9745	0,9408
	11	1,0000	1,0000	1,0000	1,0000	1,0000	0,9999	0,9995	0,9981	0,9937	0,9824
	12	1,0000	1,0000	1,0000	1,0000	1,0000	1,0000	0,9999	0,9997	0,9989	0,9963
	13	1,0000	1,0000	1,0000	1,0000	1,0000	1,0000	1,0000	1,0000	0,9999	0,9995
	14	1,0000	1,0000	1,0000	1,0000	1,0000	1,0000	1,0000	1,0000	1,0000	1,0000
	15	1	1	1	1	1	1	1	1	1	1
16	0	0,4401	0,1853	0,0743	0,0281	0,0100	0,0033	0,0010	0,0003	0,0001	0,0000
	1	0,8108	0,5147	0,2839	0,1407	0,0635	0,0261	0,0098	0,0033	0,0010	0,0003
	2	0,9571	0,7892	0,5614	0,3518	0,1971	0,0994	0,0451	0,0183	0,0066	0,0021
	3	0,9930	0,9316	0,7899	0,5981	0,4050	0,2459	0,1339	0,0651	0,0281	0,0106
	4	0,9991	0,9830	0,9209	0,7982	0,6302	0,4499	0,2892	0,1666	0,0853	0,0384
	5	0,9999	0,9967	0,9765	0,9183	0,8103	0,6598	0,4900	0,3288	0,1976	0,1051
	6	1,0000	0,9995	0,9944	0,9733	0,9204	0,8247	0,6881	0,5272	0,3660	0,2272
	7	1,0000	0,9999	0,9989	0,9930	0,9729	0,9256	0,8406	0,7161	0,5629	0,4018
	8	1,0000	1,0000	0,9998	0,9985	0,9925	0,9743	0,9329	0,8577	0,7441	0,5982
	9	1,0000	1,0000	1,0000	0,9998	0,9984	0,9929	0,9771	0,9417	0,8759	0,7728
	10	1,0000	1,0000	1,0000	1,0000	0,9997	0,9984	0,9938	0,9809	0,9514	0,8949
	11	1,0000	1,0000	1,0000	1,0000	1,0000	0,9997	0,9987	0,9951	0,9851	0,9616
	12	1,0000	1,0000	1,0000	1,0000	1,0000	1,0000	0,9998	0,9991	0,9965	0,9894
	13	1,0000	1,0000	1,0000	1,0000	1,0000	1,0000	1,0000	0,9999	0,9994	0,9979
	14	1,0000	1,0000	1,0000	1,0000	1,0000	1,0000	1,0000	1,0000	0,9999	0,9997
	15	1,0000	1,0000	1,0000	1,0000	1,0000	1,0000	1,0000	1,0000	1,0000	1,0000
	16	1	1	1	1	1	1	1	1	1	1
17	0	0,4181	0,1668	0,0631	0,0225	0,0075	0,0023	0,0007	0,0002	0,0000	0,0000
	1	0,7922	0,4818	0,2525	0,1182	0,0501	0,0193	0,0067	0,0021	0,0006	0,0001
	2	0,9497	0,7618	0,5198	0,3096	0,1637	0,0774	0,0327	0,0123	0,0041	0,0012
	3	0,9912	0,9174	0,7556	0,5489	0,3530	0,2019	0,1028	0,0464	0,0184	0,0064
	4	0,9988	0,9779	0,9013	0,7582	0,5739	0,3887	0,2348	0,1260	0,0596	0,0245

Tabelle A.1: Verteilungsfunktion der Binomialverteilung

		\multicolumn{10}{c|}{$p =$}									
n	x	0,05	0,10	0,15	0,20	0,25	0,30	0,35	0,40	0,45	0,50
17	5	0,9999	0,9953	0,9681	0,8943	0,7653	0,5968	0,4197	0,2639	0,1471	0,0717
	6	1,0000	0,9992	0,9917	0,9623	0,8929	0,7752	0,6188	0,4478	0,2902	0,1662
	7	1,0000	0,9999	0,9983	0,9891	0,9598	0,8954	0,7872	0,6405	0,4743	0,3145
	8	1,0000	1,0000	0,9997	0,9974	0,9876	0,9597	0,9006	0,8011	0,6626	0,5000
	9	1,0000	1,0000	1,0000	0,9995	0,9969	0,9873	0,9617	0,9081	0,8166	0,6855
	10	1,0000	1,0000	1,0000	0,9999	0,9994	0,9968	0,9880	0,9652	0,9174	0,8338
	11	1,0000	1,0000	1,0000	1,0000	0,9999	0,9993	0,9970	0,9894	0,9699	0,9283
	12	1,0000	1,0000	1,0000	1,0000	1,0000	0,9999	0,9994	0,9975	0,9914	0,9755
	13	1,0000	1,0000	1,0000	1,0000	1,0000	1,0000	0,9999	0,9995	0,9981	0,9936
	14	1,0000	1,0000	1,0000	1,0000	1,0000	1,0000	1,0000	0,9999	0,9997	0,9988
	15	1,0000	1,0000	1,0000	1,0000	1,0000	1,0000	1,0000	1,0000	1,0000	0,9999
	16	1,0000	1,0000	1,0000	1,0000	1,0000	1,0000	1,0000	1,0000	1,0000	1,0000
	17	1	1	1	1	1	1	1	1	1	1
18	0	0,3972	0,1501	0,0536	0,0180	0,0056	0,0016	0,0004	0,0001	0,0000	0,0000
	1	0,7735	0,4503	0,2241	0,0991	0,0395	0,0142	0,0046	0,0013	0,0003	0,0001
	2	0,9419	0,7338	0,4797	0,2713	0,1353	0,0600	0,0236	0,0082	0,0025	0,0007
	3	0,9891	0,9018	0,7202	0,5010	0,3057	0,1646	0,0783	0,0328	0,0120	0,0038
	4	0,9985	0,9718	0,8794	0,7164	0,5187	0,3327	0,1886	0,0942	0,0411	0,0154
	5	0,9998	0,9936	0,9581	0,8671	0,7175	0,5344	0,3550	0,2088	0,1077	0,0481
	6	1,0000	0,9988	0,9882	0,9487	0,8610	0,7217	0,5491	0,3743	0,2258	0,1189
	7	1,0000	0,9998	0,9973	0,9837	0,9431	0,8593	0,7283	0,5634	0,3915	0,2403
	8	1,0000	1,0000	0,9995	0,9957	0,9807	0,9404	0,8609	0,7368	0,5778	0,4073
	9	1,0000	1,0000	0,9999	0,9991	0,9946	0,9790	0,9403	0,8653	0,7473	0,5927
	10	1,0000	1,0000	1,0000	0,9998	0,9988	0,9939	0,9788	0,9424	0,8720	0,7597
	11	1,0000	1,0000	1,0000	1,0000	0,9998	0,9986	0,9938	0,9797	0,9463	0,8811
	12	1,0000	1,0000	1,0000	1,0000	1,0000	0,9997	0,9986	0,9942	0,9817	0,9519
	13	1,0000	1,0000	1,0000	1,0000	1,0000	1,0000	0,9997	0,9987	0,9951	0,9846
	14	1,0000	1,0000	1,0000	1,0000	1,0000	1,0000	1,0000	0,9998	0,9990	0,9962
	15	1,0000	1,0000	1,0000	1,0000	1,0000	1,0000	1,0000	1,0000	0,9999	0,9993
	16	1,0000	1,0000	1,0000	1,0000	1,0000	1,0000	1,0000	1,0000	1,0000	0,9999
	17	1,0000	1,0000	1,0000	1,0000	1,0000	1,0000	1,0000	1,0000	1,0000	1,0000
	18	1	1	1	1	1	1	1	1	1	1
19	0	0,3774	0,1351	0,0456	0,0144	0,0042	0,0011	0,0003	0,0001	0,0000	0,0000
	1	0,7547	0,4203	0,1985	0,0829	0,0310	0,0104	0,0031	0,0008	0,0002	0,0000
	2	0,9335	0,7054	0,4413	0,2369	0,1113	0,0462	0,0170	0,0055	0,0015	0,0004
	3	0,9868	0,8850	0,6841	0,4551	0,2631	0,1332	0,0591	0,0230	0,0077	0,0022
	4	0,9980	0,9648	0,8556	0,6733	0,4654	0,2822	0,1500	0,0696	0,0280	0,0096
	5	0,9998	0,9914	0,9463	0,8369	0,6678	0,4739	0,2968	0,1629	0,0777	0,0318
	6	1,0000	0,9983	0,9837	0,9324	0,8251	0,6655	0,4812	0,3081	0,1727	0,0835
	7	1,0000	0,9997	0,9959	0,9767	0,9225	0,8180	0,6656	0,4878	0,3169	0,1796
	8	1,0000	1,0000	0,9992	0,9933	0,9713	0,9161	0,8145	0,6675	0,4940	0,3238
	9	1,0000	1,0000	0,9999	0,9984	0,9911	0,9674	0,9125	0,8139	0,6710	0,5000
	10	1,0000	1,0000	1,0000	0,9997	0,9977	0,9895	0,9653	0,9115	0,8159	0,6762

Tabelle A.1: Verteilungsfunktion der Binomialverteilung

		$p =$									
n	x	0,05	0,10	0,15	0,20	0,25	0,30	0,35	0,40	0,45	0,50
19	11	1,0000	1,0000	1,0000	1,0000	0,9995	0,9972	0,9886	0,9648	0,9129	0,8204
	12	1,0000	1,0000	1,0000	1,0000	0,9999	0,9994	0,9969	0,9884	0,9658	0,9165
	13	1,0000	1,0000	1,0000	1,0000	1,0000	0,9999	0,9993	0,9969	0,9891	0,9682
	14	1,0000	1,0000	1,0000	1,0000	1,0000	1,0000	0,9999	0,9994	0,9972	0,9904
	15	1,0000	1,0000	1,0000	1,0000	1,0000	1,0000	1,0000	0,9999	0,9995	0,9978
	16	1,0000	1,0000	1,0000	1,0000	1,0000	1,0000	1,0000	1,0000	0,9999	0,9996
	17	1,0000	1,0000	1,0000	1,0000	1,0000	1,0000	1,0000	1,0000	1,0000	1,0000
	18	1,0000	1,0000	1,0000	1,0000	1,0000	1,0000	1,0000	1,0000	1,0000	1,0000
	19	1	1	1	1	1	1	1	1	1	1
20	0	0,3585	0,1216	0,0388	0,0115	0,0032	0,0008	0,0002	0,0000	0,0000	0,0000
	1	0,7358	0,3917	0,1756	0,0692	0,0243	0,0076	0,0021	0,0005	0,0001	0,0000
	2	0,9245	0,6769	0,4049	0,2061	0,0913	0,0355	0,0121	0,0036	0,0009	0,0002
	3	0,9841	0,8670	0,6477	0,4114	0,2252	0,1071	0,0444	0,0160	0,0049	0,0013
	4	0,9974	0,9568	0,8298	0,6296	0,4148	0,2375	0,1182	0,0510	0,0189	0,0059
	5	0,9997	0,9887	0,9327	0,8042	0,6172	0,4164	0,2454	0,1256	0,0553	0,0207
	6	1,0000	0,9976	0,9781	0,9133	0,7858	0,6080	0,4166	0,2500	0,1299	0,0577
	7	1,0000	0,9996	0,9941	0,9679	0,8982	0,7723	0,6010	0,4159	0,2520	0,1316
	8	1,0000	0,9999	0,9987	0,9900	0,9591	0,8867	0,7624	0,5956	0,4143	0,2517
	9	1,0000	1,0000	0,9998	0,9974	0,9861	0,9520	0,8782	0,7553	0,5914	0,4119
	10	1,0000	1,0000	1,0000	0,9994	0,9961	0,9829	0,9468	0,8725	0,7507	0,5881
	11	1,0000	1,0000	1,0000	0,9999	0,9991	0,9949	0,9804	0,9435	0,8692	0,7483
	12	1,0000	1,0000	1,0000	1,0000	0,9998	0,9987	0,9940	0,9790	0,9420	0,8684
	13	1,0000	1,0000	1,0000	1,0000	1,0000	0,9997	0,9985	0,9935	0,9786	0,9423
	14	1,0000	1,0000	1,0000	1,0000	1,0000	1,0000	0,9997	0,9984	0,9936	0,9793
	15	1,0000	1,0000	1,0000	1,0000	1,0000	1,0000	1,0000	0,9997	0,9985	0,9941
	16	1,0000	1,0000	1,0000	1,0000	1,0000	1,0000	1,0000	1,0000	0,9997	0,9987
	17	1,0000	1,0000	1,0000	1,0000	1,0000	1,0000	1,0000	1,0000	1,0000	0,9998
	18	1,0000	1,0000	1,0000	1,0000	1,0000	1,0000	1,0000	1,0000	1,0000	1,0000
	19	1,0000	1,0000	1,0000	1,0000	1,0000	1,0000	1,0000	1,0000	1,0000	1,0000
	20	1	1	1	1	1	1	1	1	1	1
21	0	0,3406	0,1094	0,0329	0,0092	0,0024	0,0006	0,0001	0,0000	0,0000	0,0000
	1	0,7170	0,3647	0,1550	0,0576	0,0190	0,0056	0,0015	0,0003	0,0001	0,0000
	2	0,9151	0,6484	0,3705	0,1787	0,0745	0,0271	0,0086	0,0024	0,0006	0,0001
	3	0,9811	0,8480	0,6113	0,3704	0,1917	0,0856	0,0331	0,0110	0,0031	0,0007
	4	0,9968	0,9478	0,8025	0,5860	0,3674	0,1984	0,0924	0,0370	0,0126	0,0036
	5	0,9996	0,9856	0,9173	0,7693	0,5666	0,3627	0,2009	0,0957	0,0389	0,0133
	6	1,0000	0,9967	0,9713	0,8915	0,7436	0,5505	0,3567	0,2002	0,0964	0,0392
	7	1,0000	0,9994	0,9917	0,9569	0,8701	0,7230	0,5365	0,3495	0,1971	0,0946
	8	1,0000	0,9999	0,9980	0,9856	0,9439	0,8523	0,7059	0,5237	0,3413	0,1917
	9	1,0000	1,0000	0,9996	0,9959	0,9794	0,9324	0,8377	0,6914	0,5117	0,3318
	10	1,0000	1,0000	0,9999	0,9990	0,9936	0,9736	0,9228	0,8256	0,6790	0,5000
	11	1,0000	1,0000	1,0000	0,9998	0,9983	0,9913	0,9687	0,9151	0,8159	0,6682
	12	1,0000	1,0000	1,0000	1,0000	0,9996	0,9976	0,9892	0,9648	0,9092	0,8083

Tabelle A.1: Verteilungsfunktion der Binomialverteilung

Verteilungstabellen 167

n	x	0,05	0,10	0,15	0,20	0,25	0,30	0,35	0,40	0,45	0,50
						$p=$					
21	13	1,0000	1,0000	1,0000	1,0000	0,9999	0,9994	0,9969	0,9877	0,9621	0,9054
	14	1,0000	1,0000	1,0000	1,0000	1,0000	0,9999	0,9993	0,9964	0,9868	0,9608
	15	1,0000	1,0000	1,0000	1,0000	1,0000	1,0000	0,9999	0,9992	0,9963	0,9867
	16	1,0000	1,0000	1,0000	1,0000	1,0000	1,0000	1,0000	0,9998	0,9992	0,9964
	17	1,0000	1,0000	1,0000	1,0000	1,0000	1,0000	1,0000	1,0000	0,9999	0,9993
	18	1,0000	1,0000	1,0000	1,0000	1,0000	1,0000	1,0000	1,0000	1,0000	0,9999
	19	1,0000	1,0000	1,0000	1,0000	1,0000	1,0000	1,0000	1,0000	1,0000	1,0000
	20	1,0000	1,0000	1,0000	1,0000	1,0000	1,0000	1,0000	1,0000	1,0000	1,0000
	21	1	1	1	1	1	1	1	1	1	1
22	0	0,3235	0,0985	0,0280	0,0074	0,0018	0,0004	0,0001	0,0000	0,0000	0,0000
	1	0,6982	0,3392	0,1367	0,0480	0,0149	0,0041	0,0010	0,0002	0,0000	0,0000
	2	0,9052	0,6200	0,3382	0,1545	0,0606	0,0207	0,0061	0,0016	0,0003	0,0001
	3	0,9778	0,8281	0,5752	0,3320	0,1624	0,0681	0,0245	0,0076	0,0020	0,0004
	4	0,9960	0,9379	0,7738	0,5429	0,3235	0,1645	0,0716	0,0266	0,0083	0,0022
	5	0,9994	0,9818	0,9001	0,7326	0,5168	0,3134	0,1629	0,0722	0,0271	0,0085
	6	0,9999	0,9956	0,9632	0,8670	0,6994	0,4942	0,3022	0,1584	0,0705	0,0262
	7	1,0000	0,9991	0,9886	0,9439	0,8385	0,6713	0,4736	0,2898	0,1518	0,0669
	8	1,0000	0,9999	0,9970	0,9799	0,9254	0,8135	0,6466	0,4540	0,2764	0,1431
	9	1,0000	1,0000	0,9993	0,9939	0,9705	0,9084	0,7916	0,6244	0,4350	0,2617
	10	1,0000	1,0000	0,9999	0,9984	0,9900	0,9613	0,8930	0,7720	0,6037	0,4159
	11	1,0000	1,0000	1,0000	0,9997	0,9971	0,9860	0,9526	0,8793	0,7543	0,5841
	12	1,0000	1,0000	1,0000	0,9999	0,9993	0,9957	0,9820	0,9449	0,8672	0,7383
	13	1,0000	1,0000	1,0000	1,0000	0,9999	0,9989	0,9942	0,9785	0,9383	0,8569
	14	1,0000	1,0000	1,0000	1,0000	1,0000	0,9998	0,9984	0,9930	0,9757	0,9331
	15	1,0000	1,0000	1,0000	1,0000	1,0000	1,0000	0,9997	0,9981	0,9920	0,9738
	16	1,0000	1,0000	1,0000	1,0000	1,0000	1,0000	0,9999	0,9996	0,9979	0,9915
	17	1,0000	1,0000	1,0000	1,0000	1,0000	1,0000	1,0000	0,9999	0,9995	0,9978
	18	1,0000	1,0000	1,0000	1,0000	1,0000	1,0000	1,0000	1,0000	0,9999	0,9996
	19	1,0000	1,0000	1,0000	1,0000	1,0000	1,0000	1,0000	1,0000	1,0000	0,9999
	20	1,0000	1,0000	1,0000	1,0000	1,0000	1,0000	1,0000	1,0000	1,0000	1,0000
	21	1,0000	1,0000	1,0000	1,0000	1,0000	1,0000	1,0000	1,0000	1,0000	1,0000
	22	1	1	1	1	1	1	1	1	1	1
23	0	0,3074	0,0886	0,0238	0,0059	0,0013	0,0003	0,0000	0,0000	0,0000	0,0000
	1	0,6794	0,3151	0,1204	0,0398	0,0116	0,0030	0,0007	0,0001	0,0000	0,0000
	2	0,8948	0,5920	0,3080	0,1332	0,0492	0,0157	0,0043	0,0010	0,0002	0,0000
	3	0,9742	0,8073	0,5396	0,2965	0,1370	0,0538	0,0181	0,0052	0,0012	0,0002
	4	0,9951	0,9269	0,7440	0,5007	0,2832	0,1356	0,0551	0,0190	0,0055	0,0013
	5	0,9992	0,9774	0,8811	0,6947	0,4685	0,2688	0,1309	0,0540	0,0186	0,0053
	6	0,9999	0,9942	0,9537	0,8402	0,6537	0,4399	0,2534	0,1240	0,0510	0,0173
	7	1,0000	0,9988	0,9848	0,9285	0,8037	0,6181	0,4136	0,2373	0,1152	0,0466
	8	1,0000	0,9998	0,9958	0,9727	0,9037	0,7709	0,5860	0,3884	0,2203	0,1050
	9	1,0000	1,0000	0,9990	0,9911	0,9592	0,8799	0,7408	0,5562	0,3636	0,2024
	10	1,0000	1,0000	0,9998	0,9975	0,9851	0,9454	0,8575	0,7129	0,5278	0,3388

Tabelle A.1: Verteilungsfunktion der Binomialverteilung

		$p =$								
n	x	0,05	0,10	0,15	0,20	0,25	0,30	0,35	0,40	0,45	0,50
23	11	1,0000	1,0000	1,0000	0,9994	0,9954	0,9786	0,9318	0,8364	0,6865	0,5000
	12	1,0000	1,0000	1,0000	0,9999	0,9988	0,9928	0,9717	0,9187	0,8164	0,6612
	13	1,0000	1,0000	1,0000	1,0000	0,9997	0,9979	0,9900	0,9651	0,9063	0,7976
	14	1,0000	1,0000	1,0000	1,0000	0,9999	0,9995	0,9970	0,9872	0,9589	0,8950
	15	1,0000	1,0000	1,0000	1,0000	1,0000	0,9999	0,9992	0,9960	0,9847	0,9534
	16	1,0000	1,0000	1,0000	1,0000	1,0000	1,0000	0,9998	0,9990	0,9952	0,9827
	17	1,0000	1,0000	1,0000	1,0000	1,0000	1,0000	1,0000	0,9998	0,9988	0,9947
	18	1,0000	1,0000	1,0000	1,0000	1,0000	1,0000	1,0000	1,0000	0,9998	0,9987
	19	1,0000	1,0000	1,0000	1,0000	1,0000	1,0000	1,0000	1,0000	1,0000	0,9998
	20	1,0000	1,0000	1,0000	1,0000	1,0000	1,0000	1,0000	1,0000	1,0000	1,0000
	21	1,0000	1,0000	1,0000	1,0000	1,0000	1,0000	1,0000	1,0000	1,0000	1,0000
	22	1,0000	1,0000	1,0000	1,0000	1,0000	1,0000	1,0000	1,0000	1,0000	1,0000
	23	1	1	1	1	1	1	1	1	1	1
24	0	0,2920	0,0798	0,0202	0,0047	0,0010	0,0002	0,0000	0,0000	0,0000	0,0000
	1	0,6608	0,2925	0,1059	0,0331	0,0090	0,0022	0,0005	0,0001	0,0000	0,0000
	2	0,8841	0,5643	0,2798	0,1145	0,0398	0,0119	0,0030	0,0007	0,0001	0,0000
	3	0,9702	0,7857	0,5049	0,2639	0,1150	0,0424	0,0133	0,0035	0,0008	0,0001
	4	0,9940	0,9149	0,7134	0,4599	0,2466	0,1111	0,0422	0,0134	0,0036	0,0008
	5	0,9990	0,9723	0,8606	0,6559	0,4222	0,2288	0,1044	0,0400	0,0127	0,0033
	6	0,9999	0,9925	0,9428	0,8111	0,6074	0,3886	0,2106	0,0960	0,0364	0,0113
	7	1,0000	0,9983	0,9801	0,9108	0,7662	0,5647	0,3575	0,1919	0,0863	0,0320
	8	1,0000	0,9997	0,9941	0,9638	0,8787	0,7250	0,5257	0,3279	0,1730	0,0758
	9	1,0000	0,9999	0,9985	0,9874	0,9453	0,8472	0,6866	0,4891	0,2991	0,1537
	10	1,0000	1,0000	0,9997	0,9962	0,9787	0,9258	0,8167	0,6502	0,4539	0,2706
	11	1,0000	1,0000	0,9999	0,9990	0,9928	0,9686	0,9058	0,7870	0,6151	0,4194
	12	1,0000	1,0000	1,0000	0,9998	0,9979	0,9885	0,9577	0,8857	0,7580	0,5806
	13	1,0000	1,0000	1,0000	1,0000	0,9995	0,9964	0,9836	0,9465	0,8659	0,7294
	14	1,0000	1,0000	1,0000	1,0000	0,9999	0,9990	0,9945	0,9783	0,9352	0,8463
	15	1,0000	1,0000	1,0000	1,0000	1,0000	0,9998	0,9984	0,9925	0,9731	0,9242
	16	1,0000	1,0000	1,0000	1,0000	1,0000	1,0000	0,9996	0,9978	0,9905	0,9680
	17	1,0000	1,0000	1,0000	1,0000	1,0000	1,0000	0,9999	0,9995	0,9972	0,9887
	18	1,0000	1,0000	1,0000	1,0000	1,0000	1,0000	1,0000	0,9999	0,9993	0,9967
	19	1,0000	1,0000	1,0000	1,0000	1,0000	1,0000	1,0000	1,0000	0,9999	0,9992
	20	1,0000	1,0000	1,0000	1,0000	1,0000	1,0000	1,0000	1,0000	1,0000	0,9999
	21	1,0000	1,0000	1,0000	1,0000	1,0000	1,0000	1,0000	1,0000	1,0000	1,0000
	22	1,0000	1,0000	1,0000	1,0000	1,0000	1,0000	1,0000	1,0000	1,0000	1,0000
	23	1,0000	1,0000	1,0000	1,0000	1,0000	1,0000	1,0000	1,0000	1,0000	1,0000
	24	1	1	1	1	1	1	1	1	1	1
25	0	0,2774	0,0718	0,0172	0,0038	0,0008	0,0001	0,0000	0,0000	0,0000	0,0000
	1	0,6424	0,2712	0,0931	0,0274	0,0070	0,0016	0,0003	0,0001	0,0000	0,0000
	2	0,8729	0,5371	0,2537	0,0982	0,0321	0,0090	0,0021	0,0004	0,0001	0,0000
	3	0,9659	0,7636	0,4711	0,2340	0,0962	0,0332	0,0097	0,0024	0,0005	0,0001
	4	0,9928	0,9020	0,6821	0,4207	0,2137	0,0905	0,0320	0,0095	0,0023	0,0005

Tabelle A.1: Verteilungsfunktion der Binomialverteilung

Verteilungstabellen

		$p=$									
n	x	0,05	0,10	0,15	0,20	0,25	0,30	0,35	0,40	0,45	0,50
25	5	0,9988	0,9666	0,8385	0,6167	0,3783	0,1935	0,0826	0,0294	0,0086	0,0020
	6	0,9998	0,9905	0,9305	0,7800	0,5611	0,3407	0,1734	0,0736	0,0258	0,0073
	7	1,0000	0,9977	0,9745	0,8909	0,7265	0,5118	0,3061	0,1536	0,0639	0,0216
	8	1,0000	0,9995	0,9920	0,9532	0,8506	0,6769	0,4668	0,2735	0,1340	0,0539
	9	1,0000	0,9999	0,9979	0,9827	0,9287	0,8106	0,6303	0,4246	0,2424	0,1148
	10	1,0000	1,0000	0,9995	0,9944	0,9703	0,9022	0,7712	0,5858	0,3843	0,2122
	11	1,0000	1,0000	0,9999	0,9985	0,9893	0,9558	0,8746	0,7323	0,5426	0,3450
	12	1,0000	1,0000	1,0000	0,9996	0,9966	0,9825	0,9396	0,8462	0,6937	0,5000
	13	1,0000	1,0000	1,0000	0,9999	0,9991	0,9940	0,9745	0,9222	0,8173	0,6550
	14	1,0000	1,0000	1,0000	1,0000	0,9998	0,9982	0,9907	0,9656	0,9040	0,7878
	15	1,0000	1,0000	1,0000	1,0000	1,0000	0,9995	0,9971	0,9868	0,9560	0,8852
	16	1,0000	1,0000	1,0000	1,0000	1,0000	0,9999	0,9992	0,9957	0,9826	0,9461
	17	1,0000	1,0000	1,0000	1,0000	1,0000	1,0000	0,9998	0,9988	0,9942	0,9784
	18	1,0000	1,0000	1,0000	1,0000	1,0000	1,0000	1,0000	0,9997	0,9984	0,9927
	19	1,0000	1,0000	1,0000	1,0000	1,0000	1,0000	1,0000	0,9999	0,9996	0,9980
	20	1,0000	1,0000	1,0000	1,0000	1,0000	1,0000	1,0000	1,0000	0,9999	0,9995
	21	1,0000	1,0000	1,0000	1,0000	1,0000	1,0000	1,0000	1,0000	1,0000	0,9999
	22	1,0000	1,0000	1,0000	1,0000	1,0000	1,0000	1,0000	1,0000	1,0000	1,0000
	23	1,0000	1,0000	1,0000	1,0000	1,0000	1,0000	1,0000	1,0000	1,0000	1,0000
	24	1,0000	1,0000	1,0000	1,0000	1,0000	1,0000	1,0000	1,0000	1,0000	1,0000
	25	1	1	1	1	1	1	1	1	1	1
26	0	0,2635	0,0646	0,0146	0,0030	0,0006	0,0001	0,0000	0,0000	0,0000	0,0000
	1	0,6241	0,2513	0,0817	0,0227	0,0055	0,0011	0,0002	0,0000	0,0000	0,0000
	2	0,8614	0,5105	0,2296	0,0841	0,0258	0,0067	0,0015	0,0003	0,0000	0,0000
	3	0,9613	0,7409	0,4385	0,2068	0,0802	0,0260	0,0070	0,0016	0,0003	0,0000
	4	0,9915	0,8882	0,6505	0,3833	0,1844	0,0733	0,0242	0,0066	0,0015	0,0003
	5	0,9985	0,9601	0,8150	0,5775	0,3371	0,1626	0,0649	0,0214	0,0058	0,0012
	6	0,9998	0,9881	0,9167	0,7474	0,5154	0,2965	0,1416	0,0559	0,0180	0,0047
	7	1,0000	0,9970	0,9679	0,8687	0,6852	0,4605	0,2596	0,1216	0,0467	0,0145
	8	1,0000	0,9994	0,9894	0,9408	0,8195	0,6274	0,4106	0,2255	0,1024	0,0378
	9	1,0000	0,9999	0,9970	0,9768	0,9091	0,7705	0,5731	0,3642	0,1936	0,0843
	10	1,0000	1,0000	0,9993	0,9921	0,9599	0,8747	0,7219	0,5213	0,3204	0,1635
	11	1,0000	1,0000	0,9998	0,9977	0,9845	0,9397	0,8384	0,6737	0,4713	0,2786
	12	1,0000	1,0000	1,0000	0,9994	0,9948	0,9745	0,9168	0,8007	0,6257	0,4225
	13	1,0000	1,0000	1,0000	0,9999	0,9985	0,9906	0,9623	0,8918	0,7617	0,5775
	14	1,0000	1,0000	1,0000	1,0000	0,9996	0,9970	0,9850	0,9482	0,8650	0,7214
	15	1,0000	1,0000	1,0000	1,0000	0,9999	0,9991	0,9948	0,9783	0,9326	0,8365
	16	1,0000	1,0000	1,0000	1,0000	1,0000	0,9998	0,9985	0,9921	0,9707	0,9157
	17	1,0000	1,0000	1,0000	1,0000	1,0000	1,0000	0,9996	0,9975	0,9890	0,9622
	18	1,0000	1,0000	1,0000	1,0000	1,0000	1,0000	0,9999	0,9993	0,9965	0,9855
	19	1,0000	1,0000	1,0000	1,0000	1,0000	1,0000	1,0000	0,9999	0,9991	0,9953
	20	1,0000	1,0000	1,0000	1,0000	1,0000	1,0000	1,0000	1,0000	0,9998	0,9988
	21	1,0000	1,0000	1,0000	1,0000	1,0000	1,0000	1,0000	1,0000	1,0000	0,9997
	22	1,0000	1,0000	1,0000	1,0000	1,0000	1,0000	1,0000	1,0000	1,0000	1,0000

Tabelle A.1: Verteilungsfunktion der Binomialverteilung

| | | \multicolumn{10}{c}{$p =$} |
n	x	0,05	0,10	0,15	0,20	0,25	0,30	0,35	0,40	0,45	0,50
26	23	1,0000	1,0000	1,0000	1,0000	1,0000	1,0000	1,0000	1,0000	1,0000	1,0000
	24	1,0000	1,0000	1,0000	1,0000	1,0000	1,0000	1,0000	1,0000	1,0000	1,0000
	25	1,0000	1,0000	1,0000	1,0000	1,0000	1,0000	1,0000	1,0000	1,0000	1,0000
	26	1	1	1	1	1	1	1	1	1	1
27	0	0,2503	0,0581	0,0124	0,0024	0,0004	0,0001	0,0000	0,0000	0,0000	0,0000
	1	0,6061	0,2326	0,0716	0,0187	0,0042	0,0008	0,0001	0,0000	0,0000	0,0000
	2	0,8495	0,4846	0,2074	0,0718	0,0207	0,0051	0,0010	0,0002	0,0000	0,0000
	3	0,9563	0,7179	0,4072	0,1823	0,0666	0,0202	0,0051	0,0011	0,0002	0,0000
	4	0,9900	0,8734	0,6187	0,3480	0,1583	0,0591	0,0182	0,0046	0,0009	0,0002
	5	0,9981	0,9529	0,7903	0,5387	0,2989	0,1358	0,0507	0,0155	0,0038	0,0008
	6	0,9997	0,9853	0,9014	0,7134	0,4708	0,2563	0,1148	0,0421	0,0125	0,0030
	7	1,0000	0,9961	0,9602	0,8444	0,6427	0,4113	0,2183	0,0953	0,0338	0,0096
	8	1,0000	0,9991	0,9862	0,9263	0,7859	0,5773	0,3577	0,1839	0,0774	0,0261
	9	1,0000	0,9998	0,9958	0,9696	0,8867	0,7276	0,5162	0,3087	0,1526	0,0610
	10	1,0000	1,0000	0,9989	0,9890	0,9472	0,8434	0,6698	0,4585	0,2633	0,1239
	11	1,0000	1,0000	0,9998	0,9965	0,9784	0,9202	0,7976	0,6127	0,4034	0,2210
	12	1,0000	1,0000	1,0000	0,9990	0,9922	0,9641	0,8894	0,7499	0,5562	0,3506
	13	1,0000	1,0000	1,0000	0,9998	0,9976	0,9857	0,9464	0,8553	0,7005	0,5000
	14	1,0000	1,0000	1,0000	1,0000	0,9993	0,9950	0,9771	0,9257	0,8185	0,6494
	15	1,0000	1,0000	1,0000	1,0000	0,9998	0,9985	0,9914	0,9663	0,9022	0,7790
	16	1,0000	1,0000	1,0000	1,0000	1,0000	0,9996	0,9972	0,9866	0,9536	0,8761
	17	1,0000	1,0000	1,0000	1,0000	1,0000	0,9999	0,9992	0,9954	0,9807	0,9390
	18	1,0000	1,0000	1,0000	1,0000	1,0000	1,0000	0,9998	0,9986	0,9931	0,9739
	19	1,0000	1,0000	1,0000	1,0000	1,0000	1,0000	1,0000	0,9997	0,9979	0,9904
	20	1,0000	1,0000	1,0000	1,0000	1,0000	1,0000	1,0000	0,9999	0,9995	0,9970
	21	1,0000	1,0000	1,0000	1,0000	1,0000	1,0000	1,0000	1,0000	0,9999	0,9992
	22	1,0000	1,0000	1,0000	1,0000	1,0000	1,0000	1,0000	1,0000	1,0000	0,9998
	23	1,0000	1,0000	1,0000	1,0000	1,0000	1,0000	1,0000	1,0000	1,0000	1,0000
	24	1,0000	1,0000	1,0000	1,0000	1,0000	1,0000	1,0000	1,0000	1,0000	1,0000
	25	1,0000	1,0000	1,0000	1,0000	1,0000	1,0000	1,0000	1,0000	1,0000	1,0000
	26	1,0000	1,0000	1,0000	1,0000	1,0000	1,0000	1,0000	1,0000	1,0000	1,0000
	27	1	1	1	1	1	1	1	1	1	1
28	0	0,2378	0,0523	0,0106	0,0019	0,0003	0,0000	0,0000	0,0000	0,0000	0,0000
	1	0,5883	0,2152	0,0627	0,0155	0,0033	0,0006	0,0001	0,0000	0,0000	0,0000
	2	0,8373	0,4594	0,1871	0,0612	0,0166	0,0038	0,0007	0,0001	0,0000	0,0000
	3	0,9509	0,6946	0,3772	0,1602	0,0551	0,0157	0,0037	0,0007	0,0001	0,0000
	4	0,9883	0,8579	0,5869	0,3149	0,1354	0,0474	0,0136	0,0032	0,0006	0,0001
	5	0,9977	0,9450	0,7646	0,5005	0,2638	0,1128	0,0393	0,0111	0,0025	0,0005
	6	0,9996	0,9821	0,8848	0,6784	0,4279	0,2202	0,0923	0,0315	0,0086	0,0019
	7	1,0000	0,9950	0,9514	0,8182	0,5997	0,3648	0,1821	0,0740	0,0242	0,0063
	8	1,0000	0,9988	0,9823	0,9100	0,7501	0,5275	0,3089	0,1485	0,0578	0,0178
	9	1,0000	0,9998	0,9944	0,9609	0,8615	0,6825	0,4607	0,2588	0,1187	0,0436
	10	1,0000	1,0000	0,9985	0,9851	0,9321	0,8087	0,6160	0,3986	0,2135	0,0925

Tabelle A.1: Verteilungsfunktion der Binomialverteilung

Verteilungstabellen

n	x	p = 0,05	0,10	0,15	0,20	0,25	0,30	0,35	0,40	0,45	0,50
28	11	1,0000	1,0000	0,9996	0,9950	0,9706	0,8972	0,7529	0,5510	0,3404	0,1725
	12	1,0000	1,0000	0,9999	0,9985	0,9888	0,9509	0,8572	0,6950	0,4875	0,2858
	13	1,0000	1,0000	1,0000	0,9996	0,9962	0,9792	0,9264	0,8132	0,6356	0,4253
	14	1,0000	1,0000	1,0000	0,9999	0,9989	0,9923	0,9663	0,8975	0,7654	0,5747
	15	1,0000	1,0000	1,0000	1,0000	0,9997	0,9975	0,9864	0,9501	0,8645	0,7142
	16	1,0000	1,0000	1,0000	1,0000	0,9999	0,9993	0,9952	0,9785	0,9304	0,8275
	17	1,0000	1,0000	1,0000	1,0000	1,0000	0,9998	0,9985	0,9919	0,9685	0,9075
	18	1,0000	1,0000	1,0000	1,0000	1,0000	1,0000	0,9996	0,9973	0,9875	0,9564
	19	1,0000	1,0000	1,0000	1,0000	1,0000	1,0000	0,9999	0,9992	0,9957	0,9822
	20	1,0000	1,0000	1,0000	1,0000	1,0000	1,0000	1,0000	0,9998	0,9988	0,9937
	21	1,0000	1,0000	1,0000	1,0000	1,0000	1,0000	1,0000	1,0000	0,9997	0,9981
	22	1,0000	1,0000	1,0000	1,0000	1,0000	1,0000	1,0000	1,0000	0,9999	0,9995
	23	1,0000	1,0000	1,0000	1,0000	1,0000	1,0000	1,0000	1,0000	1,0000	0,9999
	24	1,0000	1,0000	1,0000	1,0000	1,0000	1,0000	1,0000	1,0000	1,0000	1,0000
	25	1,0000	1,0000	1,0000	1,0000	1,0000	1,0000	1,0000	1,0000	1,0000	1,0000
	26	1,0000	1,0000	1,0000	1,0000	1,0000	1,0000	1,0000	1,0000	1,0000	1,0000
	27	1,0000	1,0000	1,0000	1,0000	1,0000	1,0000	1,0000	1,0000	1,0000	1,0000
	28	1	1	1	1	1	1	1	1	1	1
29	0	0,2259	0,0471	0,0090	0,0015	0,0002	0,0000	0,0000	0,0000	0,0000	0,0000
	1	0,5708	0,1989	0,0549	0,0128	0,0025	0,0004	0,0001	0,0000	0,0000	0,0000
	2	0,8249	0,4350	0,1684	0,0520	0,0133	0,0028	0,0005	0,0001	0,0000	0,0000
	3	0,9452	0,6710	0,3487	0,1404	0,0455	0,0121	0,0026	0,0005	0,0001	0,0000
	4	0,9864	0,8416	0,5555	0,2839	0,1153	0,0379	0,0101	0,0022	0,0004	0,0001
	5	0,9973	0,9363	0,7379	0,4634	0,2317	0,0932	0,0303	0,0080	0,0017	0,0003
	6	0,9995	0,9784	0,8667	0,6429	0,3868	0,1880	0,0738	0,0233	0,0059	0,0012
	7	0,9999	0,9938	0,9414	0,7903	0,5568	0,3214	0,1507	0,0570	0,0172	0,0041
	8	1,0000	0,9984	0,9777	0,8916	0,7125	0,4787	0,2645	0,1187	0,0427	0,0121
	9	1,0000	0,9997	0,9926	0,9507	0,8337	0,6360	0,4076	0,2147	0,0913	0,0307
	10	1,0000	0,9999	0,9978	0,9803	0,9145	0,7708	0,5617	0,3427	0,1708	0,0680
	11	1,0000	1,0000	0,9995	0,9931	0,9610	0,8706	0,7050	0,4900	0,2833	0,1325
	12	1,0000	1,0000	0,9999	0,9978	0,9842	0,9348	0,8207	0,6374	0,4213	0,2291
	13	1,0000	1,0000	1,0000	0,9994	0,9944	0,9707	0,9022	0,7659	0,5689	0,3555
	14	1,0000	1,0000	1,0000	0,9999	0,9982	0,9883	0,9524	0,8638	0,7070	0,5000
	15	1,0000	1,0000	1,0000	1,0000	0,9995	0,9959	0,9794	0,9290	0,8199	0,6445
	16	1,0000	1,0000	1,0000	1,0000	0,9999	0,9987	0,9921	0,9671	0,9008	0,7709
	17	1,0000	1,0000	1,0000	1,0000	1,0000	0,9997	0,9973	0,9865	0,9514	0,8675
	18	1,0000	1,0000	1,0000	1,0000	1,0000	0,9999	0,9992	0,9951	0,9790	0,9320
	19	1,0000	1,0000	1,0000	1,0000	1,0000	1,0000	0,9998	0,9985	0,9920	0,9693
	20	1,0000	1,0000	1,0000	1,0000	1,0000	1,0000	1,0000	0,9996	0,9974	0,9879
	21	1,0000	1,0000	1,0000	1,0000	1,0000	1,0000	1,0000	0,9999	0,9993	0,9959
	22	1,0000	1,0000	1,0000	1,0000	1,0000	1,0000	1,0000	1,0000	0,9998	0,9988
	23	1,0000	1,0000	1,0000	1,0000	1,0000	1,0000	1,0000	1,0000	1,0000	0,9997
	24	1,0000	1,0000	1,0000	1,0000	1,0000	1,0000	1,0000	1,0000	1,0000	0,9999

Tabelle A.1: Verteilungsfunktion der Binomialverteilung

		\multicolumn{10}{c}{$p =$}
n	x	0,05	0,10	0,15	0,20	0,25	0,30	0,35	0,40	0,45	0,50
29	25	1,0000	1,0000	1,0000	1,0000	1,0000	1,0000	1,0000	1,0000	1,0000	1,0000
	26	1,0000	1,0000	1,0000	1,0000	1,0000	1,0000	1,0000	1,0000	1,0000	1,0000
	27	1,0000	1,0000	1,0000	1,0000	1,0000	1,0000	1,0000	1,0000	1,0000	1,0000
	28	1,0000	1,0000	1,0000	1,0000	1,0000	1,0000	1,0000	1,0000	1,0000	1,0000
	29	1	1	1	1	1	1	1	1	1	1
30	0	0,2146	0,0424	0,0076	0,0012	0,0002	0,0000	0,0000	0,0000	0,0000	0,0000
	1	0,5535	0,1837	0,0480	0,0105	0,0020	0,0003	0,0000	0,0000	0,0000	0,0000
	2	0,8122	0,4114	0,1514	0,0442	0,0106	0,0021	0,0003	0,0000	0,0000	0,0000
	3	0,9392	0,6474	0,3217	0,1227	0,0374	0,0093	0,0019	0,0003	0,0000	0,0000
	4	0,9844	0,8245	0,5245	0,2552	0,0979	0,0302	0,0075	0,0015	0,0002	0,0000
	5	0,9967	0,9268	0,7106	0,4275	0,2026	0,0766	0,0233	0,0057	0,0011	0,0002
	6	0,9994	0,9742	0,8474	0,6070	0,3481	0,1595	0,0586	0,0172	0,0040	0,0007
	7	0,9999	0,9922	0,9302	0,7608	0,5143	0,2814	0,1238	0,0435	0,0121	0,0026
	8	1,0000	0,9980	0,9722	0,8713	0,6736	0,4315	0,2247	0,0940	0,0312	0,0081
	9	1,0000	0,9995	0,9903	0,9389	0,8034	0,5888	0,3575	0,1763	0,0694	0,0214
	10	1,0000	0,9999	0,9971	0,9744	0,8943	0,7304	0,5078	0,2915	0,1350	0,0494
	11	1,0000	1,0000	0,9992	0,9905	0,9493	0,8407	0,6548	0,4311	0,2327	0,1002
	12	1,0000	1,0000	0,9998	0,9969	0,9784	0,9155	0,7802	0,5785	0,3592	0,1808
	13	1,0000	1,0000	1,0000	0,9991	0,9918	0,9599	0,8737	0,7145	0,5025	0,2923
	14	1,0000	1,0000	1,0000	0,9998	0,9973	0,9831	0,9348	0,8246	0,6448	0,4278
	15	1,0000	1,0000	1,0000	0,9999	0,9992	0,9936	0,9699	0,9029	0,7691	0,5722
	16	1,0000	1,0000	1,0000	1,0000	0,9998	0,9979	0,9876	0,9519	0,8644	0,7077
	17	1,0000	1,0000	1,0000	1,0000	0,9999	0,9994	0,9955	0,9788	0,9286	0,8192
	18	1,0000	1,0000	1,0000	1,0000	1,0000	0,9998	0,9986	0,9917	0,9666	0,8998
	19	1,0000	1,0000	1,0000	1,0000	1,0000	1,0000	0,9996	0,9971	0,9862	0,9506
	20	1,0000	1,0000	1,0000	1,0000	1,0000	1,0000	0,9999	0,9991	0,9950	0,9786
	21	1,0000	1,0000	1,0000	1,0000	1,0000	1,0000	1,0000	0,9998	0,9984	0,9919
	22	1,0000	1,0000	1,0000	1,0000	1,0000	1,0000	1,0000	1,0000	0,9996	0,9974
	23	1,0000	1,0000	1,0000	1,0000	1,0000	1,0000	1,0000	1,0000	0,9999	0,9993
	24	1,0000	1,0000	1,0000	1,0000	1,0000	1,0000	1,0000	1,0000	1,0000	0,9998
	25	1,0000	1,0000	1,0000	1,0000	1,0000	1,0000	1,0000	1,0000	1,0000	1,0000
	26	1,0000	1,0000	1,0000	1,0000	1,0000	1,0000	1,0000	1,0000	1,0000	1,0000
	27	1,0000	1,0000	1,0000	1,0000	1,0000	1,0000	1,0000	1,0000	1,0000	1,0000
	28	1,0000	1,0000	1,0000	1,0000	1,0000	1,0000	1,0000	1,0000	1,0000	1,0000
	29	1,0000	1,0000	1,0000	1,0000	1,0000	1,0000	1,0000	1,0000	1,0000	1,0000
	30	1	1	1	1	1	1	1	1	1	1

Tabelle A.1: Verteilungsfunktion der Binomialverteilung

Verteilungstabellen

	$\lambda =$									
n	0,1	0,2	0,3	0,4	0,5	0,6	0,7	0,8	0,9	1,0
0	0,9048	0,8187	0,7408	0,6703	0,6065	0,5488	0,4966	0,4493	0,4066	0,3679
1	0,9953	0,9825	0,9631	0,9384	0,9098	0,8781	0,8442	0,8088	0,7725	0,7358
2	0,9998	0,9989	0,9964	0,9921	0,9856	0,9769	0,9659	0,9526	0,9371	0,9197
3	1,0000	0,9999	0,9997	0,9992	0,9982	0,9966	0,9942	0,9909	0,9865	0,9810
4	1,0000	1,0000	1,0000	0,9999	0,9998	0,9996	0,9992	0,9986	0,9977	0,9963
5	1,0000	1,0000	1,0000	1,0000	1,0000	1,0000	0,9999	0,9998	0,9997	0,9994
6	1,0000	1,0000	1,0000	1,0000	1,0000	1,0000	1,0000	1,0000	1,0000	0,9999
7	1,0000	1,0000	1,0000	1,0000	1,0000	1,0000	1,0000	1,0000	1,0000	1,0000

	$\lambda =$									
n	1,1	1,2	1,3	1,4	1,5	1,6	1,7	1,8	1,9	2,0
0	0,3329	0,3012	0,2725	0,2466	0,2231	0,2019	0,1827	0,1653	0,1496	0,1353
1	0,6990	0,6626	0,6268	0,5918	0,5578	0,5249	0,4932	0,4628	0,4337	0,4060
2	0,9004	0,8795	0,8571	0,8335	0,8088	0,7834	0,7572	0,7306	0,7037	0,6767
3	0,9743	0,9662	0,9569	0,9463	0,9344	0,9212	0,9068	0,8913	0,8747	0,8571
4	0,9946	0,9923	0,9893	0,9857	0,9814	0,9763	0,9704	0,9636	0,9559	0,9473
5	0,9990	0,9985	0,9978	0,9968	0,9955	0,9940	0,9920	0,9896	0,9868	0,9834
6	0,9999	0,9997	0,9996	0,9994	0,9991	0,9987	0,9981	0,9974	0,9966	0,9955
7	1,0000	1,0000	0,9999	0,9999	0,9998	0,9997	0,9996	0,9994	0,9992	0,9989
8	1,0000	1,0000	1,0000	1,0000	1,0000	1,0000	0,9999	0,9999	0,9998	0,9998
9	1,0000	1,0000	1,0000	1,0000	1,0000	1,0000	1,0000	1,0000	1,0000	1,0000
10	1,0000	1,0000	1,0000	1,0000	1,0000	1,0000	1,0000	1,0000	1,0000	1,0000

	$\lambda =$									
n	2,1	2,2	2,3	2,4	2,5	2,6	2,7	2,8	2,9	3,0
0	0,1225	0,1108	0,1003	0,0907	0,0821	0,0743	0,0672	0,0608	0,0550	0,0498
1	0,3796	0,3546	0,3309	0,3084	0,2873	0,2674	0,2487	0,2311	0,2146	0,1991
2	0,6496	0,6227	0,5960	0,5697	0,5438	0,5184	0,4936	0,4695	0,4460	0,4232
3	0,8386	0,8194	0,7993	0,7787	0,7576	0,7360	0,7141	0,6919	0,6696	0,6472
4	0,9379	0,9275	0,9162	0,9041	0,8912	0,8774	0,8629	0,8477	0,8318	0,8153
5	0,9796	0,9751	0,9700	0,9643	0,9580	0,9510	0,9433	0,9349	0,9258	0,9161
6	0,9941	0,9925	0,9906	0,9884	0,9858	0,9828	0,9794	0,9756	0,9713	0,9665
7	0,9985	0,9980	0,9974	0,9967	0,9958	0,9947	0,9934	0,9919	0,9901	0,9881
8	0,9997	0,9995	0,9994	0,9991	0,9989	0,9985	0,9981	0,9976	0,9969	0,9962
9	0,9999	0,9999	0,9999	0,9998	0,9997	0,9996	0,9995	0,9993	0,9991	0,9989
10	1,0000	1,0000	1,0000	1,0000	0,9999	0,9999	0,9999	0,9998	0,9998	0,9997
11	1,0000	1,0000	1,0000	1,0000	1,0000	1,0000	1,0000	1,0000	0,9999	0,9999
12	1,0000	1,0000	1,0000	1,0000	1,0000	1,0000	1,0000	1,0000	1,0000	1,0000

Tabelle A.2: Verteilungsfunktion der Poisson-Verteilung

	$\lambda =$									
n	3,1	3,2	3,3	3,4	3,5	3,6	3,7	3,8	3,9	4,0
0	0,0450	0,0408	0,0369	0,0334	0,0302	0,0273	0,0247	0,0224	0,0202	0,0183
1	0,1847	0,1712	0,1586	0,1468	0,1359	0,1257	0,1162	0,1074	0,0992	0,0916
2	0,4012	0,3799	0,3594	0,3397	0,3208	0,3027	0,2854	0,2689	0,2531	0,2381
3	0,6248	0,6025	0,5803	0,5584	0,5366	0,5152	0,4942	0,4735	0,4532	0,4335
4	0,7982	0,7806	0,7626	0,7442	0,7254	0,7064	0,6872	0,6678	0,6484	0,6288
5	0,9057	0,8946	0,8829	0,8705	0,8576	0,8441	0,8301	0,8156	0,8006	0,7851
6	0,9612	0,9554	0,9490	0,9421	0,9347	0,9267	0,9182	0,9091	0,8995	0,8893
7	0,9858	0,9832	0,9802	0,9769	0,9733	0,9692	0,9648	0,9599	0,9546	0,9489
8	0,9953	0,9943	0,9931	0,9917	0,9901	0,9883	0,9863	0,9840	0,9815	0,9786
9	0,9986	0,9982	0,9978	0,9973	0,9967	0,9960	0,9952	0,9942	0,9931	0,9919
10	0,9996	0,9995	0,9994	0,9992	0,9990	0,9987	0,9984	0,9981	0,9977	0,9972
11	0,9999	0,9999	0,9998	0,9998	0,9997	0,9996	0,9995	0,9994	0,9993	0,9991
12	1,0000	1,0000	1,0000	0,9999	0,9999	0,9999	0,9999	0,9998	0,9998	0,9997
13	1,0000	1,0000	1,0000	1,0000	1,0000	1,0000	1,0000	1,0000	0,9999	0,9999
14	1,0000	1,0000	1,0000	1,0000	1,0000	1,0000	1,0000	1,0000	1,0000	1,0000

	$\lambda =$									
n	4,1	4,2	4,3	4,4	4,5	4,6	4,7	4,8	4,9	5,0
0	0,0166	0,0150	0,0136	0,0123	0,0111	0,0101	0,0091	0,0082	0,0074	0,0067
1	0,0845	0,0780	0,0719	0,0663	0,0611	0,0563	0,0518	0,0477	0,0439	0,0404
2	0,2238	0,2102	0,1974	0,1851	0,1736	0,1626	0,1523	0,1425	0,1333	0,1247
3	0,4142	0,3954	0,3772	0,3594	0,3423	0,3257	0,3097	0,2942	0,2793	0,2650
4	0,6093	0,5898	0,5704	0,5512	0,5321	0,5132	0,4946	0,4763	0,4582	0,4405
5	0,7693	0,7531	0,7367	0,7199	0,7029	0,6858	0,6684	0,6510	0,6335	0,6160
6	0,8786	0,8675	0,8558	0,8436	0,8311	0,8180	0,8046	0,7908	0,7767	0,7622
7	0,9427	0,9361	0,9290	0,9214	0,9134	0,9049	0,8960	0,8867	0,8769	0,8666
8	0,9755	0,9721	0,9683	0,9642	0,9597	0,9549	0,9497	0,9442	0,9382	0,9319
9	0,9905	0,9889	0,9871	0,9851	0,9829	0,9805	0,9778	0,9749	0,9717	0,9682
10	0,9966	0,9959	0,9952	0,9943	0,9933	0,9922	0,9910	0,9896	0,9880	0,9863
11	0,9989	0,9986	0,9983	0,9980	0,9976	0,9971	0,9966	0,9960	0,9953	0,9945
12	0,9997	0,9996	0,9995	0,9993	0,9992	0,9990	0,9988	0,9986	0,9983	0,9980
13	0,9999	0,9999	0,9998	0,9998	0,9997	0,9997	0,9996	0,9995	0,9994	0,9993
14	1,0000	1,0000	1,0000	0,9999	0,9999	0,9999	0,9999	0,9999	0,9998	0,9998
15	1,0000	1,0000	1,0000	1,0000	1,0000	1,0000	1,0000	1,0000	0,9999	0,9999
16	1,0000	1,0000	1,0000	1,0000	1,0000	1,0000	1,0000	1,0000	1,0000	1,0000

Tabelle A.2: Verteilungsfunktion der Poisson-Verteilung

Verteilungstabellen

	$\lambda =$									
n	5,5	6,0	6,5	7,0	7,5	8,0	8,5	9,0	9,5	10
0	0,0041	0,0025	0,0015	0,0009	0,0006	0,0003	0,0002	0,0001	0,0001	0,0000
1	0,0266	0,0174	0,0113	0,0073	0,0047	0,0030	0,0019	0,0012	0,0008	0,0005
2	0,0884	0,0620	0,0430	0,0296	0,0203	0,0138	0,0093	0,0062	0,0042	0,0028
3	0,2017	0,1512	0,1118	0,0818	0,0591	0,0424	0,0301	0,0212	0,0149	0,0103
4	0,3575	0,2851	0,2237	0,1730	0,1321	0,0996	0,0744	0,0550	0,0403	0,0293
5	0,5289	0,4457	0,3690	0,3007	0,2414	0,1912	0,1496	0,1157	0,0885	0,0671
6	0,6860	0,6063	0,5265	0,4497	0,3782	0,3134	0,2562	0,2068	0,1649	0,1301
7	0,8095	0,7440	0,6728	0,5987	0,5246	0,4530	0,3856	0,3239	0,2687	0,2202
8	0,8944	0,8472	0,7916	0,7291	0,6620	0,5925	0,5231	0,4557	0,3918	0,3328
9	0,9462	0,9161	0,8774	0,8305	0,7764	0,7166	0,6530	0,5874	0,5218	0,4579
10	0,9747	0,9574	0,9332	0,9015	0,8622	0,8159	0,7634	0,7060	0,6453	0,5830
11	0,9890	0,9799	0,9661	0,9467	0,9208	0,8881	0,8487	0,8030	0,7520	0,6968
12	0,9955	0,9912	0,9840	0,9730	0,9573	0,9362	0,9091	0,8758	0,8364	0,7916
13	0,9983	0,9964	0,9929	0,9872	0,9784	0,9658	0,9486	0,9261	0,8981	0,8645
14	0,9994	0,9986	0,9970	0,9943	0,9897	0,9827	0,9726	0,9585	0,9400	0,9165
15	0,9998	0,9995	0,9988	0,9976	0,9954	0,9918	0,9862	0,9780	0,9665	0,9513
16	0,9999	0,9998	0,9996	0,9990	0,9980	0,9963	0,9934	0,9889	0,9823	0,9730
17	1,0000	0,9999	0,9998	0,9996	0,9992	0,9984	0,9970	0,9947	0,9911	0,9857
18	1,0000	1,0000	0,9999	0,9999	0,9997	0,9993	0,9987	0,9976	0,9957	0,9928
19	1,0000	1,0000	1,0000	1,0000	0,9999	0,9997	0,9995	0,9989	0,9980	0,9965
20	1,0000	1,0000	1,0000	1,0000	1,0000	0,9999	0,9998	0,9996	0,9991	0,9984
21	1,0000	1,0000	1,0000	1,0000	1,0000	1,0000	0,9999	0,9998	0,9996	0,9993
22	1,0000	1,0000	1,0000	1,0000	1,0000	1,0000	1,0000	0,9999	0,9999	0,9997
23	1,0000	1,0000	1,0000	1,0000	1,0000	1,0000	1,0000	1,0000	0,9999	0,9999
24	1,0000	1,0000	1,0000	1,0000	1,0000	1,0000	1,0000	1,0000	1,0000	1,0000

Tabelle A.2: Verteilungsfunktion der Poisson-Verteilung

α	z_α	α	z_α	α	z_α	α	z_α	α	z_α
0,500	0,0000	0,550	0,1257	0,600	0,2533	0,650	0,3853	0,700	0,5244
0,501	0,0025	0,551	0,1282	0,601	0,2559	0,651	0,3880	0,701	0,5273
0,502	0,0050	0,552	0,1307	0,602	0,2585	0,652	0,3907	0,702	0,5302
0,503	0,0075	0,553	0,1332	0,603	0,2611	0,653	0,3934	0,703	0,5330
0,504	0,0100	0,554	0,1358	0,604	0,2637	0,654	0,3961	0,704	0,5359
0,505	0,0125	0,555	0,1383	0,605	0,2663	0,655	0,3989	0,705	0,5388
0,506	0,0150	0,556	0,1408	0,606	0,2689	0,656	0,4016	0,706	0,5417
0,507	0,0175	0,557	0,1434	0,607	0,2715	0,657	0,4043	0,707	0,5446
0,508	0,0201	0,558	0,1459	0,608	0,2741	0,658	0,4070	0,708	0,5476
0,509	0,0226	0,559	0,1484	0,609	0,2767	0,659	0,4097	0,709	0,5505
0,510	0,0251	0,560	0,1510	0,610	0,2793	0,660	0,4125	0,710	0,5534
0,511	0,0276	0,561	0,1535	0,611	0,2819	0,661	0,4152	0,711	0,5563
0,512	0,0301	0,562	0,1560	0,612	0,2845	0,662	0,4179	0,712	0,5592
0,513	0,0326	0,563	0,1586	0,613	0,2871	0,663	0,4207	0,713	0,5622
0,514	0,0351	0,564	0,1611	0,614	0,2898	0,664	0,4234	0,714	0,5651
0,515	0,0376	0,565	0,1637	0,615	0,2924	0,665	0,4261	0,715	0,5681
0,516	0,0401	0,566	0,1662	0,616	0,2950	0,666	0,4289	0,716	0,5710
0,517	0,0426	0,567	0,1687	0,617	0,2976	0,667	0,4316	0,717	0,5740
0,518	0,0451	0,568	0,1713	0,618	0,3002	0,668	0,4344	0,718	0,5769
0,519	0,0476	0,569	0,1738	0,619	0,3029	0,669	0,4372	0,719	0,5799
0,520	0,0502	0,570	0,1764	0,620	0,3055	0,670	0,4399	0,720	0,5828
0,521	0,0527	0,571	0,1789	0,621	0,3081	0,671	0,4427	0,721	0,5858
0,522	0,0552	0,572	0,1815	0,622	0,3107	0,672	0,4454	0,722	0,5888
0,523	0,0577	0,573	0,1840	0,623	0,3134	0,673	0,4482	0,723	0,5918
0,524	0,0602	0,574	0,1866	0,624	0,3160	0,674	0,4510	0,724	0,5948
0,525	0,0627	0,575	0,1891	0,625	0,3186	0,675	0,4538	0,725	0,5978
0,526	0,0652	0,576	0,1917	0,626	0,3213	0,676	0,4565	0,726	0,6008
0,527	0,0677	0,577	0,1942	0,627	0,3239	0,677	0,4593	0,727	0,6038
0,528	0,0702	0,578	0,1968	0,628	0,3266	0,678	0,4621	0,728	0,6068
0,529	0,0728	0,579	0,1993	0,629	0,3292	0,679	0,4649	0,729	0,6098
0,530	0,0753	0,580	0,2019	0,630	0,3319	0,680	0,4677	0,730	0,6128
0,531	0,0778	0,581	0,2045	0,631	0,3345	0,681	0,4705	0,731	0,6158
0,532	0,0803	0,582	0,2070	0,632	0,3372	0,682	0,4733	0,732	0,6189
0,533	0,0828	0,583	0,2096	0,633	0,3398	0,683	0,4761	0,733	0,6219
0,534	0,0853	0,584	0,2121	0,634	0,3425	0,684	0,4789	0,734	0,6250
0,535	0,0878	0,585	0,2147	0,635	0,3451	0,685	0,4817	0,735	0,6280
0,536	0,0904	0,586	0,2173	0,636	0,3478	0,686	0,4845	0,736	0,6311
0,537	0,0929	0,587	0,2198	0,637	0,3505	0,687	0,4874	0,737	0,6341
0,538	0,0954	0,588	0,2224	0,638	0,3531	0,688	0,4902	0,738	0,6372
0,539	0,0979	0,589	0,2250	0,639	0,3558	0,689	0,4930	0,739	0,6403
0,540	0,1004	0,590	0,2275	0,640	0,3585	0,690	0,4959	0,740	0,6433
0,541	0,1030	0,591	0,2301	0,641	0,3611	0,691	0,4987	0,741	0,6464
0,542	0,1055	0,592	0,2327	0,642	0,3638	0,692	0,5015	0,742	0,6495
0,543	0,1080	0,593	0,2353	0,643	0,3665	0,693	0,5044	0,743	0,6526
0,544	0,1105	0,594	0,2378	0,644	0,3692	0,694	0,5072	0,744	0,6557
0,545	0,1130	0,595	0,2404	0,645	0,3719	0,695	0,5101	0,745	0,6588
0,546	0,1156	0,596	0,2430	0,646	0,3745	0,696	0,5129	0,746	0,6620
0,547	0,1181	0,597	0,2456	0,647	0,3772	0,697	0,5158	0,747	0,6651
0,548	0,1206	0,598	0,2482	0,648	0,3799	0,698	0,5187	0,748	0,6682
0,549	0,1231	0,599	0,2508	0,649	0,3826	0,699	0,5215	0,749	0,6713

Tabelle A.3: Quantile der Standardnormalverteilung

α	z_α	α	z_α	α	z_α	α	z_α	α	z_α
0,750	0,6745	0,800	0,8416	0,850	1,0364	0,900	1,2816	0,950	1,6449
0,751	0,6776	0,801	0,8452	0,851	1,0407	0,901	1,2873	0,951	1,6546
0,752	0,6808	0,802	0,8488	0,852	1,0450	0,902	1,2930	0,952	1,6646
0,753	0,6840	0,803	0,8524	0,853	1,0494	0,903	1,2988	0,953	1,6747
0,754	0,6871	0,804	0,8560	0,854	1,0537	0,904	1,3047	0,954	1,6849
0,755	0,6903	0,805	0,8596	0,855	1,0581	0,905	1,3106	0,955	1,6954
0,756	0,6935	0,806	0,8633	0,856	1,0625	0,906	1,3165	0,956	1,7060
0,757	0,6967	0,807	0,8669	0,857	1,0669	0,907	1,3225	0,957	1,7169
0,758	0,6999	0,808	0,8705	0,858	1,0714	0,908	1,3285	0,958	1,7279
0,759	0,7031	0,809	0,8742	0,859	1,0758	0,909	1,3346	0,959	1,7392
0,760	0,7063	0,810	0,8779	0,860	1,0803	0,910	1,3408	0,960	1,7507
0,761	0,7095	0,811	0,8816	0,861	1,0848	0,911	1,3469	0,961	1,7624
0,762	0,7128	0,812	0,8853	0,862	1,0893	0,912	1,3532	0,962	1,7744
0,763	0,7160	0,813	0,8890	0,863	1,0939	0,913	1,3595	0,963	1,7866
0,764	0,7192	0,814	0,8927	0,864	1,0985	0,914	1,3658	0,964	1,7991
0,765	0,7225	0,815	0,8965	0,865	1,1031	0,915	1,3722	0,965	1,8119
0,766	0,7257	0,816	0,9002	0,866	1,1077	0,916	1,3787	0,966	1,8250
0,767	0,7290	0,817	0,9040	0,867	1,1123	0,917	1,3852	0,967	1,8384
0,768	0,7323	0,818	0,9078	0,868	1,1170	0,918	1,3917	0,968	1,8522
0,769	0,7356	0,819	0,9116	0,869	1,1217	0,919	1,3984	0,969	1,8663
0,770	0,7388	0,820	0,9154	0,870	1,1264	0,920	1,4051	0,970	1,8808
0,771	0,7421	0,821	0,9192	0,871	1,1311	0,921	1,4118	0,971	1,8957
0,772	0,7454	0,822	0,9230	0,872	1,1359	0,922	1,4187	0,972	1,9110
0,773	0,7488	0,823	0,9269	0,873	1,1407	0,923	1,4255	0,973	1,9268
0,774	0,7521	0,824	0,9307	0,874	1,1455	0,924	1,4325	0,974	1,9431
0,775	0,7554	0,825	0,9346	0,875	1,1503	0,925	1,4395	0,975	1,9600
0,776	0,7588	0,826	0,9385	0,876	1,1552	0,926	1,4466	0,976	1,9774
0,777	0,7621	0,827	0,9424	0,877	1,1601	0,927	1,4538	0,977	1,9954
0,778	0,7655	0,828	0,9463	0,878	1,1650	0,928	1,4611	0,978	2,0141
0,779	0,7688	0,829	0,9502	0,879	1,1700	0,929	1,4684	0,979	2,0335
0,780	0,7722	0,830	0,9542	0,880	1,1750	0,930	1,4758	0,980	2,0537
0,781	0,7756	0,831	0,9581	0,881	1,1800	0,931	1,4833	0,981	2,0749
0,782	0,7790	0,832	0,9621	0,882	1,1850	0,932	1,4909	0,982	2,0969
0,783	0,7824	0,833	0,9661	0,883	1,1901	0,933	1,4985	0,983	2,1201
0,784	0,7858	0,834	0,9701	0,884	1,1952	0,934	1,5063	0,984	2,1444
0,785	0,7892	0,835	0,9741	0,885	1,2004	0,935	1,5141	0,985	2,1701
0,786	0,7926	0,836	0,9782	0,886	1,2055	0,936	1,5220	0,986	2,1973
0,787	0,7961	0,837	0,9822	0,887	1,2107	0,937	1,5301	0,987	2,2262
0,788	0,7995	0,838	0,9863	0,888	1,2160	0,938	1,5382	0,988	2,2571
0,789	0,8030	0,839	0,9904	0,889	1,2212	0,939	1,5464	0,989	2,2904
0,790	0,8064	0,840	0,9945	0,890	1,2265	0,940	1,5548	0,990	2,3263
0,791	0,8099	0,841	0,9986	0,891	1,2319	0,941	1,5632	0,991	2,3656
0,792	0,8134	0,842	1,0027	0,892	1,2372	0,942	1,5718	0,992	2,4089
0,793	0,8169	0,843	1,0069	0,893	1,2426	0,943	1,5805	0,993	2,4573
0,794	0,8204	0,844	1,0110	0,894	1,2481	0,944	1,5893	0,994	2,5121
0,795	0,8239	0,845	1,0152	0,895	1,2536	0,945	1,5982	0,995	2,5758
0,796	0,8274	0,846	1,0194	0,896	1,2591	0,946	1,6072	0,996	2,6521
0,797	0,8310	0,847	1,0237	0,897	1,2646	0,947	1,6164	0,997	2,7478
0,798	0,8345	0,848	1,0279	0,898	1,2702	0,948	1,6258	0,998	2,8782
0,799	0,8381	0,849	1,0322	0,899	1,2759	0,949	1,6352	0,999	3,0902

Tabelle A.3: Quantile der Standardnormalverteilung

z	$\Phi(z)$	z	$\Phi(z)$	z	$\Phi(z)$	z	$\Phi(z)$	z	$\Phi(z)$	z	$\Phi(z)$	z	$\Phi(z)$
0,00	0,5000	0,25	0,5987	0,50	0,6915	0,75	0,7734	1,00	0,8413	1,25	0,8944	1,50	0,9332
0,01	0,5040	0,26	0,6026	0,51	0,6950	0,76	0,7764	1,01	0,8438	1,26	0,8962	1,51	0,9345
0,02	0,5080	0,27	0,6064	0,52	0,6985	0,77	0,7794	1,02	0,8461	1,27	0,8980	1,52	0,9357
0,03	0,5120	0,28	0,6103	0,53	0,7019	0,78	0,7823	1,03	0,8485	1,28	0,8997	1,53	0,9370
0,04	0,5160	0,29	0,6141	0,54	0,7054	0,79	0,7852	1,04	0,8508	1,29	0,9015	1,54	0,9382
0,05	0,5199	0,30	0,6179	0,55	0,7088	0,80	0,7881	1,05	0,8531	1,30	0,9032	1,55	0,9394
0,06	0,5239	0,31	0,6217	0,56	0,7123	0,81	0,7910	1,06	0,8554	1,31	0,9049	1,56	0,9406
0,07	0,5279	0,32	0,6255	0,57	0,7157	0,82	0,7939	1,07	0,8577	1,32	0,9066	1,57	0,9418
0,08	0,5319	0,33	0,6293	0,58	0,7190	0,83	0,7967	1,08	0,8599	1,33	0,9082	1,58	0,9429
0,09	0,5359	0,34	0,6331	0,59	0,7224	0,84	0,7995	1,09	0,8621	1,34	0,9099	1,59	0,9441
0,10	0,5398	0,35	0,6368	0,60	0,7257	0,85	0,8023	1,10	0,8643	1,35	0,9115	1,60	0,9452
0,11	0,5438	0,36	0,6406	0,61	0,7291	0,86	0,8051	1,11	0,8665	1,36	0,9131	1,61	0,9463
0,12	0,5478	0,37	0,6443	0,62	0,7324	0,87	0,8078	1,12	0,8686	1,37	0,9147	1,62	0,9474
0,13	0,5517	0,38	0,6480	0,63	0,7357	0,88	0,8106	1,13	0,8708	1,38	0,9162	1,63	0,9484
0,14	0,5557	0,39	0,6517	0,64	0,7389	0,89	0,8133	1,14	0,8729	1,39	0,9177	1,64	0,9495
0,15	0,5596	0,40	0,6554	0,65	0,7422	0,90	0,8159	1,15	0,8749	1,40	0,9192	1,65	0,9505
0,16	0,5636	0,41	0,6591	0,66	0,7454	0,91	0,8186	1,16	0,8770	1,41	0,9207	1,66	0,9515
0,17	0,5675	0,42	0,6628	0,67	0,7486	0,92	0,8212	1,17	0,8790	1,42	0,9222	1,67	0,9525
0,18	0,5714	0,43	0,6664	0,68	0,7517	0,93	0,8238	1,18	0,8810	1,43	0,9236	1,68	0,9535
0,19	0,5753	0,44	0,6700	0,69	0,7549	0,94	0,8264	1,19	0,8830	1,44	0,9251	1,69	0,9545
0,20	0,5793	0,45	0,6736	0,70	0,7580	0,95	0,8289	1,20	0,8849	1,45	0,9265	1,70	0,9554
0,21	0,5832	0,46	0,6772	0,71	0,7611	0,96	0,8315	1,21	0,8869	1,46	0,9279	1,71	0,9564
0,22	0,5871	0,47	0,6808	0,72	0,7642	0,97	0,8340	1,22	0,8888	1,47	0,9292	1,72	0,9573
0,23	0,5910	0,48	0,6844	0,73	0,7673	0,98	0,8365	1,23	0,8907	1,48	0,9306	1,73	0,9582
0,24	0,5948	0,49	0,6879	0,74	0,7704	0,99	0,8389	1,24	0,8925	1,49	0,9319	1,74	0,9591

z	$\Phi(z)$
1,75	0,9599
1,76	0,9608
1,77	0,9616
1,78	0,9625
1,79	0,9633
1,80	0,9641
1,81	0,9649
1,82	0,9656
1,83	0,9664
1,84	0,9671
1,85	0,9678
1,86	0,9686
1,87	0,9693
1,88	0,9699
1,89	0,9706
1,90	0,9713
1,91	0,9719
1,92	0,9726
1,93	0,9732
1,94	0,9738
1,95	0,9744
1,96	0,9750
1,97	0,9756
1,98	0,9761
1,99	0,9767

Tabelle A.4: Verteilungsfunktion der Standardnormalverteilung

z	$\Phi(z)$	z	$\Phi(z)$	z	$\Phi(z)$	z	$\Phi(z)$	z	$\Phi(z)$	z	$\Phi(z)$	z	$\Phi(z)$
2,00	0,9772	2,25	0,9878	2,50	0,9938	2,75	0,9970	3,00	0,9987	3,25	0,9994	3,50	0,9998	3,75	0,9999
2,01	0,9778	2,26	0,9881	2,51	0,9940	2,76	0,9971	3,01	0,9987	3,26	0,9994	3,51	0,9998	3,76	0,9999
2,02	0,9783	2,27	0,9884	2,52	0,9941	2,77	0,9972	3,02	0,9987	3,27	0,9995	3,52	0,9998	3,77	0,9999
2,03	0,9788	2,28	0,9887	2,53	0,9943	2,78	0,9973	3,03	0,9988	3,28	0,9995	3,53	0,9998	3,78	0,9999
2,04	0,9793	2,29	0,9890	2,54	0,9945	2,79	0,9974	3,04	0,9988	3,29	0,9995	3,54	0,9998	3,79	0,9999
2,05	0,9798	2,30	0,9893	2,55	0,9946	2,80	0,9974	3,05	0,9989	3,30	0,9995	3,55	0,9998	3,80	0,9999
2,06	0,9803	2,31	0,9896	2,56	0,9948	2,81	0,9975	3,06	0,9989	3,31	0,9995	3,56	0,9998	3,81	0,9999
2,07	0,9808	2,32	0,9898	2,57	0,9949	2,82	0,9976	3,07	0,9989	3,32	0,9995	3,57	0,9998	3,82	0,9999
2,08	0,9812	2,33	0,9901	2,58	0,9951	2,83	0,9977	3,08	0,9990	3,33	0,9996	3,58	0,9998	3,83	0,9999
2,09	0,9817	2,34	0,9904	2,59	0,9952	2,84	0,9977	3,09	0,9990	3,34	0,9996	3,59	0,9998	3,84	0,9999
2,10	0,9821	2,35	0,9906	2,60	0,9953	2,85	0,9978	3,10	0,9990	3,35	0,9996	3,60	0,9998	3,85	0,9999
2,11	0,9826	2,36	0,9909	2,61	0,9955	2,86	0,9979	3,11	0,9991	3,36	0,9996	3,61	0,9998	3,86	0,9999
2,12	0,9830	2,37	0,9911	2,62	0,9956	2,87	0,9979	3,12	0,9991	3,37	0,9996	3,62	0,9999	3,87	0,9999
2,13	0,9834	2,38	0,9913	2,63	0,9957	2,88	0,9980	3,13	0,9991	3,38	0,9996	3,63	0,9999	3,88	0,9999
2,14	0,9838	2,39	0,9916	2,64	0,9959	2,89	0,9981	3,14	0,9992	3,39	0,9997	3,64	0,9999	3,89	0,9999
2,15	0,9842	2,40	0,9918	2,65	0,9960	2,90	0,9981	3,15	0,9992	3,40	0,9997	3,65	0,9999	3,90	1,0000
2,16	0,9846	2,41	0,9920	2,66	0,9961	2,91	0,9982	3,16	0,9992	3,41	0,9997	3,66	0,9999	3,91	1,0000
2,17	0,9850	2,42	0,9922	2,67	0,9962	2,92	0,9982	3,17	0,9992	3,42	0,9997	3,67	0,9999	3,92	1,0000
2,18	0,9854	2,43	0,9925	2,68	0,9963	2,93	0,9983	3,18	0,9993	3,43	0,9997	3,68	0,9999	3,93	1,0000
2,19	0,9857	2,44	0,9927	2,69	0,9964	2,94	0,9984	3,19	0,9993	3,44	0,9997	3,69	0,9999	3,94	1,0000
2,20	0,9861	2,45	0,9929	2,70	0,9965	2,95	0,9984	3,20	0,9993	3,45	0,9997	3,70	0,9999	3,95	1,0000
2,21	0,9864	2,46	0,9931	2,71	0,9966	2,96	0,9985	3,21	0,9993	3,46	0,9997	3,71	0,9999	3,96	1,0000
2,22	0,9868	2,47	0,9932	2,72	0,9967	2,97	0,9985	3,22	0,9994	3,47	0,9997	3,72	0,9999	3,97	1,0000
2,23	0,9871	2,48	0,9934	2,73	0,9968	2,98	0,9986	3,23	0,9994	3,48	0,9997	3,73	0,9999	3,98	1,0000
2,24	0,9875	2,49	0,9936	2,74	0,9969	2,99	0,9986	3,24	0,9994	3,49	0,9998	3,74	0,9999	3,99	1,0000

Tabelle A.4: Verteilungsfunktion der Standardnormalverteilung

	$\alpha =$									
n	0,005	0,010	0,025	0,050	0,100	0,900	0,950	0,975	0,990	0,995
1	0,0000	0,0002	0,0010	0,0039	0,0158	2,7055	3,8415	5,0239	6,6349	7,8794
2	0,0100	0,0201	0,0506	0,1026	0,2107	4,6052	5,9915	7,3778	9,2103	10,5966
3	0,0717	0,1148	0,2158	0,3518	0,5844	6,2514	7,8147	9,3484	11,3449	12,8382
4	0,2070	0,2971	0,4844	0,7107	1,0636	7,7794	9,4877	11,1433	13,2767	14,8603
5	0,4117	0,5543	0,8312	1,1455	1,6103	9,2364	11,0705	12,8325	15,0863	16,7496
6	0,6757	0,8721	1,2373	1,6354	2,2041	10,6446	12,5916	14,4494	16,8119	18,5476
7	0,9893	1,2390	1,6899	2,1673	2,8331	12,0170	14,0671	16,0128	18,4753	20,2777
8	1,3444	1,6465	2,1797	2,7326	3,4895	13,3616	15,5073	17,5345	20,0902	21,9550
9	1,7349	2,0879	2,7004	3,3251	4,1682	14,6837	16,9190	19,0228	21,6660	23,5894
10	2,1559	2,5582	3,2470	3,9403	4,8652	15,9872	18,3070	20,4832	23,2093	25,1882
11	2,6032	3,0535	3,8157	4,5748	5,5778	17,2750	19,6751	21,9200	24,7250	26,7568
12	3,0738	3,5706	4,4038	5,2260	6,3038	18,5493	21,0261	23,3367	26,2170	28,2995
13	3,5650	4,1069	5,0088	5,8919	7,0415	19,8119	22,3620	24,7356	27,6882	29,8195
14	4,0747	4,6604	5,6287	6,5706	7,7895	21,0641	23,6848	26,1189	29,1412	31,3193
15	4,6009	5,2293	6,2621	7,2609	8,5468	22,3071	24,9958	27,4884	30,5779	32,8013
16	5,1422	5,8122	6,9077	7,9616	9,3122	23,5418	26,2962	28,8454	31,9999	34,2672
17	5,6972	6,4078	7,5642	8,6718	10,0852	24,7690	27,5871	30,1910	33,4087	35,7185
18	6,2648	7,0149	8,2307	9,3905	10,8649	25,9894	28,8693	31,5264	34,8053	37,1565
19	6,8440	7,6327	8,9065	10,1170	11,6509	27,2036	30,1435	32,8523	36,1909	38,5823
20	7,4338	8,2604	9,5908	10,8508	12,4426	28,4120	31,4104	34,1696	37,5662	39,9968
21	8,0337	8,8972	10,2829	11,5913	13,2396	29,6151	32,6706	35,4789	38,9322	41,4011
22	8,6427	9,5425	10,9823	12,3380	14,0415	30,8133	33,9244	36,7807	40,2894	42,7957
23	9,2604	10,1957	11,6886	13,0905	14,8480	32,0069	35,1725	38,0756	41,6384	44,1813
24	9,8862	10,8564	12,4012	13,8484	15,6587	33,1962	36,4150	39,3641	42,9798	45,5585
25	10,5197	11,5240	13,1197	14,6114	16,4734	34,3816	37,6525	40,6465	44,3141	46,9279
26	11,1602	12,1981	13,8439	15,3792	17,2919	35,5632	38,8851	41,9232	45,6417	48,2899
27	11,8076	12,8785	14,5734	16,1514	18,1139	36,7412	40,1133	43,1945	46,9629	49,6449
28	12,4613	13,5647	15,3079	16,9279	18,9392	37,9159	41,3371	44,4608	48,2782	50,9934
29	13,1211	14,2565	16,0471	17,7084	19,7677	39,0875	42,5570	45,7223	49,5879	52,3356
30	13,7867	14,9535	16,7908	18,4927	20,5992	40,2560	43,7730	46,9792	50,8922	53,6720

Tabelle A.5: Quantile der Chi-Quadrat-Verteilung

	$\alpha =$				
n	0,900	0,950	0,975	0,990	0,995
1	3,0777	6,3138	12,7062	31,8205	63,6567
2	1,8856	2,9200	4,3027	6,9646	9,9248
3	1,6377	2,3534	3,1824	4,5407	5,8409
4	1,5332	2,1318	2,7764	3,7469	4,6041
5	1,4759	2,0150	2,5706	3,3649	4,0321
6	1,4398	1,9432	2,4469	3,1427	3,7074
7	1,4149	1,8946	2,3646	2,9980	3,4995
8	1,3968	1,8595	2,3060	2,8965	3,3554
9	1,3830	1,8331	2,2622	2,8214	3,2498
10	1,3722	1,8125	2,2281	2,7638	3,1693
11	1,3634	1,7959	2,2010	2,7181	3,1058
12	1,3562	1,7823	2,1788	2,6810	3,0545
13	1,3502	1,7709	2,1604	2,6503	3,0123
14	1,3450	1,7613	2,1448	2,6245	2,9768
15	1,3406	1,7531	2,1314	2,6025	2,9467
16	1,3368	1,7459	2,1199	2,5835	2,9208
17	1,3334	1,7396	2,1098	2,5669	2,8982
18	1,3304	1,7341	2,1009	2,5524	2,8784
19	1,3277	1,7291	2,0930	2,5395	2,8609
20	1,3253	1,7247	2,0860	2,5280	2,8453
21	1,3232	1,7207	2,0796	2,5176	2,8314
22	1,3212	1,7171	2,0739	2,5083	2,8188
23	1,3195	1,7139	2,0687	2,4999	2,8073
24	1,3178	1,7109	2,0639	2,4922	2,7969
25	1,3163	1,7081	2,0595	2,4851	2,7874
26	1,3150	1,7056	2,0555	2,4786	2,7787
27	1,3137	1,7033	2,0518	2,4727	2,7707
28	1,3125	1,7011	2,0484	2,4671	2,7633
29	1,3114	1,6991	2,0452	2,4620	2,7564
30	1,3104	1,6973	2,0423	2,4573	2,7500

Tabelle A.6: Quantile der t-Verteilung

m\n	1	2	3	4	5	6	7	8	9	10	11	12	13	14	15	16	17	18	19	20	30	40	50	100
1	161,45	18,51	10,13	7,71	6,61	5,99	5,59	5,32	5,12	4,96	4,84	4,75	4,67	4,60	4,54	4,49	4,45	4,41	4,38	4,35	4,17	4,08	4,03	3,94
2	199,50	19,00	9,55	6,94	5,79	5,14	4,74	4,46	4,26	4,10	3,98	3,89	3,81	3,74	3,68	3,63	3,59	3,55	3,52	3,49	3,32	3,23	3,18	3,09
3	215,71	19,16	9,28	6,59	5,41	4,76	4,35	4,07	3,86	3,71	3,59	3,49	3,41	3,34	3,29	3,24	3,20	3,16	3,13	3,10	2,92	2,84	2,79	2,70
4	224,58	19,25	9,12	6,39	5,19	4,53	4,12	3,84	3,63	3,48	3,36	3,26	3,18	3,11	3,06	3,01	2,96	2,93	2,90	2,87	2,69	2,61	2,56	2,46
5	230,16	19,30	9,01	6,26	5,05	4,39	3,97	3,69	3,48	3,33	3,20	3,11	3,03	2,96	2,90	2,85	2,81	2,77	2,74	2,71	2,53	2,45	2,40	2,31
6	233,99	19,33	8,94	6,16	4,95	4,28	3,87	3,58	3,37	3,22	3,09	3,00	2,92	2,85	2,79	2,74	2,70	2,66	2,63	2,60	2,42	2,34	2,29	2,19
7	236,77	19,35	8,89	6,09	4,88	4,21	3,79	3,50	3,29	3,14	3,01	2,91	2,83	2,76	2,71	2,66	2,61	2,58	2,54	2,51	2,33	2,25	2,20	2,10
8	238,88	19,37	8,85	6,04	4,82	4,15	3,73	3,44	3,23	3,07	2,95	2,85	2,77	2,70	2,64	2,59	2,55	2,51	2,48	2,45	2,27	2,18	2,13	2,03
9	240,54	19,38	8,81	6,00	4,77	4,10	3,68	3,39	3,18	3,02	2,90	2,80	2,71	2,65	2,59	2,54	2,49	2,46	2,42	2,39	2,21	2,12	2,07	1,97
10	241,88	19,40	8,79	5,96	4,74	4,06	3,64	3,35	3,14	2,98	2,85	2,75	2,67	2,60	2,54	2,49	2,45	2,41	2,38	2,35	2,16	2,08	2,03	1,93
11	242,98	19,40	8,76	5,94	4,70	4,03	3,60	3,31	3,10	2,94	2,82	2,72	2,63	2,57	2,51	2,46	2,41	2,37	2,34	2,31	2,13	2,04	1,99	1,89
12	243,91	19,41	8,74	5,91	4,68	4,00	3,57	3,28	3,07	2,91	2,79	2,69	2,60	2,53	2,48	2,42	2,38	2,34	2,31	2,28	2,09	2,00	1,95	1,85
13	244,69	19,42	8,73	5,89	4,66	3,98	3,55	3,26	3,05	2,89	2,76	2,66	2,58	2,51	2,45	2,40	2,35	2,31	2,28	2,25	2,06	1,97	1,92	1,82
14	245,36	19,42	8,71	5,87	4,64	3,96	3,53	3,24	3,03	2,86	2,74	2,64	2,55	2,48	2,42	2,37	2,33	2,29	2,26	2,22	2,04	1,95	1,89	1,79
15	245,95	19,43	8,70	5,86	4,62	3,94	3,51	3,22	3,01	2,85	2,72	2,62	2,53	2,46	2,40	2,35	2,31	2,27	2,23	2,20	2,01	1,92	1,87	1,77
16	246,46	19,43	8,69	5,84	4,60	3,92	3,49	3,20	2,99	2,83	2,70	2,60	2,51	2,44	2,38	2,33	2,29	2,25	2,21	2,18	1,99	1,90	1,85	1,75
17	246,92	19,44	8,68	5,83	4,59	3,91	3,48	3,19	2,97	2,81	2,69	2,58	2,50	2,43	2,37	2,32	2,27	2,23	2,20	2,17	1,98	1,89	1,83	1,73
18	247,32	19,44	8,67	5,82	4,58	3,90	3,47	3,17	2,96	2,80	2,67	2,57	2,48	2,41	2,35	2,30	2,26	2,22	2,18	2,15	1,96	1,87	1,81	1,71
19	247,69	19,44	8,67	5,81	4,57	3,88	3,46	3,16	2,95	2,79	2,66	2,56	2,47	2,40	2,34	2,29	2,24	2,20	2,17	2,14	1,95	1,85	1,80	1,69
20	248,01	19,45	8,66	5,80	4,56	3,87	3,44	3,15	2,94	2,77	2,65	2,54	2,46	2,39	2,33	2,28	2,23	2,19	2,16	2,12	1,93	1,84	1,78	1,68
30	250,10	19,46	8,62	5,75	4,50	3,81	3,38	3,08	2,86	2,70	2,57	2,47	2,38	2,31	2,25	2,19	2,15	2,11	2,07	2,04	1,84	1,74	1,69	1,57
40	251,14	19,47	8,59	5,72	4,46	3,77	3,34	3,04	2,83	2,66	2,53	2,43	2,34	2,27	2,20	2,15	2,10	2,06	2,03	1,99	1,79	1,69	1,63	1,52
50	251,77	19,48	8,58	5,70	4,44	3,75	3,32	3,02	2,80	2,64	2,51	2,40	2,31	2,24	2,18	2,12	2,08	2,04	2,00	1,97	1,76	1,66	1,60	1,48
100	253,04	19,49	8,55	5,66	4,41	3,71	3,27	2,97	2,76	2,59	2,46	2,35	2,26	2,19	2,12	2,07	2,02	1,98	1,94	1,91	1,70	1,59	1,52	1,39

Tabelle A.7: 95%-Quantile der F-Verteilung

m \ n	1	2	3	4	5	6	7	8	9	10	11	12	13	14	15	16	17	18	19	20	30	40	50	100
1	4052,18	98,50	34,12	21,20	16,26	13,75	12,25	11,26	10,56	10,04	9,65	9,33	9,07	8,86	8,68	8,53	8,40	8,29	8,18	8,10	7,56	7,31	7,17	6,90
2	4999,50	99,00	30,82	18,00	13,27	10,92	9,55	8,65	8,02	7,56	7,21	6,93	6,70	6,51	6,36	6,23	6,11	6,01	5,93	5,85	5,39	5,18	5,06	4,82
3	5403,35	99,17	29,46	16,69	12,06	9,78	8,45	7,59	6,99	6,55	6,22	5,95	5,74	5,56	5,42	5,29	5,18	5,09	5,01	4,94	4,51	4,31	4,20	3,98
4	5624,58	99,25	28,71	15,98	11,39	9,15	7,85	7,01	6,42	5,99	5,67	5,41	5,21	5,04	4,89	4,77	4,67	4,58	4,50	4,43	4,02	3,83	3,72	3,51
5	5763,65	99,30	28,24	15,52	10,97	8,75	7,46	6,63	6,06	5,64	5,32	5,06	4,86	4,69	4,56	4,44	4,34	4,25	4,17	4,10	3,70	3,51	3,41	3,21
6	5858,99	99,33	27,91	15,21	10,67	8,47	7,19	6,37	5,80	5,39	5,07	4,82	4,62	4,46	4,32	4,20	4,10	4,01	3,94	3,87	3,47	3,29	3,19	2,99
7	5928,36	99,36	27,67	14,98	10,46	8,26	6,99	6,18	5,61	5,20	4,89	4,64	4,44	4,28	4,14	4,03	3,93	3,84	3,77	3,70	3,30	3,12	3,02	2,82
8	5981,07	99,37	27,49	14,80	10,29	8,10	6,84	6,03	5,47	5,06	4,74	4,50	4,30	4,14	4,00	3,89	3,79	3,71	3,63	3,56	3,17	2,99	2,89	2,69
9	6022,47	99,39	27,35	14,66	10,16	7,98	6,72	5,91	5,35	4,94	4,63	4,39	4,19	4,03	3,89	3,78	3,68	3,60	3,52	3,46	3,07	2,89	2,78	2,59
10	6055,85	99,40	27,23	14,55	10,05	7,87	6,62	5,81	5,26	4,85	4,54	4,30	4,10	3,94	3,80	3,69	3,59	3,51	3,43	3,37	2,98	2,80	2,70	2,50
11	6083,32	99,41	27,13	14,45	9,96	7,79	6,54	5,73	5,18	4,77	4,46	4,22	4,02	3,86	3,73	3,62	3,52	3,43	3,36	3,29	2,91	2,73	2,63	2,43
12	6106,32	99,42	27,05	14,37	9,89	7,72	6,47	5,67	5,11	4,71	4,40	4,16	3,96	3,80	3,67	3,55	3,46	3,37	3,30	3,23	2,84	2,66	2,56	2,37
13	6125,86	99,42	26,98	14,31	9,82	7,66	6,41	5,61	5,05	4,65	4,34	4,10	3,91	3,75	3,61	3,50	3,40	3,32	3,24	3,18	2,79	2,61	2,51	2,31
14	6142,67	99,43	26,92	14,25	9,77	7,60	6,36	5,56	5,01	4,60	4,29	4,05	3,86	3,70	3,56	3,45	3,35	3,27	3,19	3,13	2,74	2,56	2,46	2,27
15	6157,28	99,43	26,87	14,20	9,72	7,56	6,31	5,52	4,96	4,56	4,25	4,01	3,82	3,66	3,52	3,41	3,31	3,23	3,15	3,09	2,70	2,52	2,42	2,22
16	6170,10	99,44	26,83	14,15	9,68	7,52	6,28	5,48	4,92	4,52	4,21	3,97	3,78	3,62	3,49	3,37	3,27	3,19	3,12	3,05	2,66	2,48	2,38	2,19
17	6181,43	99,44	26,79	14,11	9,64	7,48	6,24	5,44	4,89	4,49	4,18	3,94	3,75	3,59	3,45	3,34	3,24	3,16	3,08	3,02	2,63	2,45	2,35	2,15
18	6191,53	99,44	26,75	14,08	9,61	7,45	6,21	5,41	4,86	4,46	4,15	3,91	3,72	3,56	3,42	3,31	3,21	3,13	3,05	2,99	2,60	2,42	2,32	2,12
19	6200,58	99,45	26,72	14,05	9,58	7,42	6,18	5,38	4,83	4,43	4,12	3,88	3,69	3,53	3,40	3,28	3,19	3,10	3,03	2,96	2,57	2,39	2,29	2,09
20	6208,73	99,45	26,69	14,02	9,55	7,40	6,16	5,36	4,81	4,41	4,10	3,86	3,66	3,51	3,37	3,26	3,16	3,08	3,00	2,94	2,55	2,37	2,27	2,07
30	6260,65	99,47	26,50	13,84	9,38	7,23	5,99	5,20	4,65	4,25	3,94	3,70	3,51	3,35	3,21	3,10	3,00	2,92	2,84	2,78	2,39	2,20	2,10	1,89
40	6286,78	99,47	26,41	13,75	9,29	7,14	5,91	5,12	4,57	4,17	3,86	3,62	3,43	3,27	3,13	3,02	2,92	2,84	2,76	2,69	2,30	2,11	2,01	1,80
50	6302,52	99,48	26,35	13,69	9,24	7,09	5,86	5,07	4,52	4,12	3,81	3,57	3,38	3,22	3,08	2,97	2,87	2,78	2,71	2,64	2,25	2,06	1,95	1,74
100	6334,11	99,49	26,24	13,58	9,13	6,99	5,75	4,96	4,41	4,01	3,71	3,47	3,27	3,11	2,98	2,86	2,76	2,68	2,60	2,54	2,13	1,94	1,82	1,60

Tabelle A.7: 99 %-Quantile der F-Verteilung

n	$\alpha =$									
	0,005	0,010	0,025	0,050	0,100	0,900	0,950	0,975	0,990	0,995
4	–	–	–	–	0	10	–	–	–	–
5	–	–	–	0	2	13	15	–	–	–
6	–	–	0	2	3	18	19	21	–	–
7	–	0	2	3	5	23	25	26	28	–
8	0	1	3	5	8	28	31	33	35	36
9	1	3	5	8	10	35	37	40	42	44
10	3	5	8	10	14	41	45	47	50	52
11	5	7	10	13	17	49	53	56	59	61
12	7	9	13	17	21	57	61	65	69	71
13	9	12	17	21	26	65	70	74	79	82
14	12	15	21	25	31	74	80	84	90	93
15	15	19	25	30	36	84	90	95	101	105
16	19	23	29	35	42	94	101	107	113	117
17	23	27	34	41	48	105	112	119	126	130
18	27	32	40	47	55	116	124	131	139	144
19	32	37	46	53	62	128	137	144	153	158
20	37	43	52	60	69	141	150	158	167	173

Tabelle A.8: Kritische Werte für den Wilcoxon-Vorzeichen-Rangtest

m\n	1	2	3	4	5	6	7	8	9	10	11	12	13	14	15	16	17	18	19	20	21	22	23	24	25
1	—	—	—	—	—	—	—	—	—	—	—	—	—	—	—	—	—	—	—	—	—	—	—	—	—
2	—	—	—	—	—	—	—	—	—	—	—	—	—	—	—	—	—	—	3	3	3	3	3	3	3
3	—	—	—	—	—	—	—	—	6	6	6	7	7	7	8	8	8	8	9	9	9	10	10	10	11
4	—	—	—	—	—	10	10	11	11	12	12	13	13	14	15	15	16	16	17	18	18	19	19	20	20
5	—	—	—	—	15	16	16	17	18	19	20	21	22	22	23	24	25	26	27	28	29	29	30	31	32
6	—	—	—	21	22	23	24	25	26	27	28	30	31	32	33	34	36	37	38	39	40	42	43	44	45
7	—	—	—	28	29	31	32	34	35	37	38	40	41	43	44	46	47	49	50	52	53	55	57	58	60
8	—	—	—	37	38	40	42	43	45	47	49	51	53	54	56	58	60	62	64	66	68	70	71	73	75
9	—	—	45	46	48	50	52	54	56	58	61	63	65	67	69	72	74	76	78	81	83	85	88	90	92
10	—	—	55	57	59	61	64	66	68	71	73	76	79	81	84	86	89	92	94	97	99	102	105	107	110
11	—	—	66	68	71	73	76	79	82	84	87	90	93	96	99	102	105	108	111	114	117	120	123	126	129
12	—	—	79	81	84	87	90	93	96	99	102	105	109	112	115	119	122	125	129	132	136	139	142	146	149
13	—	—	92	94	98	101	104	108	111	115	118	122	125	129	133	136	140	144	148	151	155	159	163	166	170
14	—	—	106	109	112	116	120	123	127	131	135	139	143	147	151	155	159	163	168	172	176	180	184	188	192
15	—	—	122	125	128	132	136	140	144	149	153	157	162	166	171	175	180	184	189	193	198	202	207	211	216
16	—	—	138	141	145	149	154	158	163	167	172	177	181	186	191	196	201	206	210	215	220	225	230	235	240
17	—	—	155	159	163	168	172	177	182	187	192	197	202	207	213	218	223	228	234	239	244	249	255	260	265
18	—	—	173	177	182	187	192	197	202	208	213	218	224	229	235	241	246	252	258	263	269	275	280	286	292
19	—	190	193	197	202	207	212	218	223	229	235	241	247	253	259	264	271	277	283	289	295	301	307	313	319
20	—	210	213	218	223	228	234	240	246	252	258	264	270	277	283	289	296	302	309	315	322	328	335	341	348
21	—	231	234	239	245	250	256	263	269	275	282	289	295	302	309	315	322	329	336	343	349	356	363	370	377
22	—	253	257	262	267	274	280	287	293	300	307	314	321	328	335	342	349	357	364	371	378	386	393	400	408
23	—	276	280	285	291	298	305	311	319	326	333	340	348	355	363	370	378	385	393	401	408	416	424	431	439
24	—	300	304	310	316	323	330	337	345	352	360	368	375	383	391	399	407	415	423	431	439	447	455	464	472
25	—	325	330	335	342	349	357	364	372	380	388	396	404	412	421	429	437	446	454	463	471	480	488	497	505

Tabelle A.9: Kritische Werte für den Wilcoxon-Rangsummentest zu $\alpha = 0{,}005$

m\n	1	2	3	4	5	6	7	8	9	10	11	12	13	14	15	16	17	18	19	20	21	22	23	24	25
1	–	–	–	–	–	–	–	–	–	–	–	–	–	–	–	–	–	–	–	–	–	–	–	–	–
2	–	–	–	–	–	–	–	–	–	–	–	–	–	–	–	–	–	–	–	–	–	–	–	–	–
3	–	–	–	–	–	–	–	–	–	–	–	–	–	–	–	–	–	–	–	–	–	–	–	–	–
4	–	–	–	–	–	–	–	–	–	–	–	–	–	–	–	–	–	–	–	–	–	–	–	–	–
5	–	–	–	–	–	–	–	–	–	–	–	–	–	–	–	–	–	–	–	–	–	–	–	–	–
6	–	–	–	15	16	17	18	19	20	21	22	23	24	25	26	27	28	29	30	31	32	33	34	35	36
7	–	–	28	22	23	24	25	27	28	29	30	32	33	34	36	37	39	40	41	43	44	45	47	48	50
8	–	–	36	29	31	32	34	35	37	39	40	42	44	45	47	49	51	52	54	56	58	59	61	63	64
9	–	–	46	38	40	42	43	45	47	49	51	53	56	58	60	62	64	66	68	70	72	74	76	78	81
10	–	–	56	48	50	52	54	56	59	61	63	66	68	71	73	76	78	81	83	85	88	90	93	95	98
11	–	–	67	58	61	63	66	68	71	74	77	79	82	85	88	91	93	96	99	102	105	108	110	113	116
12	–	–	80	70	73	75	78	81	84	88	91	94	97	100	103	107	110	113	116	119	123	126	129	132	136
13	–	–	93	83	86	89	92	95	99	102	106	109	113	116	120	124	127	131	134	138	142	145	149	153	156
14	–	91	107	96	100	103	107	111	114	118	122	126	130	134	138	142	146	150	154	158	162	166	170	174	178
15	–	105	123	111	115	118	122	127	131	135	139	143	148	152	156	161	165	170	174	178	183	187	192	196	200
16	–	120	139	127	131	135	139	144	148	153	157	162	167	171	176	181	186	190	195	200	205	210	214	219	224
17	–	136	157	143	148	152	157	162	167	172	177	182	187	192	197	202	207	212	218	223	228	233	238	244	249
18	–	153	175	161	166	171	176	181	186	191	197	202	208	213	219	224	230	235	241	246	252	258	263	269	275
19	–	171	194	180	185	190	195	201	207	212	218	224	230	236	241	247	253	259	265	271	277	283	289	295	301
20	–	191	215	199	205	210	216	222	228	234	240	246	253	259	265	272	278	284	291	297	303	310	316	323	329
21	–	211	236	220	226	232	238	244	250	257	263	270	277	283	290	297	303	310	317	324	331	337	344	351	358
22	–	232	258	242	248	254	261	267	274	281	288	295	302	309	316	323	330	337	344	352	359	366	373	381	388
23	–	254	282	264	271	277	284	291	298	306	313	320	328	335	343	350	358	365	373	380	388	396	403	411	419
24	–	277	306	288	295	302	309	316	324	331	339	347	355	363	370	378	386	394	402	410	418	426	434	443	451
25	–	301	332	313	320	327	335	342	350	358	366	375	383	391	399	408	416	424	433	441	450	458	467	475	484
26	–	326		338	346	354	361	370	378	386	395	403	412	420	429	438	447	455	464	473	482	491	500	509	517

Tabelle A.9: Kritische Werte für den Wilcoxon-Rangsummentest zu $\alpha = 0{,}010$

m \ n	1	2	3	4	5	6	7	8	9	10	11	12	13	14	15	16	17	18	19	20	21	22	23	24	25
1	–	–	–	–	–	–	–	–	–	–	–	–	–	–	–	–	–	–	–	–	–	–	–	–	–
2	–	–	–	–	–	–	–	–	–	–	–	–	–	–	–	–	–	–	–	–	–	–	–	–	–
3	–	–	–	–	–	–	–	–	–	–	–	–	–	–	–	–	–	–	–	–	–	–	–	–	–
4	–	–	–	–	–	–	–	–	–	–	–	–	–	–	–	–	–	–	–	–	–	–	–	–	–
5	–	–	–	–	–	–	–	–	–	–	–	–	–	–	–	–	–	–	–	–	–	–	–	–	–
6	–	–	–	–	–	–	–	3	3	3	3	4	4	4	4	4	5	5	5	5	6	6	6	6	6
7	–	–	–	–	–	7	7	8	8	9	9	10	10	11	11	12	12	13	13	14	14	15	15	16	16
8	–	–	–	10	11	12	13	14	14	15	16	17	18	19	20	21	21	22	23	24	25	26	27	27	28
9	–	–	15	16	17	18	20	21	22	23	24	26	27	28	29	30	32	33	34	35	37	38	39	40	42
10	–	–	22	23	24	26	27	29	31	32	34	35	37	38	40	42	43	45	46	48	50	51	53	54	56
11	–	–	29	31	33	34	36	38	40	42	44	46	48	50	52	54	56	58	60	62	64	66	68	70	72
12	–	36	38	40	42	44	46	49	51	53	55	58	60	62	65	67	70	72	74	77	79	81	84	86	89
13	–	45	47	49	52	55	57	60	62	65	68	71	73	76	79	82	84	87	90	93	95	98	101	104	107
14	–	55	58	60	63	66	69	72	75	78	81	84	88	91	94	97	100	103	107	110	113	116	119	122	126
15	–	66	69	72	75	79	82	85	89	92	96	99	103	106	110	113	117	121	124	128	131	135	139	142	146
16	–	79	82	85	89	92	96	100	104	107	111	115	119	123	127	131	135	139	143	147	151	155	159	163	167
17	–	92	95	99	103	107	111	115	119	124	128	132	136	141	145	150	154	158	163	167	171	176	180	185	189
18	–	106	110	114	118	122	127	131	136	141	145	150	155	160	164	169	174	179	183	188	193	198	203	207	212
19	–	121	125	130	134	139	144	149	154	159	164	169	174	179	184	190	195	200	205	210	216	221	226	231	237
20	–	137	142	147	151	157	162	167	173	178	183	189	195	200	206	211	217	222	228	234	239	245	251	256	262
21	–	155	159	164	170	175	181	187	192	198	204	210	216	222	228	234	240	246	252	258	264	270	276	282	288
22	–	173	178	183	189	195	201	207	213	219	226	232	238	245	251	257	264	270	277	283	290	296	303	309	316
23	–	192	197	203	209	215	222	228	235	242	248	255	262	268	275	282	289	296	303	309	316	323	330	337	344
24	–	212	218	224	230	237	244	251	258	265	272	279	286	293	300	308	315	322	329	337	344	351	359	366	373
25	–	234	239	246	253	260	267	274	281	289	296	304	311	319	327	334	342	350	357	365	373	381	388	396	404
26	–	256	262	269	276	283	291	298	306	314	322	330	338	346	354	362	370	378	386	394	403	411	419	427	435
27	–	279	285	293	300	308	316	324	332	340	349	357	365	374	382	391	399	408	416	425	433	442	451	459	468
28	–	303	310	317	325	333	342	350	359	367	376	385	394	402	411	420	429	438	447	456	465	474	483	492	501
29	–	328	335	343	352	360	369	378	387	396	405	414	423	432	442	451	460	470	479	488	498	507	517	526	536

Tabelle A.9: Kritische Werte für den Wilcoxon-Rangsummentest zu $\alpha = 0{,}025$

188 Verteilungstabellen

m\n	1	2	3	4	5	6	7	8	9	10	11	12	13	14	15	16	17	18	19	20	21	22	23	24	25
1	–	–	–	–	–	–	–	–	–	–	–	–	–	–	–	–	–	–	–	–	–	–	–	–	–
2	–	–	–	–	–	–	–	–	–	–	–	–	–	–	–	–	–	–	–	–	–	–	–	–	–
3	–	–	–	–	–	3	3	4	4	4	4	5	5	5	6	6	6	7	7	7	8	8	8	9	9
4	–	–	–	10	11	12	13	14	14	15	16	17	18	19	20	21	21	22	23	24	25	26	27	28	29
5	–	–	6	11	17	18	20	21	22	23	24	26	27	28	29	30	32	33	34	35	37	38	39	40	41
6	–	–	–	–	–	–	–	–	–	–	–	–	–	–	–	–	–	–	–	–	–	–	–	–	–
7	–	–	–	–	–	–	–	–	–	–	–	–	–	–	–	–	–	–	–	–	–	–	–	–	–

Tabelle A.9: Kritische Werte für den Wilcoxon-Rangsummentest zu α = 0,050

m\n	1	2	3	4	5	6	7	8	9	10	11	12	13	14	15	16	17	18	19	20	21	22	23	24	25
1	–	–	–	–	–	–	–	–	–	–	–	–	–	–	–	–	–	–	–	–	–	–	–	–	2
2	–	–	–	–	–	–	–	–	–	–	–	–	–	–	–	–	–	–	–	10	11	11	11	12	12
3	–	–	–	–	–	–	–	–	–	6	13	14	15	16	16	17	18	19	20	21	21	22	23	24	25
4	–	10	11	12	14	15	16	17	19	20	21	22	23	25	26	27	28	30	31	32	33	35	36	37	38
5	–	16	17	19	20	22	23	25	27	28	30	32	33	35	37	38	40	42	43	45	46	48	50	51	53
6	–	22	24	26	28	30	32	34	36	38	40	42	44	46	48	50	52	55	57	59	61	63	65	67	69
7	–	29	32	34	36	39	41	44	46	49	51	54	56	59	61	64	66	69	71	74	76	79	81	84	86
8	–	38	41	43	46	49	52	55	58	60	63	66	69	72	75	78	81	84	87	90	92	95	98	101	104
9	–	47	50	54	57	60	63	67	70	73	76	80	83	86	90	93	97	100	103	107	110	113	117	120	123
10	55	58	61	65	68	72	76	79	83	87	91	94	98	102	106	109	113	117	121	125	128	132	136	140	144
11	66	69	73	77	81	85	89	93	97	102	106	110	114	118	123	127	131	135	139	144	148	152	156	161	165
12	78	82	86	90	95	99	104	108	113	117	122	127	131	136	141	145	150	155	159	164	169	173	178	183	187
13	91	95	100	104	109	114	119	124	129	134	139	144	149	154	159	165	170	175	180	185	190	195	200	205	211
14	105	109	115	120	125	130	136	141	146	152	157	163	168	174	179	185	190	196	202	207	213	218	224	229	235
15	120	125	130	136	142	147	153	159	165	171	177	183	188	194	200	206	212	218	224	230	236	242	248	254	260
16	136	141	147	153	159	165	172	178	184	190	197	203	210	216	222	229	235	242	248	255	261	267	274	280	287
17	153	159	165	171	178	184	191	198	205	211	218	225	232	238	245	252	259	266	273	280	287	294	300	307	314
18	171	177	184	191	198	205	212	219	226	233	240	248	255	262	269	277	284	291	299	306	313	321	328	335	343
19	190	197	204	211	218	226	233	241	248	256	263	271	279	287	294	302	310	318	325	333	341	349	357	364	372
20	211	217	225	232	240	248	256	264	272	280	288	296	304	312	320	329	337	345	353	361	370	378	386	394	403
21	232	239	246	254	262	271	279	287	296	304	313	322	330	339	347	356	365	373	382	391	399	408	417	425	434
22	254	261	269	278	286	295	304	312	321	330	339	348	357	366	375	384	394	403	412	421	430	439	448	457	467
23	277	284	293	302	311	320	329	338	348	357	366	376	385	395	404	414	423	433	443	452	462	471	481	491	500
24	301	309	318	327	336	346	356	365	375	385	395	405	414	424	434	444	454	464	474	484	494	504	515	525	535
25	326	334	344	353	363	373	383	393	403	414	424	434	445	455	465	476	486	497	507	518	528	539	549	560	570

Tabelle A.9: Kritische Werte für den Wilcoxon-Rangsummentest zu $\alpha = 0{,}100$

	$\alpha =$				
n	0,01	0,02	0,05	0,10	0,20
1	0,9950	0,9900	0,9750	0,9500	0,9000
2	0,9293	0,9000	0,8419	0,7764	0,6838
3	0,8290	0,7846	0,7076	0,6360	0,5648
4	0,7342	0,6889	0,6239	0,5652	0,4927
5	0,6685	0,6272	0,5633	0,5094	0,4470
6	0,6166	0,5774	0,5193	0,4680	0,4104
7	0,5758	0,5384	0,4834	0,4361	0,3815
8	0,5418	0,5065	0,4543	0,4096	0,3583
9	0,5133	0,4796	0,4300	0,3875	0,3391
10	0,4889	0,4566	0,4092	0,3687	0,3226
11	0,4677	0,4367	0,3912	0,3524	0,3083
12	0,4490	0,4192	0,3754	0,3382	0,2958
13	0,4325	0,4036	0,3614	0,3255	0,2847
14	0,4176	0,3897	0,3489	0,3142	0,2748
15	0,4042	0,3771	0,3376	0,3040	0,2659
16	0,3920	0,3657	0,3273	0,2947	0,2578
17	0,3809	0,3553	0,3180	0,2863	0,2504
18	0,3706	0,3457	0,3094	0,2785	0,2436
19	0,3612	0,3369	0,3014	0,2714	0,2373
20	0,3524	0,3287	0,2941	0,2647	0,2316
21	0,3443	0,3210	0,2872	0,2586	0,2262
22	0,3367	0,3139	0,2809	0,2528	0,2212
23	0,3295	0,3073	0,2749	0,2475	0,2165
24	0,3229	0,3010	0,2693	0,2424	0,2120
25	0,3166	0,2952	0,2640	0,2377	0,2079
26	0,3106	0,2896	0,2591	0,2332	0,2040
27	0,3050	0,2844	0,2544	0,2290	0,2003
28	0,2997	0,2794	0,2499	0,2250	0,1968
29	0,2947	0,2747	0,2457	0,2212	0,1935
30	0,2899	0,2702	0,2417	0,2176	0,1903
31	0,2853	0,2660	0,2379	0,2141	0,1873
32	0,2809	0,2619	0,2342	0,2108	0,1844
33	0,2768	0,2580	0,2308	0,2077	0,1817
34	0,2728	0,2543	0,2274	0,2047	0,1791
35	0,2690	0,2507	0,2242	0,2018	0,1766
36	0,2653	0,2473	0,2212	0,1991	0,1742
37	0,2618	0,2440	0,2183	0,1965	0,1719
38	0,2584	0,2409	0,2154	0,1939	0,1697
39	0,2552	0,2379	0,2127	0,1915	0,1675
40	0,2521	0,2349	0,2101	0,1891	0,1655
> 40	$1,63/\sqrt{n}$	$1,52/\sqrt{n}$	$1,36/\sqrt{n}$	$1,22/\sqrt{n}$	$1,07/\sqrt{n}$

Tabelle A.10: Kritische Werte für den Kolmogorov-Smirnov-Test

Literaturverzeichnis

Anderson, D. R., Sweeney, D. J., Williams, T. A. (2011): *Statistics for Business and Economics*, South-Western Cengage Learning, Mason, 11. Auflage.

Atteslander, P. (2010): *Methoden der empirischen Sozialforschung*, de Gruyter, Berlin, New York, 13. Auflage.

Backhaus, K., Erichson, B., Plinke, W., Weiber, R. (2011a): *Multivariate Analysemethoden*, Springer, Berlin et al., 13. Auflage.

Backhaus, K., Erichson, B., Weiber, R. (2011b): *Fortgeschrittene Multivariate Analysemethoden*, Springer, Berlin et al.

Bamberg, G., Baur, F., Krapp, M. (2008): *Statistik-Arbeitsbuch*, Oldenbourg, München, 8. Auflage.

Bamberg, G., Baur, F., Krapp, M. (2009): *Statistik*, Oldenbourg, München, 15. Auflage.

Bosch, K. (2010a): *Elementare Einführung in die angewandte Statistik*, Vieweg+Teubner, Wiesbaden, 9. Auflage.

Bosch, K. (2010b): *Elementare Einführung in die Wahrscheinlichkeitsrechnung*, Vieweg+Teubner, Wiesbaden, 10. Auflage.

Büning, H., Trenkler, G. (1994): *Nichtparametrische statistische Methoden*, de Gruyter, Berlin, New York, 2. Auflage.

Fahrmeir, L., Hamerle, A., Tutz, G. (1996): *Multivariate statistische Verfahren*, de Gruyter, Berlin, New York, 2. Auflage.

Fahrmeir, L., Künstler, R., Pigeot, I., Tutz, G. (2011): *Statistik – Der Weg zur Datenanalyse*, Springer, Berlin et al., 7. Auflage.

Handl, A. (2010): *Multivariate Analysemethoden*, Springer, Berlin et al., 2. Auflage.

Hartung, J., Elpelt, B. (2007): *Multivariate Statistik*, Oldenbourg, München, 7. Auflage.

Hartung, J., Elpelt, B., Klösener, K.-H. (2009): *Statistik*, Oldenbourg, München, 15. Auflage.

Hollander, M., Wolfe, D. A. (1999): *Nonparametric Statistical Methods*, John Wiley & Sons, New York et al., 2. Auflage.

Irle, A. (2005): *Wahrscheinlichkeitstheorie und Statistik*, Vieweg+Teubner, Wiesbaden, 2. Auflage.

Klenke, A. (2008): *Wahrscheinlichkeitstheorie*, Springer, Berlin et al., 2. Auflage.

Luderer, B. (2008): *Klausurtraining Mathematik und Statistik für Wirtschaftswissenschaftler*, Vieweg+Teubner, Wiesbaden, 3. Auflage.

Luderer, B., Würker, U. (2011): *Einstieg in die Wirtschaftsmathematik*, Vieweg+Teubner, Wiesbaden, 8. Auflage.

Opitz, O., Klein, R. (2011): *Mathematik – Lehrbuch für Ökonomen*, Oldenbourg, München, 10. Auflage.

Rao, C. R. (2001): *Linear Statistical Inference and its Applications*, John Wiley & Sons, New York et al., 2. Auflage.

Sachs, L., Hedderich, J. (2009): *Angewandte Statistik*, Springer, Berlin et al., 13. Auflage.

Schlittgen, R. (2008): *Einführung in die Statistik*, Oldenbourg, München, 11. Auflage.

Schlittgen, R. (2009): *Multivariate Statistik*, Oldenbourg, München.

Schnell, R., Hill, P. B., Esser, E. (2008): *Methoden der empirischen Sozialforschung*, Oldenbourg, München, 8. Auflage.

Stock, J. H., Watson, M. M. (2011): *Introduction to Econometrics*, Prentice Hall, Upper Saddle River, 3. Auflage.

Stuart, A. (1984): *The Ideas of Sampling*, Oxford University Press, Oxford.

von Auer, L. (2007): *Ökonometrie*, Springer, Berlin et al., 4. Auflage.

Sachwortverzeichnis

absolute
  Summenhäufigkeit 20
  Häufigkeit 19
  Häufigkeitsverteilung 19
Alternativhypothese 67
Anderson-Darling-Test 117
ANOVA 75
approximativer Gaußtest 71, 74
approximativer Zweistichproben-Gaußtest 72
arithmetisches Mittel 22
asymptotische Erwartungstreue 64
Ausprägung 12

bedingter Erwartungswert 56
Befragung 10
Beobachtung 10, 11
Bestimmtheitsmaß
  korrigiertes multiples 112
  multiples 112, 116
Bindung 30, 81
Binomialkoeffizient 47
Binomialtest 71
Binomialverteilung 60, 161–172
Box-Whisker-Plot 25
Bravais-Pearson-Korrelationskoeffizient 30

Chi-Quadrat 28
  Test für die Varianz 71
  Verteilung 60, 180
Cobb-Douglas-Produktionsfunktion 117
Cramér's V 30

Datenmatrix 12
deskriptive Statistik 19
Determinationskoeffizient 34, 112, 116
Dichte 52
  bedingte 56
  Rand- 55
Differenzentest 73, 87

einfache Stichprobe 15, 63
Einstichproben-Gaußtest 71
Einstichproben-t-Test 71, 74
Elementarereignis 48
empirische Verteilungsfunktion 20
Ereignis 48
  sicheres 48
  unabhängiges 51
  unmögliches 48
Ergebnismenge 48
Erwartungstreue 64
  asymptotische 64
Erwartungswert 53
  bedingter 56
  iterierter 57
Exponentialverteilung 60
Exzess 55

Fehler
  1. Art 69
  2. Art 69
Formel von Bayes 50
Fragestellung
  geschlossene direkte 11
  geschlossene indirekte 11
  offene direkte 11
  offene indirekte 11
Fraktil 22
F-Test 115
F-Verteilung 60, 182, 183

Gammafunktion 60
Gauß-Statistik 64, 67
Gegenhypothese 67
geometrisches Mittel 23
geschichtete Stichprobe 16
geschlossene direkte Fragestellung 11
geschlossene indirekte Fragestellung 11
Gesetz der iterierten Erwartungen 57

Gleichverteilung 60
Goldfeld-Quandt-Test 116
Grafik
   Box-Whisker-Plot 25
   Kreissektorendiagramm 19
   Quantil-Quantil-Plot 117
   Residuenplot 117
   Stabdiagramm 19
   Streuungsdiagramm 32
Grundgesamtheit 14

Häufigkeit
   absolute 19
   bedingte relative 28
   Rand- 27
   relative 19
Häufigkeitsverteilung
   absolute 19
   relative 19
harmonisches Mittel 23
Heteroskedastizität 116
   Goldfeld-Quandt-Test 116
   White-Test 116
hypergeometrische Verteilung 60
Hypothese
   Alternativhypothese 67
   einfache 68
   einseitige 68
   Gegenhypothese 67
   Nullhypothese 67
   zweiseitige 68

induktive Statistik 47
Intervallschätzung 62

klassierte Daten 13
Kleinst-Quadrate-Methode 32, 109
Kleinst-Quadrate-Schätzer 110
Klumpenauswahl 16
Klumpeneffekt 16
Kolmogorov-Smirnov-Test 90, 190
kolmogorovsche Axiome 49
Kombination 47
Komplement 48
Konsistenz 65
Kontingenzkoeffizient 29
   normierter 29

Kontingenztabelle 27
Kontingenztest 89
Konzentrationsverfahren 14
Korrelationskoeffizient 58
   Bravais-Pearson- 30
   Rang- 30, 87
Korrelationsmatrix 32, 115
Korrelationstest 87
Kovarianz 58
Kreissektorendiagramm 19
Kreuztabelle 27
kritischer Wert 69
Kurtosis 55

Lagemaß 22, 52
Laplace-Wahrscheinlichkeit 50
Lilliefors-Test 117
lineare Transformation 26, 53, 54, 59

Mann-Whitney-U-Test 85
Median 53
mehrphasige Stichprobenverfahren 16
mehrstufige Stichprobenverfahren 16
Merkmal 12
   dichotomes 13
   kardinal skaliertes 12
   nominal skaliertes 13
   ordinal skaliertes 13
   polytomes 13
   qualitatives 12
   quantitatives 12
Merkmalskatalog 12
Merkmalssumme 64
Mittel
   arithmetisches 22
   geometrisches 23
   harmonisches 23
mittlere quadratische Abweichung 25, 64
   bzgl. μ 64
Modalwert 24, 52
Moment 54
   zentrales 54
Multikollinearität 115
multiples Bestimmtheitsmaß 112, 116
   korrigiertes 112

Sachwortverzeichnis

Normalverteilung 60, 176–179
Nullhypothese 67

oberes Quartil 53
Objekt 12
offene direkte Fragestellung 11
offene indirekte Fragestellung 11

Parameterbereich 68
Permutation 47
Perzentil 22
Poisson-Verteilung 60, 173–175
Primärforschung 10
proportionale Schichtung 16
Punktschätzung 62
p-value 69

Quadratsummenzerlegung 76
Quantil 22, 53
Quantil-Quantil-Plot 117
Quartil
   oberes 53
   unteres 53
Quartilsabstand 25
Quotenauswahl 14

Randdichte 55
Randwahrscheinlichkeitsfunktion 55
Rang 30, 81
Rangkorrelationskoeffizient 30, 87
Realisation 51
Regressand 107
Regression 32, 107
   lineare 32, 107
   multiple lineare 109
   nichtlineare 117
   robuste 118
Regressionskoeffizient 107
Regressor 107
relative
   Häufigkeit 19
   Häufigkeitsverteilung 19
   Summenhäufigkeit 20
Residuenplot 117
Residuum 109

Satz von der totalen Wahrscheinlichkeit 50
Schätzfunktion 64
   asymptotisch erwartungstreue 64
   erwartungstreue 64
   konsistente 65
   suffiziente 66
   wirksamste 65
Scheinkorrelation 132
Schicht 16
Schichtungseffekt 16
Schiefe 55
Schnittmenge 48
Schwerpunkt 32
Sekundärforschung 10
Shapiro-Wilk-Test 117
sicheres Ereignis 48
Sigma-Algebra 49
Signifikanzniveau 69
Signifikanztest 62, 67, 114
   Anderson-Darling-Test 117
   approx. Gaußtest 71, 74
   approx. Zweistichproben-Gaußtest 72
   Binomialtest 71
   Chi-Quadrat-Test 71
   Differenzentest 73, 87
   Einstichproben-t-Test 71, 74
   Einstichproben-Gaußtest 71
   F-Test 115
   Goldfeld-Quandt-Test 116
   Kolmogorov-Smirnov-Test 90, 190
   Kontingenztest 89
   Korrelationstest 87
   Lilliefors-Test 117
   Mann-Whitney-U-Test 85
   nichtparametrischer 68, 81
   parametrischer 68, 70
   Shapiro-Wilk-Test 117
   t-Test 114
   verteilungsfreier 68, 81
   Vorzeichentest 86
   White-Test 116
   Wilcoxon-Rangsummentest 83, 185–189
   Wilcoxon-Vorzeichen-Rangtest 81, 184
   Zweistichproben-F-Test 72
   Zweistichproben-t-Test 72
   Zweistichproben-Gaußtest 72

Skala 12
   Absolutskala 12
   Intervallskala 12
   Kardinalskala 12
   Nominalskala 13
   Ordinalskala 13
   Rangskala 13
   Verhältnisskala 12
Skewness 55
Spannweite 25
Spearman
   Korrelationstest 87
   Rangkorrelationskoeffizient 30, 87
Störterm 107
Stabdiagramm 19
Standardabweichung 26, 54
Standardisierung 55
Standardnormalverteilung 60, 176–179
Statistik 63
   deskriptive 19
   induktive 47
Stichprobe 14
   einfache 63
   geschichtete 16
   verbundene 73
Stichproben-Standardabweichung 64
Stichprobenergebnis 63
Stichprobenfunktion 63
Stichprobenmittel 64
Stichprobenumfang 63
Stichprobenvariable 63
Stichprobenvarianz 26, 64
Stichprobenverfahren 14
   einfache Stichprobe 15
   geschichtete Stichprobe 16
   Klumpenauswahl 16
   Klumpeneffekt 16
   Konzentrationsverfahren 14
   mehrphasige 16
   mehrstufige 16
   proportionale Schichtung 16
   Quotenauswahl 14
   Schichtung 16
   Schichtungseffekt 16
   typische Auswahl 14
   willkürliche Auswahl 14

Streuung 26
Streuungsdiagramm 32
Streuungsmaß 25
Suffizienz 66
Summenhäufigkeit
   absolute 20
   relative 20

Testfunktion 66, 69
Totalerhebung 14
t-Statistik 64, 67
t-Test 114
t-Verteilung 60, 181
typische Auswahl 14

uneingeschränkte Zufallsauswahl 15
Ungleichung von Tschebyschov 55, 65
unmögliches Ereignis 48
unteres Quartil 53
Urliste 19

Varianz 54
Varianz-Kovarianzmatrix 32
Varianzanalyse 75
   einfaktorielle 75
   Faktor 77
   Faktorstufe 77
   zweifaktorielle 78
Varianzinflationsfaktor 116
Variationskoeffizient 26
Vereinigung 48
Verschiebungssatz 25, 54
Verteilung
   Binomial- 60, 161–172
   Chi-Quadrat- 60, 180
   Exponential- 60
   F- 60, 182, 183
   gemeinsame 55
   Gleich- 60
   hypergeometrische 60
   Normal- 60, 176–179
   Poisson- 60, 173–175
   Standardnormal- 60, 176–179
   t- 60, 181
Verteilungsfunktion 51
VIF 116
Vorzeichentest 86

Wölbung 55
Wahrscheinlichkeit
  bedingte 50
  Punkt- 52
  totale 50
Wahrscheinlichkeitsfunktion 52
  bedingte 56
  Rand- 55
Wahrscheinlichkeitsmaß 49
Wahrscheinlichkeitsraum 49
Wechselwirkungseffekt 77
White-Test 116
Wilcoxon-Rangsummentest 83, 185–189
Wilcoxon-Vorzeichen-Rangtest 81, 184

willkürliche Auswahl 14
Wirksamkeit 65

Zähldichte 52
zentraler Grenzwertsatz 60
zentrales Moment 54
Z-Transformation 55
Zufallsvariable 51
  diskrete 51
  eindimensionale 51
  mehrdimensionale 55
  stetige 51
Zweistichproben-F-Test 72
Zweistichproben-Gaußtest 72
Zweistichproben-t-Test 72

Studienbücher: Wirtschaftsmathematik

C. Cottin | S. Döhler
Risikoanalyse

S. Dempe | H. Schreier
Operations Research

A. Göpfert | T. Riedrich | C. Tammer
Angewandte Funktionalanalysis

W. Grundmann | B. Luderer
Finanzmathematik, Versicherungsmathematik, Wertpapieranalyse – Formeln und Begriffe

A. Irle | C. Prelle
Übungsbuch Finanzmathematik

M. Kolonko
Stochastische Simulation

B. Luderer | C. Paape | U. Würker
Arbeits- und Übungsbuch Wirtschaftsmathematik

B. Luderer (Hrsg.)
Die Kunst des Modellierens

B. Luderer | U. Würker
Einstieg in die Wirtschaftsmathematik

B. Luderer | K.-H. Eger
Klausurtraining Mathematik und Statistik für Wirtschaftswissenschaftler

B. Luderer | V. Nollau | K. Vetters
Mathematische Formeln für Wirtschaftswissenschaftler

H. Matthäus | W.-G. Matthäus
Mathematik für BWL-Bachelor

H. Matthäus | W.-G. Matthäus
Mathematik für BWL-Master

H. Matthäus | W.-G. Matthäus
Mathematik für BWL-Bachelor: Übungsbuch

J.-D. Meißner | T. Wendler
Statistik-Praktikum mit Excel

K. Neusser
Zeitreihenanalyse in den Wirtschaftswissenschaften

K. M. Ortmann
Praktische Lebensversicherungsmathematik

F. Pfuff
Mathematik für Wirtschaftswissenschaftler kompakt

W. Purkert
Brückenkurs Mathematik für Wirtschaftswissenschaftler

G. Scheithauer
Zuschnitt- und Packungsoptimierung

T. Unger | S. Dempe
Lineare Optimierung

Uwe Jensen
Wozu Mathe in den Wirtschaftswissenschaften?

www.viewegteubner.de

MIX
Papier aus verantwortungsvollen Quellen
Paper from responsible sources
FSC® C105338

If you have any concerns about our products,
you can contact us on
ProductSafety@springernature.com

In case Publisher is established outside the EU,
the EU authorized representative is:
**Springer Nature Customer Service Center GmbH
Europaplatz 3, 69115 Heidelberg, Germany**

Printed by Libri Plureos GmbH
in Hamburg, Germany